新疆油田采油气工艺技术

向瑜章　张传新　陈建林　王丽荣　等编著

石油工業出版社

内容提要

本书分析了新疆油田各类油藏的共性与特性，以及油藏特征对采油工艺的影响程度；详细介绍了新疆油田稀油油藏采油工艺技术、稠油油藏采油工艺技术和天然气气藏采气工艺技术，内容包括工艺技术的原理、技术特点和应用实例等。

本书可作为油气田开发技术人员、生产管理人员及工程技术人员的参考书。

图书在版编目(CIP)数据

新疆油田采油气工艺技术／向瑜章等编著．—北京：石油工业出版社，2020.7

ISBN 978-7-5183-3993-8

Ⅰ．①新…　Ⅱ．①向…　Ⅲ．①油气开采-新疆　Ⅳ．①TE3

中国版本图书馆 CIP 数据核字(2020)第 078645 号

出版发行：石油工业出版社
(北京安定门外安华里 2 区 1 号楼　100011)
网　址：www. petropub. com
编辑部：(010)64523583　图书营销中心：(010)64523633

经　　销：全国新华书店

印　　刷：北京晨旭印刷厂

2020 年 7 月第 1 版　2020 年 7 月第 1 次印刷
787×1092 毫米　开本：1/16　印张：15
字数：360 千字

定价：90. 00 元
(如出现印装质量问题，我社图书营销中心负责调换)

版权所有，翻印必究

《新疆油田采油气工艺技术》

编　写　组

组　长：向瑜章

副组长：张传新　陈建林　王丽荣

成　员：游红娟　承　宁　王泽稼　石善志　于会永　薛承文
李桂霞　易勇刚　李纲要　杜　敏　关密生　陈　进
刘从平　栾海军　荣垂刚　李　杰　王　亮　孙正丽
孙　彪　邬元月　陈华生　柯贤贵　刘　杨　周　勇
陈　森　刘　炜　丁艳艳　李　洪　何　利　蒲丽萍
李建民　肖　萍　孙宜成　田　刚　刘　涛　丁　坤
陈禹欣　麻慧博　赵海燕　张　奎　赵廷峰　鲁文婷
马俊修　陈　昂　李家燕　何小东　王俊超　王　松
熊启勇　张新贵

前　言

新疆油田探明已开发地质储量 16×10^8t，年产油气当量突破 1300×10^4t。其中稀油油藏探明已开发含油面积 1931.04km^2，已开发原油地质储量 13.19×10^8t，溶解气储量 $1223.81\times10^8m^3$，分布在 241 个油藏 26 个油田；稠油油藏探明已开发含油面积 177.09km^2，已开发地质储量 2.98×10^8t，分布在 5 个油田 26 个油藏；天然气藏探明已开发地质储量 $2006.16\times10^8m^3$，分布在 10 个气田 23 个气藏。

各油气藏自投入开发以来，针对不同类型油气藏在不同生产阶段的具体特点，逐渐形成了不同类型油气藏的开发模式及与之配套的采油、采气技术系列。各项技术经过多年的发展和完善，浸染了浓重的本土特色。

近年来，通过“新疆油田不同类型油藏采油工艺适应性分析”科研项目研究，调研稀油、稠油、天然气共 41 个油气田，290 个油气藏的采油采气工艺技术，覆盖已开发油气藏 98%以上。查阅了百余篇成果报告、专业资料和书籍。本书内容涵盖“新疆油田不同类型油藏采油工艺适应性分析”的科研成果，主要包括“新疆油田稠油油藏采油工艺适应性分析”“新疆油田低渗透砂岩油藏采油工艺适应性分析”“中高渗砂岩油藏采油工艺适应性分析”“砾岩油藏采油工艺适应性分析”“变质火成岩油藏采油工艺适应性分析”“火烧山裂缝性低渗透砂岩油藏采油工艺适应性分析”“新疆油田天然气藏采气工艺适应性分析”等。

通过总结对各类油气藏共性与特性分析，以及油气藏特征对采油、采气工艺的影响程度，建立了新疆油田采油、采气技术体系划分方法，本书详细介绍了新疆油田适用的先进成熟的采油采气工艺技术，主要包括新疆油田稀油油藏采油工艺技术、稠油油藏采油工艺技术和天然气气藏采气工艺技术。本书可以为油气田开发技术人员、生产管理人员和工程技术人员提供参考。

由于编者水平有限，书中难免存在不足之处，敬请读者批评指正！

目　录

第1章　稀油油藏采油工艺技术

新疆油田在长期实践的基础上，针对稀油油藏，总结提炼出了10项采油工艺技术：直井完井工艺技术、举升工艺技术、注水工艺技术、直井储层改造技术、防蜡/气/蚀/垢配套技术、强水敏储层保护技术、超深油藏作业技术、出砂油藏防砂技术、易水窜油藏调堵水技术、水平井完井及分段作业技术。

1.1　直井完井工艺技术

完井工艺技术包括完井方式优选、合理的完井管柱和井口装置优选设计、射孔技术等。

1.1.1　完井方式优选

不同的完井方式有各自的适用条件和局限性，只有根据油气藏类型、储层特性和油田不同开发时期的现有工艺技术条件，优选出与产层相匹配的完井方式，才能有效地开发油气田[1]。

完井方式的优选应满足几个方面的要求：(1)最大限度地保护油气层，防止对其造成伤害；(2)有效地连通储层和井底，减少油气流入井筒的阻力，提高完善指数；(3)有效封隔油层、气层、水层，防止各层间相互窜扰；(4)克服井壁坍塌导致油气层出砂；(5)有利于实施注水、压裂或酸化等措施；(6)便于修井和井下作业；(7)工艺可实施性强。

新疆油田在总结已投入开发的各类油藏特点以及对开发过程中各种采油工艺措施匹配的实践，将套管注水泥固井射孔完井方式确定为直井/定向井常规的完井方式[2]。

新疆油田已投入开发的稀油油藏主要包括三大类：中高渗透砂砾岩油藏、低渗透砂砾岩油藏和裂缝性油藏。这三类油藏自身的特点、投入开发的时期以及采油工艺技术的发展水平决定了其基本完井工艺技术。

中高渗透砂砾岩油藏主要有彩南油田彩9、彩10、彩参2井区的三工河组(J_1s)储层和陆梁油田呼图壁河组油藏，储层高孔隙度、高渗透率，边底水发育。低渗透砂砾岩油藏主要有石西、莫北、彩南西山窑、乌尔禾油田、玛北油田等12个油田21个油藏58个区块。其储层特点是渗透率低，大多数井需要进行储层改造。套管注水泥固井射孔完井方式满足生产过程中的如压裂、分注、控制边底水突进等措施的实施要求。

裂缝性油藏主要有八区乌尔禾组油藏，火烧山裂缝性低渗透砂岩油藏，依靠天然能量开发的六区、七区和九区石炭系以及石西石炭系油藏等。该类油藏储层呈巨厚块状并且裂缝发育，为裂缝—孔隙双重介质，储集空间包括孔、缝、洞三种类型。需要采用人工裂缝来沟通天然裂缝，因此，采用套管注水泥固井射孔完井方式能满足储层改造的需求。

套管注水泥固井射孔完井方式具有以下特点：(1)有效封隔不同压力的油层、气层、水层，防止相互窜通，有利于分层开采；(2)射孔深度可穿透钻井液对储层的伤害带，改善油气井的完善程度；(3)有利于油田注水开发及酸化、压裂等措施的实施；(4)除裸眼完井外，相对于其他完井方式投资小。

适用油藏条件[3]：(1)有气顶或有底水、或有含水夹层、易塌夹层等复杂地质条件，要求实施分隔层段的储层；(2)各分层之间存在压力、岩性差异，要求实施分层作业的储层；(3)要求实施压裂改造的低渗透储层；(4)砂岩储层、碳酸盐岩裂缝性储层。

1.1.2 完井管柱优选设计

完井管柱的优选设计主要包括生产油管和生产套管的选定。首先是确定在不同采油方式下的合理油管尺寸，再选定可能的最小生产套管尺寸[4]。完井管柱的选择主要考虑的是要满足油水井配产配注要求，以及生产过程中各个阶段的井下作业需要，保证油水井长期安全生产。

根据油藏工程方案设计确定的在不同开发阶段油水井产量及注入量，对完井管柱尺寸进行产量、黏度和摩阻敏感性分析，确定出合理的油水井生产管柱尺寸。

新疆油田各类油藏油井的产液量大多在4~15t/d，生产油管尺寸主要采用2⅞in，油层套管尺寸主要采用5½in，可以适应新疆油田不同类型油藏的自喷期及抽油期的配产、配注等生产要求，满足生产过程中各个阶段的井下作业需要。

1.1.2.1 生产油管

油管选择遵循以下原则：

(1) 以人工举升方式生产为主选择油管；

(2) 油管强度满足完井、投产、举升、储层改造、注水注汽等要求。

自喷井油管尺寸选择主要采用压力节点分析的方法，以获得最大产量和能耗最小为目标来优化确定，同时考虑尽量延长自喷期。

当油井产量和流动压力满足不了油藏工程方案要求时，需转入人工举升方式。采用人工举升方式的油井，通过预测油井高含水期日产液量，泵效可初定为50%~75%，测算泵的理论排量，根据预测泵的理论排量，初选油管尺寸。根据井深优化确定油管的钢级壁厚。

新疆油田投入开发的各类油藏埋深为300~4800m，常用油管性能参数见表1.1。

表1.1 新疆油田常用油管性能参数

<table>
<tr><th colspan="2" rowspan="2">尺寸规格
(in)</th><th>外径</th><th>壁厚</th><th>内径</th><th>通径</th><th>接箍
外径</th><th rowspan="2">带螺纹和接箍名义质量
(kg/m)</th><th colspan="2">N80(安全系数1.8)</th><th colspan="2">P110(安全系数1.8)</th></tr>
<tr><th colspan="5">(mm)</th><th>抗拉强度
(kgf)</th><th>允许下深
(m)</th><th>抗拉强度
(kgf)</th><th>允许下深
(m)</th></tr>
<tr><td rowspan="2">2⅜</td><td>外加厚</td><td rowspan="2">60.3</td><td>4.83</td><td>50.7</td><td>48.3</td><td>77.8</td><td>6.99</td><td>47310</td><td>3760</td><td>65045</td><td>5170</td></tr>
<tr><td>平式</td><td>4.83</td><td>50.7</td><td>48.3</td><td>73.0</td><td>6.85</td><td>32568</td><td>2641</td><td>44815</td><td>3635</td></tr>
</table>

续表

尺寸规格(in)		外径	壁厚	内径	通径	接箍外径	带螺纹和接箍名义质量(kg/m)	N80(安全系数 1.8)		P110(安全系数 1.8)	
		(mm)						抗拉强度(kgf)	允许下深(m)	抗拉强度(kgf)	允许下深(m)
2⅞	外加厚	73.0	5.51	62.0	59.6	93.2	9.67	65771	3779	90401	5194
	平式		5.51	62.0	59.6	88.9	9.52	47809	2790	65771	3838
3½	外加厚	88.9	6.45	76.0	72.8	114.3	13.84	93984	3773	129229	5187
	平式		6.45	76.0	72.8	107.9	13.69	72076	2925	99110	4022

1.1.2.2　生产套管

新疆油田油层套管尺寸主要为 5½in，常用油层套管性能参数见表 1.2。

表 1.2　新疆油田常用油层套管性能参数

尺寸规格(in)	外径	壁厚	内径	通径	接箍外径	带螺纹和接箍名义质量(kg/m)	额定抗压强度(MPa)			
							N80		P110	
	(mm)						内压	外挤	内压	外挤
4½(长圆螺纹套管)	114.3	6.35	101.6	98.4	127.0	17.26	53.64	43.78	73.70	52.26
		7.37	99.6	96.4	127.0	20.09	62.19	58.88	85.56	73.70
		8.56	97.2	94.0	127.0	22.47	—	—	99.42	98.87
5(长圆螺纹套管)	127.0	7.52	112.0	108.8	141.3	22.32	57.16	49.99	78.60	61.02
		9.19	108.6	105.4	141.3	26.79	69.91	72.33	96.11	92.87
		11.1	104.8	101.6	141.3	31.85	84.39	87.98	102.53	121.00
5½(长圆螺纹套管)	139.7	7.72	124.3	121.1	153.7	25.30	53.37	43.37	73.36	51.57
		9.17	121.4	118.2	153.7	29.76	63.36	60.88	87.15	76.53
		10.54	118.6	115.4	153.7	34.23	68.12	76.95	93.63	100.25
7(长圆螺纹套管)	177.8	9.19	159.4	156.2	194.5	38.69	49.92	37.30	68.67	42.95
		10.36	157.1	153.9	194.5	43.16	56.26	48.47	77.36	58.81
		11.51	154.8	151.6	194.5	47.62	62.47	59.29	85.91	74.33

生产套管尺寸是根据已确定的生产油管管柱接箍外径和井下设备的最大外径，在保证留有一定间隙的条件下确定的。间隙大小需考虑到采油、井下测试和作业的需要。

套管强度和密封性要求则根据采油、注水和井下作业时可能达到的井筒压力以及地应力和地层岩性，按有关行业标准的规定来确定[1]。

(1) 安全要求：在任何地质和工况下，生产套管应既能承受地层外压力，也能承受在套管内采取各种技术措施时高压的考验，做好套管抗拉、抗挤、抗内压的设计。

抗拉：根据井深选择套管的钢级和壁厚。

抗挤：考虑套管掏空深度、盐膏岩层、坍塌层和断层滑动等因素所产生的外挤力。

抗内压：考虑高压压裂酸化、高压高温注汽、高能气体压裂等所产生的内压力。

(2) 完井及开发的要求：射孔后套管不裂不变形；高压油气井套管螺纹密封，在套管中下封隔器完井，一旦封隔器失灵，套管能抗内压；在盐岩层生产套管或技术套管能抗外挤力，不损坏、不变形；压裂及酸压时能抗高压的内压；在出砂地层能抗外挤力；注水、注气、注汽时能长期经受高压、高温考验；排液掏空时，套管能承受外挤力而不变形。

1.1.3 井口装置优选设计

新疆油田油藏类型多，地层压力系数分布范围为0.87~1.78，但多数油藏为正常压力系统，压力系数为0.9~1.2。井口装置选择时根据油井情况，考虑全井筒为气体时预测出井口压力。当井口压力小于25MPa时，采用额定工作压力为25MPa的采油井口；当井口压力为25~35MPa时，采用额定工作压力为35MPa的采油井口；当井口压力为35~70MPa时，采用额定工作压力为70MPa的采油井口。具体优选过程中还需结合是否有高压气层、气液比等参数进行确定。动态监测井主要采用环空测试井口。新疆油田常用井口基本参数和环空测试井口装置见表1.3和表1.4。

表1.3 新疆油田常用井口基本参数

井口装置型号	KY65-25B	KQ(Y)65-35	KQ(Y)78/65-70
公称通径(mm)	65	65	79×65
额定工作压力(MPa)	25	35	70
连接形式	法兰式	法兰式	法兰式
连接油管尺寸(in)	2⅞(平式或外加厚油管)	2⅞(外加厚油管)	2⅞(外加厚油管)
连接套管尺寸(in)	5½	5½	5½
产品规范级别	PSL1	PSL1	PSL1
性能级别	PR1	PR1	PR1
适用工况(材料类别)	AA	AA	AA
温度级别		P~U	P~U

表1.4 环空测试井口装置

环空测试井口型号	KH62/30-8
油管通径(mm)	62
测试孔通径(mm)	30
额定工作压力(MPa)	8
井下作业压力(MPa)(卸掉胶皮阀门)	16
连接油管(in)	2⅞(平式或外加厚油管)
双管转芯可转度	任意角度
盘根可调偏心(mm)	8
连接套管(in)	5½
产品规范级别	PSL1
性能级别	PR1
适用工况(材料类别)	AA

1.1.4　射孔技术

新疆油田射孔技术主要采用电缆传输近平衡射孔、油管输送射孔、油管传输负压射孔，以及射孔压裂一体化管柱工艺。射孔技术的选择主要根据油藏渗透率、地层压力系数，油井含气与否以及投产方式要求确定。

1.1.4.1　射孔方式

1.1.4.1.1　电缆传输近平衡射孔

该技术适用于各种型号射孔枪，射孔枪直径仅受套管内径的限制，可以使用大直径射孔枪和大药量、高效聚能射孔弹；工艺简单，施工工期短，具有较高可靠性，并可以及时检查射孔情况；能连续进行多层和层间跨度较大井的射孔；射孔定位快速准确。但一般在井眼压力大于地层压力(正压)情况下进行射孔，不利于清洗孔眼，较易伤害储层；受电缆强度限制，一次下入的射孔枪不能太长，对厚度大的油气层需要多次下井；地层压力掌握不准时，射孔后易发生井喷，必须安装井口防喷装置。

1.1.4.1.2　油管输送射孔

该技术可供选择的射孔枪种类较多，具有使用大直径射孔枪和大药量射孔弹的条件，能满足高孔密、多相位、深穿透和大孔径的射孔要求；能够合理选择射孔负压值，减少射孔对储层的伤害，提高油气井产能；输送能力强，能够一次全部射开油气层；可满足大斜度井、硫化氢井、高温高压井、水平井等的射孔技术要求；可与投产、测试、压裂和酸化等工艺联合作业，减少储层伤害和提高作业效率。但是在地面难以断定射孔是否完全引爆，一次引爆不成功时的返工工作量大。

1.1.4.1.3　射孔方式的选择

射孔方式的选择主要根据油层压力系数、气液比等具体情况进行。

(1) 地层压力系数<1 的油藏，在明确地层压力、无高压层、气液比<$500m^3/t$ 的条件下，可采用电缆输送射孔；

(2) 地层压力系数<1，但含有高压层或气液比≥$500m^3/t$ 的油藏，需采用油管传输射孔方式；

(3) 地层压力系数≥1 的油藏，需采用油管传输射孔方式；

(4) 采用负压射孔的油藏，需采用油管传输射孔方式。

新疆油田常用射孔器性能参数见表 1.5。

1.1.4.2　射孔负压设计

采用负压射孔工艺，需要在射孔时造成井底压力低于油藏压力。负压值是设计的关键。一方面，负压使孔眼的破碎压实带的细小颗粒被冲刷出来，使井眼清洁，满足这个要求的负压称为最小负压；另一方面，负压值不能超过某个值以免造成地层出砂、垮塌、套管挤毁或封隔器失效等问题，对应这个临界值称为最大负压。合理射孔负压选择应当是既高于最小负压值又不超过最大负压值。常用的射孔负压设计方法有经验方法和理论方法等 4 种[6]。

表 1.5　新疆油田常用射孔器性能参数

类型	射孔器名称	枪身直径（mm）	耐压（MPa）	适用射孔工艺	适用井径	孔密（孔/m）	射孔相位（°）	射孔弹名称	耐温（℃/2h）	混凝土靶检测		
					套管内径（mm）					套管外径（mm）	平均孔径（mm）	平均穿深（mm）
常规射孔系列	YD89 射孔器	89	70(120)	电缆传输、油管传输	100~150	16	60，90	DP41RDX(HMX)-1	154(180)	140	10.2	543
深穿透射孔系列	YD127-2 射孔器	102	100	电缆传输、油管传输	120~170	16	90	DP44RDX-5	154	140	12.2	650
超穿深射孔系列	SDP102 射孔器	102	100	电缆传输、油管传输	120~170	16	90	DP46RDX-5	154	178	12.2	856
复合射孔系列	DPFH89 复合射孔器	89	100	油管传输	120~150	16	60，90	DP41RDX-1	154	140	9.0	505
	DPFH102 复合射孔器	102	95	油管传输	120~180	16	60，90	DP44RDX-3	154	178	12	724

1.1.4.2.1　W. T. Bell 经验关系方法

W. T. Bell 根据世界范围内上千口井射孔完井经验，给出了根据产层渗透率和储层类型确定所需负压值的统计结果。表 1.6 为 W. T. Bell 射孔负压设计经验准则。

表 1.6　W. T. Bell 射孔负压设计经验准则

渗透率(mD)	负压 Δp(MPa)	
	油层	气层
$K>100$	1.4~3.5	6.9~13.8
$10<K\leqslant 100$	6.9~13.8	13.8~34.5
$K\leqslant 10$	>13.8	>34.5

1.1.4.2.2　美国岩心公司经验关系(油层)方法

美国岩心公司曾根据 45 口井的修正数据，给出了一个选择油井射孔负压的经验公式：

$$\ln\Delta p_{min}=5.471-0.36668\ln K \tag{1.1}$$

式中　Δp_{min}——油井射孔最小负压，10^{-1}MPa；

K——油层渗透率，mD。

1.1.4.2.3　美国 Conoco 公司计算方法

美国 Conoco 公司计算方法是建立在 G. E. King 最小负压公式和 Colle 最大负压公式的基础上的。King 等根据 90 口井的经验获得了最小负压关系。如果砂岩油藏射孔后酸化增产不明显(产能增加低于 10%)，则表明这种孔眼是干净的，对应的负压就是足够的。King 的这种分析方法将酸化本身存在的问题排除在外，他给出了油层最小负压 Δp_{min}(MPa)的经验方程：

$$\Delta p_{min}=17.24/K^{0.3} \tag{1.2}$$

Colle 则根据其在委内瑞拉和海湾地区的经验提出了一种计算最大负压 Δp_{max}(MPa)的方法，他将 Δp_{max} 与相邻泥岩声波时差或体积密度建立了联系：

$\Delta T_{as}\geqslant 300\mu s/m$ 时

$$\Delta p_{max}=24.132-0.0399\Delta T_{as} \tag{1.3}$$

$\Delta T_{as}<300\mu s/m$ 时

$$\Delta p_{max}=\Delta p_{tub} \tag{1.4}$$

式中　Δp_{tub}——井下管柱的最大安全压力。

综合以上公式，Crawford 建议采用以下公式选择合理负压 Δp_{rec}：

地层无出砂史

$$\Delta p_{rec}=0.2\Delta p_{min}+0.8\Delta p_{max} \tag{1.5}$$

地层有出砂史或含水饱和度高

$$\Delta p_{rec}=0.8\Delta p_{min}+0.2\Delta p_{max} \tag{1.6}$$

1.1.4.2.4 负压设计理论方法

国内外近年来进行理论研究得出的方法包括 Tariq 的最小负压 Δp_{min} 的数值模拟计算方法、Tariq 的油井射孔最小负压 Δp_{min} 的解析计算公式和西南石油大学气井射孔最小负压、最大负压理论方法。

合理负压的设计应考虑井下套管的安全因素[7]，要求：

$$\Delta p_{rec} \leqslant 0.8\Delta p_{tub,max} \tag{1.7}$$

式中 $\Delta p_{tub,max}$——井下管柱能够承受的最大安全负压，MPa。

根据上述方法，对石南 21 井区头屯河组油藏采用西南石油大学法和美国 Conoco 公司法进行了射孔负压设计，并推荐最大负压值 15MPa，见表 1.7。

表 1.7 石南 21 井区头屯河组油藏射孔负压差预测结果

设计方法	西南石油大学法	美国 Conoco 公司法
保证孔眼清洁所需的最小负压 Δp_{min}(MPa)	12.22	7.99
防止地层出砂允许的最大负压 Δp_{max}(MPa)	28	28
优化设计推荐的射孔施工负压 Δp_{rec}(MPa)	14.58	10.99

1.1.4.3 射孔液

新疆油田已投入开发的稀油油藏，直井射孔液采用过清水(或油田污水)、防膨液、隐形酸射孔液，都属于无固相清洁盐水射孔液体系。

该体系是由各种盐类及清洁淡水加入适当的添加剂配制而成水基射孔液。依据地层水的矿化度和各种无机盐情况，形成与之匹配的射孔液体系，是最常用的射孔液。一般由氯化物、溴化物、有机酸盐类、清洁淡水、缓蚀剂、pH 值调节剂和表面活性剂等配制而成。

该类射孔液无人为加入的固相颗粒，进入储层的液相不会造成水敏伤害，滤液黏度低、易返排，具有成本低、配制方便、使用安全的特点，但对于裂缝性地层、渗透率较高且速敏效应严重的地层不宜使用[8]。

使用无固相清洁盐水射孔液体系注意两个方面：一方面，必须保证清洁和过滤，以保证无固相要求，罐车、管线、井筒必须进行清洗并根据油层孔隙情况和处理的工作量采用适宜的过滤设备；另一方面，密度调整和控制应满足射孔压差要求。此外，应当注意井下温度对盐水密度的影响，保证井下无盐析出[1]。

1.1.4.4 应用情况

彩南油田三工河组油藏原始地层压力系数为 0.839，一般采用电缆传输射孔方式。油井大部分射孔后自喷(钻井采用近平衡压力钻井和屏蔽暂堵保护油层技术)。主要采用 DP-89 弹，并选择部分井试用了 SDP-102 深穿透弹，孔密 16 孔/m，螺旋布孔。射孔液一般选用清水和油田污水。陆梁油田呼图壁河组油藏原始地层压力系数为 0.87~0.90，主要采用电缆传输近平衡射孔方式，射后抽油投产，采用 DP-89 射孔弹，90°相位，16 孔/m，螺旋布孔。考虑储层具有较强水敏性和盐敏性，采用了具有防膨性能的低伤害 LU-9 射孔液和对储层具有改造功能的隐形酸射孔液，满足了油田开发要求。

对于低渗透砂砾岩油藏如二区、三区、四区、五区、六区、七区、八区和九区克上组砾岩油藏、石西头屯河组油藏、彩南头屯河组油藏和莫北三工河组油藏，投产立足于对储层进行压裂改造方式，对部分储层渗透率好的井采用射孔投产来降低投产费用。其射孔工艺一般采用油管传输射孔方式，DP-89型射孔器，孔密16孔/m，螺旋布孔。

对于火烧山裂缝性低渗透砂岩油藏，压力系数为0.957，投产采用压裂方式，射孔工艺依据年代不同而有差异：20世纪80年代射孔器采用73-400射孔弹、孔密10孔/m，90年代及以后投产新井或老井补孔绝大部分射孔器采用DP-89射孔弹、16孔/m、射孔相位90°或120°、螺旋布孔，射孔方式多采用电缆传输磁性定位跟踪射孔，射孔液均采用清水。

石西油田石炭系为深层火山岩潜山油藏，压力系数为1.49，具有裂缝发育、底水能量强、异常高压等特点，油井自喷能力强，射孔方式采用油管传输负压射孔方式，负压值20~22MPa；射孔器采用DP-89射孔弹、孔密16孔/m、60°相位、螺旋布孔。射孔后井自喷生产至今。

1.2　举升工艺技术

1955年10月29日，新疆油田在克拉玛依的第一口探井出油，于1958年投入开发，1975年开始转抽试验，从1981年开始大规模转抽，以游梁式抽油机举升工艺为主。到2017年，机械采油方式占到90.7%，已经成为新疆油田的主要生产方式。从20世纪90年代起，开始积极研制和推广应用节能型抽油机，于2003年开始全面推广应用节能型抽油机。并应用下偏复合平衡技术和双驴头多重复合平衡技术，对老旧机型进行平衡改造，削减减速器峰值扭矩，提高抽油机动态平衡效果，配备更小等级电动机，降低能耗。

随着浅层超稠油、中深井稠油、低渗透深井油藏的开发，自2009年开始应用和配套立式抽油机、地面驱动螺杆泵、无杆泵举升等机采新工艺新技术，形成了以抽油机为主体、地面驱螺杆泵和无杆泵举升为补充的格局，同时进一步强化机采系统提效管理。

1.2.1　游梁式抽油机有杆泵举升技术

游梁式抽油机具有性能可靠、结构简单、排量范围广、适应性强，以及寿命长等特点；并且测试配套完善，管理维护成本低，成为新疆油田最主要的人工举升工艺。针对偏磨、出砂、高气液比、腐蚀、结垢等复杂井况，形成了适合新疆油田特点的抽油机举升的各项配套工艺。

在抽油系统的设计过程中遵循以下原则：

（1）符合油藏及油井的工作条件；

（2）符合在油井经济寿命期内满足油层供液能力的需求，满足供排平衡要求；

（3）在使用期的大部分时间内具有较高的机采设备利用率和系统效率，免维护期长；

（4）所选择的抽油机应进行地区统筹，同一油区所选机采设备不宜太杂，利于管理。

游梁式抽油机有杆泵举升系统包括抽油机、抽油杆和抽油泵等设备，这些设备相互之间不是孤立的，而是作为整个有杆泵抽油系统相互联系和制约。因此，应将有杆泵系统从油层到地面，作为统一的系统来进行合理地选择设计，其步骤为[9]：

（1）根据油井产能和设计排量确定井底流压；

（2）根据油井条件确定沉没度和下泵深度；

（3）根据设计排量、冲程和冲次，以及油井条件选择抽油泵；

（4）选择抽油杆，确定抽油杆柱的组合；

（5）根据载荷，选择抽油机其他附属设备。

1.2.1.1 抽油机选型

在20世纪60~70年代，新疆油田转抽初期主要采用3型和5型小型抽油机，而后8型和10型抽油机也逐步投入使用，到了20世纪80~90年代，随着深抽的需求，10型至14型抽油机投入使用。

1998—2002年，开始新型游梁式节能抽油机的研制与试验，逐步形成了节能抽油机系列。自2003年开始全面推广应用节能型抽油机。

在抽油机的计算选型中，一般根据抽油机载荷的75%~80%来匹配计算载荷，从而选择合适的机型。抽油机、抽油泵、抽油杆柱组合之间的选择是互相影响的，在实际应用过程中，初步确定抽油机机型后，还要进行必要的校核和参数调整。

抽油机的选型主要依据悬点最大载荷和最小载荷。作用在抽油机驴头悬点上的载荷有三类：静载荷、动载荷、各种摩擦阻力产生的载荷，其中最大载荷发生在上冲程，最小载荷发生在下冲程，其值分别为：

$$W_{max}=W_{j1}+I_1+P_v+F_u \tag{1.8}$$

$$W_{min}=W_{j2}+I_2-P_v-F_d \tag{1.9}$$

式中 W_{max}，W_{min}——悬点最大和最小载荷，N；

W_{j1}，W_{j2}——上、下冲程中的悬点静载荷，N；

I_1，I_2——上下冲程中的最大惯性载荷，N；

P_v——振动载荷，N；

F_u，F_d——上、下冲程中的最大摩擦载荷，N。

选择好匹配的机型后，还应计算对应的参数下的减速箱最大扭矩：

$$M_{max}=1800S+0.202S(W_{max}-W_{min}) \tag{1.10}$$

式中 M_{max}——减速箱最大扭矩，N·m；

S——冲程，m。

在实际工作中，油井选择出机杆泵等参数后，可以采用油井生产系统节点分析方法，模拟由油层—井筒—机杆泵所组成的生产系统的生产动态，求解不同产液指数在不同含水阶段的产量及抽汲参数。这种模拟已经有如PIPESIM和PEOFFICE等商业化的软件可以应用，通过软件可以计算出悬点最大载荷、悬点最小载荷以及各级抽油杆应力、扭矩及电动机功率工况指标。

1.2.1.2 抽油泵

新疆油田目前抽油井基本上采用管式泵。在20世纪80年代前抽油井以采用衬套泵为主；80年代末开始由衬套泵改为整筒泵，到90年代中期后，已全部采用整筒泵；20世纪

90 年代后，针对抽油井出砂、油稠等情况，在部分井上还试验了防砂泵、液力反馈泵等特种泵。

新疆油田目前主要使用的管式泵泵径有 32mm，38mm，44mm 和 57mm。常规管式泵与油套管匹配关系见表 1.8。

表 1.8　常规管式泵与油套管的匹配关系

泵径(mm)	连接油管外径(mm)	排量(m^3/d)	泵筒接箍最大外径(mm)	推荐套管尺寸(in)
32	60.3	11.5~17.3	89.5	5½
38	73.0	16.3~24.5	89.5	5½
44	73.0	21.8~31.8	89.5	5½
57	73.0	35.5~53.2	89.5	5½

注：光杆冲程为 5m，冲次为 4~6/min，泵效 50%。

1.2.1.2.1　泵径选择

抽油泵泵径的大小要求与油井的产液量匹配，其决定因素是油井的产能(或者配产)和所在区域的泵效。式(1.11)为所需泵理论排量的计算公式，通过对泵理论排量的计算可得出对应的泵选型。各个区块由于储层条件、井筒流体性质差异，泵效差异较大。

$$Q_{理论}=\frac{q}{f_w\eta} \tag{1.11}$$

式中　$Q_{理论}$——泵理论排量；

q——单井日产油量，一般可根据试油试采井的最大液量或地质配产来确定，m^3/d；

f_w——预测油井含水率，一般按照目标区块的平均含水计算或按 50%计算；

η——泵效，目前新疆油田抽油井泵效主要分布在 40%~80%，实际应用过程中可根据对目标区块的充分调研后确定。

在选择泵径时，还要考虑与油管的匹配关系。新疆油田公司采用的大都是 ϕ73mm 的油管，能匹配的最大的抽油泵泵径为 57mm。

1.2.1.2.2　下泵深度确定

下泵深度的确定有两种方法：

一种是井网比较完善、地层条件明确的井，此时，下泵深度可根据前期开发井的泵挂深度统计得出。

另一种是开发井很少的新区的井，此时，下泵深度需要利用理论公式进行计算。在下泵深度设计中，确定合理的沉没度(沉没压力)是关键，它可以保证抽油泵在较高的泵效下工作。式(1.12)为井底流压与沉没压力及下泵深度之间的关系，沉没压力与泵充满程度间的关系可以采用式(1.13)计算：

$$L_p=H-\frac{p_{wf}-p_s}{\rho_L g} \tag{1.12}$$

$$\beta=\frac{1}{1+[R_s/(10p_t+0.1\rho_L\Delta L)-R/10](1-f_w)} \tag{1.13}$$

式中 L_p——下泵深度，m；

H——油层中部深度，m；

p_{wf}——流压（根据配产要求按该井的流入动态曲线确定），Pa；

p_s——沉没压力，Pa；

β——泵充满系数；

R_s——生产气油比，m^3/t；

p_t——套管压力，MPa；

ρ_L——混合液体相对密度，kg/m^3；

R——溶解系数，$m^3/(m^3 \cdot MPa)$；

L——沉没度，$\Delta L = \dfrac{p_s}{\rho_L g}$，m。

1.2.1.3 抽油杆

新疆油田的抽油井1993年前使用C级、D级和K级抽油杆，以D级为主。自1993年开始在八区下乌尔禾组油藏超深井试用H级抽油杆。

1990年，在五$_1$区、五$_2$西和五$_2$东区等高含蜡区块的14口井，试验空心抽油杆抽油28井次，由于试验空心抽油杆的质量问题，断脱严重，没有推广应用。

1992—1993年，试验玻璃钢杆深抽技术约20井次，玻璃钢抽油杆具有重量轻、弹性大的特性，能够降低抽油机悬点负荷，使用合理能提高泵效，但因玻璃钢杆设计、施工要求严格，后期维护以及存放管理难度大而停用。

目前以常规杆D级和H级杆为主。抽油杆直径为16mm，19mm，22mm和25mm。

在设计过程中，首先根据经验初选杆组合，再进行强度校核，校核一般选用折算应力强度方法和API最大许用应力强度法（修正的古德曼应力方法）。

选择组合抽油杆时，要遵循等强度原则，即各级杆柱上部断面上的折算应力相等。

（1）折算应力方法。此方法实质是将抽油杆所承受的不对称循环应力转化为对称循环应力进行校核。折算应力计算公式为：

$$\sigma_c = \sqrt{\sigma_a \sigma_{max}} \tag{1.14}$$

抽油杆柱的折算应力强度条件为：

$$\sigma_c \leqslant [\sigma_{-1}] = \frac{\sigma_{-1}}{K} \tag{1.15}$$

式中 σ_c——折算应力，N/mm^2；

σ_a——循环应力的应力幅；

σ_{-1}——在对称循环应力作用下的疲劳极限；

$[\sigma_{-1}]$——许用折算应力值（与钢材及热处理工艺有关）；

K——安全系数。

（2）API最大许用应力强度法。美国石油学会（API）推荐的最大许用应力强度条件是以修正的古德曼应力图（图1.1）作为依据。图中阴影三角区为疲劳安全区，抽油杆的应力点落在该区内，将不会发生疲劳破坏。根据图 1.1，抽油杆的最大许用应力与最小工作应力的关系为：

$$\sigma_{all}=\left(\frac{T}{4}+0.5625\sigma_{min}\right)\overline{SF} \tag{1.16}$$

要保证抽油杆柱不发生疲劳破坏，实际的抽油杆最大应力不能超过式(1.16)中计算出的许用应力，即强度条件为：

$$\sigma_{max}\leqslant\sigma_{all} \tag{1.17}$$

式中　σ_{all}——最大许用应力，N/mm^2；

σ_{min}——最小工作应力，N/mm^2；

σ_{max}——最大工作应力，N/mm^2；

T——抽油杆的最小抗拉强度，MPa；

$\overline{SF}$——使用系数。

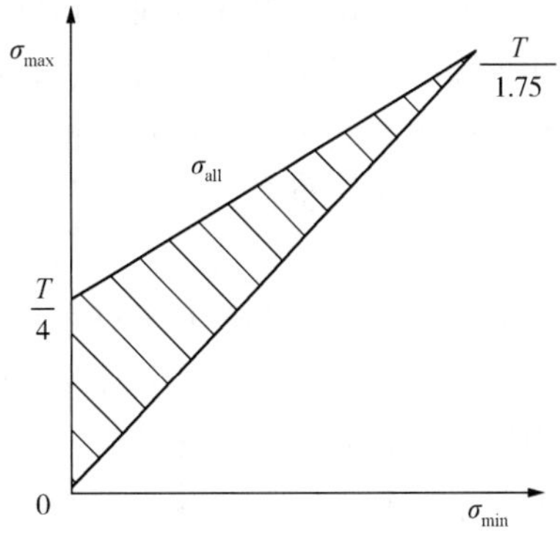

图 1.1　修正古德曼应力图

确定抽油杆组合，需要在泵挂深度和泵径确定的条件下进行。目前，新疆油田已形成了一套成熟的抽油杆组合方法。井深在 1200m 以下的井，主要采用 ϕ19mm D 级抽油杆。井深在 1200~1800m 的抽油井，采用 ϕ22mm+ϕ19mm D 级二级组合抽油杆。井深在 1800~2200m 的抽油井，采用 ϕ22mm+ϕ19mm H 级二级组合抽油杆。井深在 2200m 以上的抽油井，则采用 ϕ25mm+ϕ22mm+ϕ19mm H 级三级组合抽油杆。

1.2.2　油井防偏磨技术

随着油田开发的进行，抽油机井表现出来的管杆偏磨问题日益严重，主要原因有三个方面：一是定向井的应用越来越广，井身轨迹导致杆管偏磨；二是深井和超深井越来越多，泵上杆柱失稳越来越严重；三是在开发后期，在含水率超过 70%、油井供液不足以及三次采油油井产出液黏度升高的情况下，抽油井易产生偏磨。杆管偏磨导致油井修井频繁、检泵周期缩短，严重影响采油井的正常生产运行和油田的经济效益。

新疆油田在用的防偏磨工具主要包括尼龙扶正器、抗磨接箍、抗偏磨扶正装置、扶正抽油杆、陶瓷扶正器、防偏磨内衬油管等。目前主体防偏磨技术主要分两类：扶正类和抗磨类。在现场应用中通常是以一种防偏磨技术为主，以其他技术为辅综合治理油井的杆管偏磨问题。

1.2.2.1　扶正类防偏磨技术

尼龙扶正器目前是新疆油田使用最多的扶正类的防偏磨工具。其防偏磨原理是使抽油杆和抽油管不接触，转变磨损对象，使杆管偏磨转变为扶正装置自身的磨损，有效防止杆管磨损。新疆油田对于一般偏磨井基本上都采用了扶正类防偏磨技术。

1.2.2.2　抗磨类防偏磨技术

新疆油田目前应用较多的抗磨类防偏磨工具主要包括双向保护接箍和聚乙烯内衬油管两种。

双向保护接箍是在普通接箍的表面涂耐磨、耐蚀涂层，然后采用特殊的表面热处理工艺加工而成。其优点是耐磨损、耐腐蚀和减小摩擦阻力。由于采用接箍的扶正方式，因此其有效扶正高度小，扶正效果稍差。其主要和其他偏磨工具配套使用在一般偏磨井，如扶正器与抗磨接箍组合、抗磨接箍与内衬油管组合等。

聚乙烯内衬油管技术主要指应用特种聚乙烯内衬油管，通过降低杆管的摩擦系数来减少偏磨的影响，如HDPE/EXPE内衬材料与钢的滑动摩擦系数仅为0.20，比钢对钢的摩擦系数降低了0.13。其主要特点是防偏磨效果好，内衬使用的寿命较长。但投资大，价格基本为普通油管的2倍。这种技术适用于偏磨严重且偏磨井段较大的稀油井，尤其适用于聚合物驱采出井、定向井和水平井等。

乌尔禾油田乌36井区和乌33井区从2007年开始在21口井定向井中下入了内衬油管，下井后最长工作379天仍未修井，而普通油管有些已经偏磨严重，甚至磨穿，内衬油管寿命比普通油管寿命高，极大地减少了杆管报废率。

七东$_1$区克下组油藏聚合物驱工业化试验井通过引进特种聚乙烯内衬油管、大倒角抗磨接箍、整筒配套泵等综合性防偏磨配套工艺进行试验，有效地减少了聚合物驱抽油井的杆管断脱，平均延长检泵周期至420天，保证了聚合物驱三次采油试验的顺利进行。

1.3 注水工艺技术

新疆油田实施注水开发的油藏主要是砾岩油藏和砂岩油藏。为进一步提高注水开发效果，针对老区注水井缺失、注水井分注率低等问题，开展了“注好水、注够水、精细注水、有效注水”等注水专项工作，采用完善注采井网、提高分注率与分注级别、改善水质等多种措施，规模推广应用了偏心分层注水技术，配套了标准化注水管柱、防腐技术、套管保护技术等。同时制定了13个代表性油藏的注水水质标准，并根据老油区油层变化情况，优化调整注水水质控制指标。

目前，新疆油田已形成了适合各注水开发油藏特点的多项注水配套技术，基本满足了油田高效、精细注水开发的要求。

1.3.1 分层注水技术

新疆油田从20世纪60年代开始，先后研发了同心双管分注技术、空心配水分注技术、偏心配水分注技术等。1996—2004年发展了液力投捞井下定量分注技术和井下连续计量分注技术等。2004年引进了大庆油田的同心集成式细分注水技术和偏心测调细分注水技术，同时针对老区水质差，结垢严重造成配水器投捞困难的问题，研发成功了一体式分注技术。

各种分注工艺的工作原理基本相同，基本上是将注水防腐油管、保护封隔器、配水封隔器、配水工作筒等串连下入井内目的层，坐好井口后，下入胀封芯子，井口打压坐封后，完善注水井口，并在井口安装捕捉器，从油管投下配好水嘴的配水器，测试分层水量及验封合格后，通过井下配水器内调整好的配水嘴进行正常注水，过各配水嘴的水量分别注入目的层。

各分注工艺的差异主要在封隔器、配水器等结构不同，因此分注层数、测调方式及投捞工具不同。

新疆油田通过多年的现场应用以及适应性改进，目前已形成以桥式同心分注和直读测调为主体的分注测调技术，占分注井数的40%以上。2018年各分注工艺应用情况见表1.9。

表1.9 2018年新疆油田分注工艺应用情况

类别	分注工艺名称	应用井数(口)
同心分注工艺	桥式同心分注工艺	1132
	液力投捞井下定量分注工艺	151
	同心集成式细分注水工艺	135
	一体式分注工艺	75
偏心分注工艺	桥式偏心分注工艺	613
	偏心测调分注工艺	671

1.3.1.1 桥式同心分注技术

2013年，新疆油田引进了桥式同心分注技术。该技术由长庆油田研发，集成了桥式偏心分注和同心分注工艺的优点。

桥式同心分注技术的主要特点是可调水嘴和桥式配水工作筒一体结构，免水嘴投捞，减少工作时间、降低成本；测调采用同心对接，对接成功率高，也适用于大斜度井分注；一次入井全井测调，可视化在线直读测调，测调效率高；水量线性调节，调节精确度高，满足小配注量注水要求；具有较大桥式过流通道，可以实现井下全部关闭。

管柱结构由Y341可洗井封隔器、同心测调式配水器以及单流阀等构成。

桥式同心配水器由定位导管、旋转芯子等组成(图1.2)，出水口为4个长条形出口。因为是同心结构，所以对接成功率高。并且水嘴调节为线性关系，调节精度高。分层级数不限(内径46mm，便于仪器下入)，并具有防返吐功能。表1.10为桥式同心配水工作筒参数。

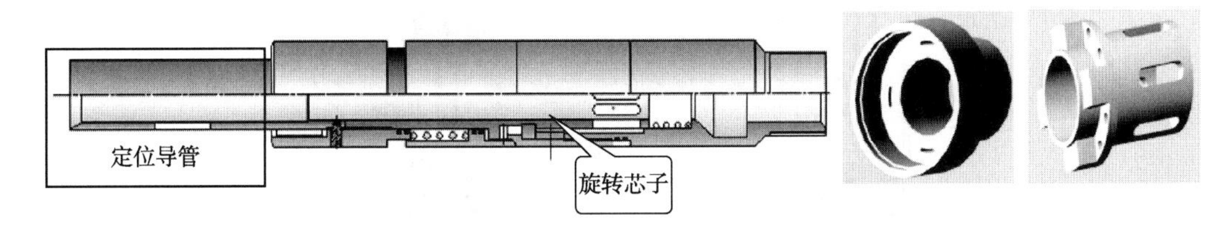

图1.2 桥式同心配水器和旋转芯子示意图

表1.10 桥式同心配水工作筒参数

项目	指标	项目	指标
长度(mm)	530	最大耐压(MPa)	60
外径(mm)	94	可调单层水量范围(m^3/d)	0~150
最大通径(mm)	46		

采用地面在线直读方式测调和验封，配套同心一体化测调仪、一体化验封仪及地面控制器。三参数测试仪包括温度仪、压力计、直读式电磁流量计，测试数据准确。电动定位准确、可靠，可反复提放。调配机械手扭矩可达150N/m，转速匀速，有利于提高调配精度。表1.11为三参数测试仪参数。

表1.11　三参数测试仪参数

项　　目	指　　标	项　　目	指　　标
总长度(mm)	2050	流量计量程(m^3/d)	0~150(精度1.5%)
最大外径(mm)	42	温度计量程(℃)	-40~+125(误差±1℃)
压力计量程(MPa)	0~60		

桥式同心分注技术现场应用了1132口井，占分注井数的41.2%，最高分注级别6级6层，最大井深4100m以上，最长有效期4年。测调成功率由84.99%提高到98.15%；层间压差为5~11.4MPa。统计165口小配注量井(单层≤10m^3/d)测调合格率100%，22口大压差井，测调合格率100%，应用效果显著。

1.3.1.2　液力投捞井下分注技术

该技术由新疆油田自行研发。通过在使用过程中对配水器、测试工艺、配套工具等不断改进，逐步完善了该项工艺技术。目前现场应用了151口井。

由Y341-114可洗井套管保护封隔器、KCY211注水封隔器与液力投捞配水器(KYDT114×46mm配水器或三层配水器)等组成。液力投捞分注管柱结构如图1.3所示。

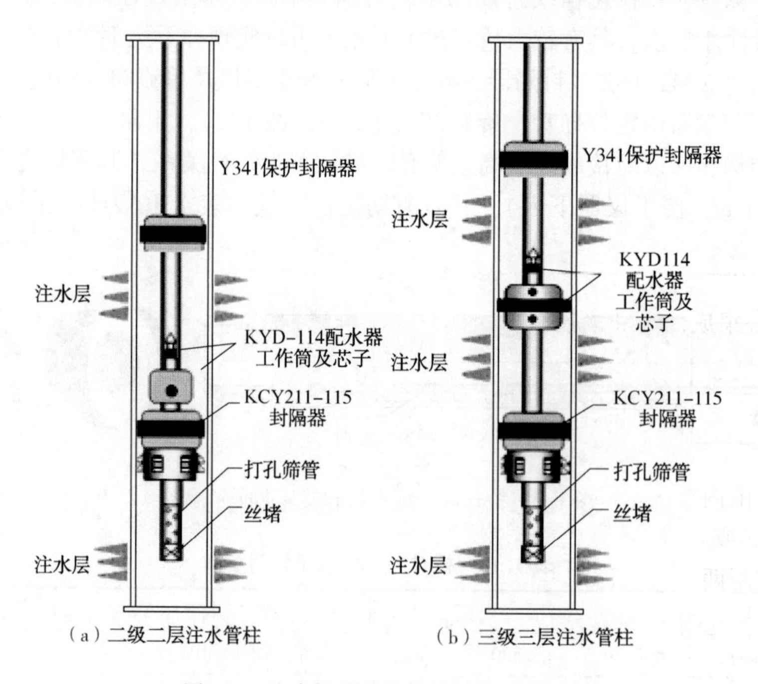

图1.3　液力投捞分注管柱结构示意图

配水器与封隔器为一体式，可实现两层或三层分注。配水器芯子上装有陶瓷水嘴或钨钢水嘴和自动流量调节器(启动压差：0.7MPa；自调范围：±1.5MPa)，在注入泵压波动时，可自动调节，保持配注水量基本不变。该配水器采用钢丝投捞或液力投捞芯子。配水器投入时可随注入水自动坐入工作筒，打捞可用钢丝作业或液力冲出。

该工艺的分层流量测试采用降压法。先测出能反映各层吸水能力的指示曲线。根据该曲线找出层间注入压差，确定节流层、节流压差，并在自调嘴损曲线图上初选水嘴。然后将初步选定的水嘴和井下分层流量计随配水器芯子投入配水器工作筒，注一段时间，待注水压力基本稳定后捞出芯子，取下流量计，读取分层流量值。若符合配注要求，说明所选的水嘴合适，将芯子投入井中，全部施工结束；若不符合配注要求，则需调整水嘴大小，直到满足配注要求为止。

2000—2004 年，该工艺是新疆油田应用最多的井下分注工艺，主要在准东油田、彩南油田和陆梁油田应用。

彩南油田西山窑组油藏储层为西二段的 X_2^2，X_2^3和 X_2^4三个小层，渗透率级差为 13~250 倍，突进系数平均为 17.2。注水井吸水强度差异大[12.3~5.2m³/(d·m)]，甚至造成严重的单层突进。产液剖面显示油井主要出液层为 X_2^3层，产液百分数为 72.6%，主力出油段出液强度为平均值的 1.6~2.8 倍。油层平均动用程度仅为 68%，注采连通率为 72%。笼统注水不能解决油藏层间矛盾，并且注水井分注级别低，不能满足地质细分层注水的要求。因此，要求注水井进行多层分注。

表 1.12 是彩南油田分注井的分层测试结果。大多数井的测试误差都小于 10%。个别井因层间压差大，分层水量测试误差较大。

表 1.12　彩南油田分注井分层测试结果

井号	层位	额定配注量(m³/d)	实测平均配注量(m³/d)	单层注入量误差(%)
C2091	I/II/III	30/30/30	27.6/28/27.6	-8.0/-6.7/-8.0
C2044	I/II	40/30	39.4/27.1	-1.5/-9.7
C2272	I/II	30/30	32.3/28.5	7.7/-5.0
C2004	I/II	20/40	20.7/37.6	3.5/-6.0
C2089	I/II	50/30	46.2/24.5	-7.6/-18.3

1.3.1.3　同心集成细分注水技术

同心集成式细分注水技术由大庆油田采油工艺研究院于 2002 年研发。其主要为了解决常规偏心注水技术递减法流量测试误差大的问题，实现正常注水情况下各层同步测试。2004 年新疆油田引进了该技术，并根据现场实际井况改进了堵塞器和流量计。

管柱主要由内径为 60mm 的 Y341-114-X-H 型可洗井套管保护封隔器、内捞式带锁紧机构的 ϕ55mm 或 ϕ52mm 集成式配水器，起反洗井作用的射流洗井器、定位装置等组成。每个配水器控制两个分层注水井段，可实现 4 个层段以内的分层注水和测试。

Y341-114-X-H 型封隔器是无支撑式可洗井封隔器，打压坐封，上提解封。洗井阀上下压差达到 4MPa(可调)以上时才能开启，解决了洗井问题。

图 1.4 所示为 Y341－114－X－H 配水封隔器结构示意图，配水封隔器技术参数见表 1.13。

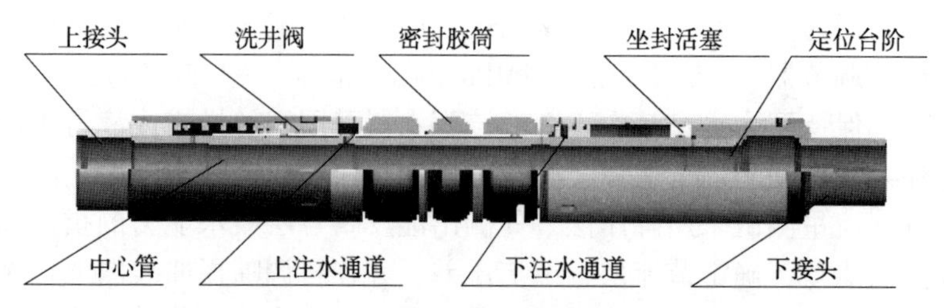

图 1.4　Y341-114-X-H 配水封隔器结构示意图

表 1.13　配水封隔器技术参数

工具名称	最大外径(mm)	长度(mm)	通径(mm)	坐封压力(MPa)	工作压差(MPa)	工作温度(℃)
Y341-114-X-H	114	950	60	12～15	25(可调)	<155(可调)
			55			
			52			

内捞式带锁紧机构集成式配水器有 ϕ55mm 和 ϕ52mm 两种，配水堵塞器由打捞头、注水孔、密封皮碗、内外管和底堵组成，如图 1.5 所示。配水堵塞器配水体上有两个配水通道相距 243mm 与配水封隔器的两个注水通道相对应。每个注水孔两边均有密封件将其隔开。配水堵塞器技术参数见表 1.14。

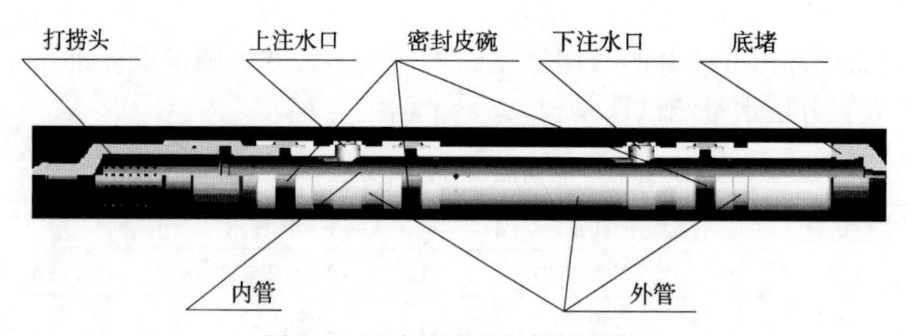

图 1.5　配水堵塞器结构示意图

表 1.14　配水堵塞器技术参数

名称	长度(mm)	外径(mm)	工作压力(MPa)	工作温度(℃)
ϕ55 配水堵塞器	576	55	25(可调)	<155(可调)
ϕ52 配水堵塞器	576	52	25(可调)	<155(可调)

工作时，将 ϕ52mm 和 ϕ55mm 两个配水器的配水体内分别装入死嘴，油管憋压封隔器坐封后，用试井车将 ϕ55mm 和 ϕ52mm 配水器捞出。然后用压力计验封，用电子存储式流量计带相应注水水嘴下井测分层水量。调配准确后，将配水器内装入相应水嘴，连上定位装置，从井口内投入。

测调工艺采用集成式测试堵塞器，由 4 只小型高精度压力计组合而成，它通过不同的组合方式，即可以验封和测分层压力，又可以测分层流量。可实现生产工况下同步测试分层流量及压力，一次投捞调配两层。

测试时，测试堵塞器上每一注水孔对应一个注水层段。内部结构设计为每一个流道对应一个注水孔，并与测试堵塞器上端仪器仓相通，流道内可以安装不同孔径的水嘴。仪器仓用来安装小直径电子流量计，一支流量计对应测试堵塞器一个流道，仪器仓上端及侧壁设计有进液孔。这样当测试堵塞器坐入配水封隔器中心管定位台阶时，注入地层的全部液体都要经过进液孔，经小直径电子流量计计量后再通过控制水嘴进入相应地层，测试完毕后起出测试堵塞器，回放测试数据，根据需要配合适水嘴下注水堵塞器正常注水[12]。

封隔器验封时将堵塞器冲出，下入测分层静压的压力计。保护封隔器通过井口套管压力表来判断是否密封，而下两级封隔器通过油管注水，若中间封隔器不密封，则上层、中层压力值一致，若下级封隔器不密封，则中间层、下层压力值一致，这样只需液力投捞一次压力计就完成了二级封隔器的验封。

该工艺现场应用135口井。主要应用在莫北2、石南31和五区和七区、彩南油田等。

以七中区2口井为例。七中区克拉玛依组油藏小层多，层间差异大，经过多年开发，主力层强水淹，其他小层动用程度低，分注井的分注级别低，使油藏的生产能力难以正常发挥。过去采用的分注工艺都是20世纪70年代的偏心配水分注工艺，测试工作量大，合格率低。因此，将分注管柱更换为同心集成式细分注水工艺管柱。表1.15是2口老井分注情况。

72113井分注前表现为最下一段单层突进，其他两段吸水性差。

7135井和89118井实施前经剖面资料反映上段不吸水。

表1.15 七中区克拉玛依组油藏2口分注井情况

井号	井深(m)	射孔井段(m)		实施前	实施后	
					层间跨距(m)	封隔器位置(m)
72113	1233.73	层段Ⅰ	1169.5~1172.5，1177.5~1179	合注井		1154
		层段Ⅱ	1189~1190，1194~1195.5		10	1184
		层段Ⅲ	1203~1205.5，1207~1211，1212.5~1214.5，1216.5~1220.5		7.5	1199
7135	1058.48	层段Ⅰ	991.8~993.3，994.8~996.3	偏配		980
		层段Ⅱ	1007.3~1009.3，1011.3~1018.3		11	1000
		层段Ⅲ	1021.2~1023.3，1026.2~1028.8		2.9	1019

根据各井分层注水量测试结果(表1.16)，测试误差基本在10%以内，按地质配注要求达到了各层段吸水均匀及定量吸水目的。

表1.16 七中区克拉玛依组油藏2口分注井分层测试结果

井号	层段	地质日配注量(m^3)	测试结果(m^3/d)	误差(%)
72113	Ⅰ	20	29.5	47.5
	Ⅱ	30	30.1	0.3
	Ⅲ	10	9.8	-2.0
7135	Ⅰ	30	29.8	-0.7
	Ⅱ	20	20.5	2.5
	Ⅲ	10	10.1	1.0

1.3.1.4　一体式分注技术

针对老区注入水水质较差，井下结垢严重造成配水器投捞困难的难题，新疆油田在同心集成分注工艺基础上，2005年研发了一体式分层注水工艺及其配套技术。

管柱结构由Y341-114可洗井保护封隔器、配水封隔器、压差膨胀式配水器及定压滑套等构成。

配水封隔器既是封隔器又是工作筒，与配水器组合成一体，一个配水器可分注三层，可一次实现井下三层流量测试、井下验封。同时该封隔器的上部出水孔在进行水井维修时，可以作为反洗压井通道，解决了常规偏配结构封隔器不能洗井的弊端。表1.17为Y341-114PSF配水封隔器技术参数。

表1.17　Y341-114PSF配水封隔器技术参数

规　格	Y341-114PSF	规　格	Y341-114PSF
最小通径(mm)	55	下控阀开启压力(MPa)	≤0.5
适用套管(mm)	121~127	工作压差(MPa)	25
坐封压力(MPa)	15	耐温(℃)	120
反洗井压力(MPa)	≤0.5	解封负荷(kN)	≤30
上控阀开启压力(MPa)	≤1		

压差膨胀式配水器的凹形密封圈密封结构设计可实现自由密封。三个配水嘴集成一体，层间密封段设计有三个可定位活塞体压缩密封圈膨胀密封，卸压时密封圈收缩到和配水器外径相同，具有防垢功能。尤其是在井下结垢严重的情况下，采用常规密封原理时井下器具存在捞不出，同时也无法保证器具进入工作筒及进入后的密封性能的问题，而压差式膨胀密封结构的设计克服了这些缺点。压差膨胀式配水器技术参数见表1.18。

表1.18　压差膨胀式配水器技术参数

规　格	PSQ-1	PSQ-2
密封压差(MPa)	≤16	≤10
配水层数(层)	2~3	2~3
工作压力(MPa)	25	15
密度(g/cm^3)	7.75	0.92

一体式分注流量测试器由4部分组成，包括连接绳帽、上流量计、测试密封段、下流量计(图1.6)。将井下流量测试仪器下入井下配水封隔器(工作筒)位置后，在测试段密封工作，总流量开始形成分支流量，分流水首先进入上流量计注入上孔、后分流量进入下密封段进入中孔及下孔，上、下流量计分别计量出分层水量，中层水量用总水量减两小层水量，可得到三层的分层水量。

封隔器验封：一体式分注测试验封仪器主要由绳帽部分的堵塞器、上压力计、下压力计、密封段组成。该仪器的功能一是验封，二是可测取分层地层压力。验封主要是通过上压力计记录的激动压力及下压力计记录的平稳下降压力之差来判定封隔器的密封合格情况。上压力计压力值高于下压力计压力值则证明封隔器密封合格。

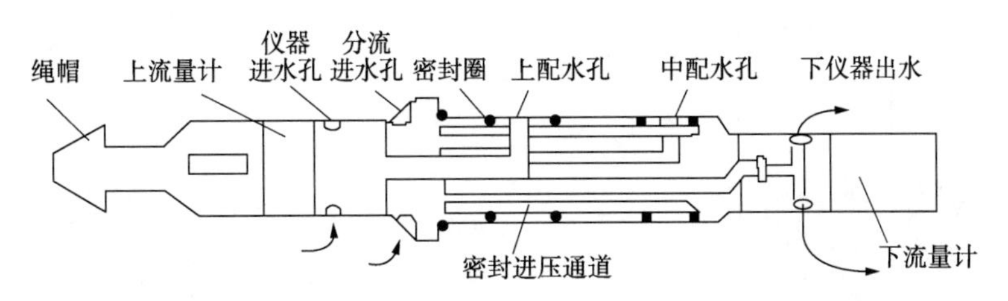

图1.6　一体式高效分注测调仪器结构示意图

该分注技术现场实施了75口井。主要应用在采油二厂的七区和八区。这些区块都已开发了30多年，经过长期注水，地面注水管线腐蚀结垢，机杂物较多。早期分注工艺主要采用的是老偏配分注工艺，井下测试、掉卡事故多，严重影响油田正常分注。为此研制了一体式分层注水工艺。

经现场应用，井下配水器性能可靠，投捞没有出现掉、卡事故。井下分层水量、验封测试一次成功率大于95%以上。表1.19是8口井的分层测试结果，实际测试井下流量均为下井一到两次调试合格，测得的分层水量均达到要求。

表1.19　井下测试水量结果

井号	配注量(m^3/d)			实测量(m^3/d)			结果
	上层	中层	下层	上层	中层	下层	
J-77	0		20	0		20	合格
7127	20	10	10	19	12	9	合格
7263A	20	20	10	21	19.5	9	合格
8527	0	0	10			8.6	合格
7839	20	20	20	21	19	20	合格
7180	30		30	28		32	合格
7109	10	20	20	10	21	19	合格
7336	30		60	28		62	合格

1.3.1.5　桥式偏心分注技术

桥式偏心分注技术是偏心测调技术的改进型，实现调水与测试同步，提高了测量准确率和测调效率。该技术由大庆油田研发。新疆油田于2008年开始规模应用，已试验成功6层分注。

桥式偏心分层注水管柱由Y341-114套管保护封隔器、注水封隔器、桥式偏心配注器以及单流阀、丝堵等构成。

该工艺的主要特点是桥式偏心配注器ϕ46mm主通道周围布有ϕ20mm偏孔桥式通道，偏孔内壁出液孔与主通道相通(图1.7)。当测试密封段(带测试仪)坐到位后，恰好对准测试密封段两组皮碗之间的中心管进液孔，可进行流量或压力测试[10]。其他层段通过桥式通道正常注水，减小了各层之间的层间干扰，提高分层流量调配效率及分层测压效率[11]。但由于配水器桥式通道较多，若结垢严重，易引起测试仪器遇卡遇阻。适用于卡距2m以上分注，对水质要求较高。

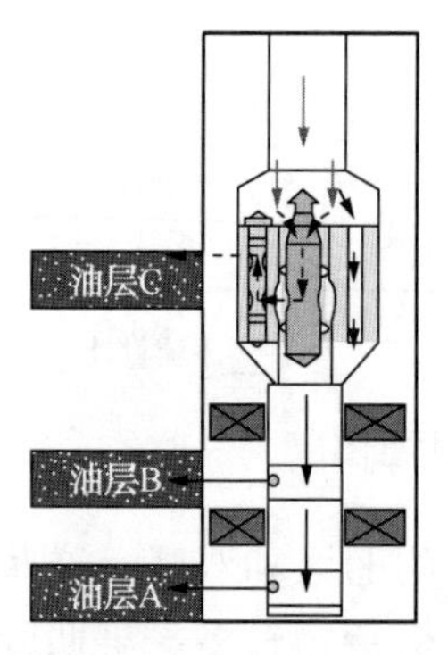

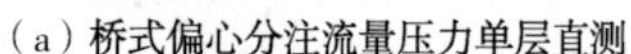
（a）桥式偏心分注流量压力单层直测

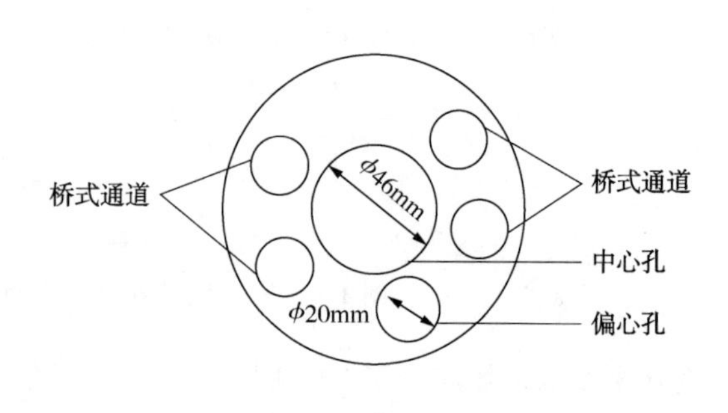

（b）桥式结构原理图

图 1.7　桥式偏心分注工艺示意图

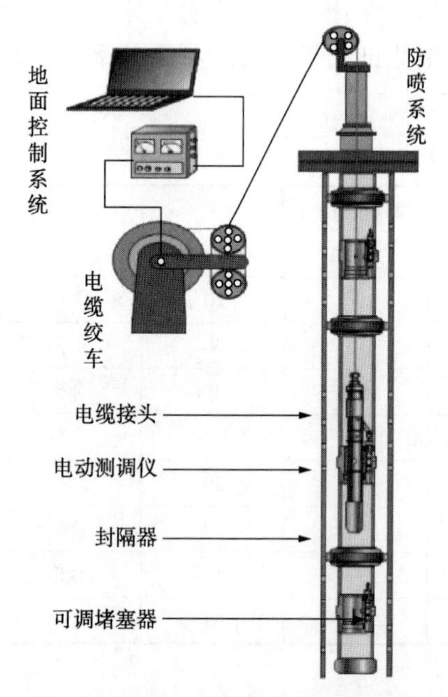

图 1.8　LZT-300 流量自动测调系统

测调工艺采用 LZT-300 流量自动测调系统，由地面监控系统控制调节臂的打开、关闭及电动机的旋转，直观地对井下每个吸水层的流量进行调配操作。通过调节堵塞器的开度，实现水量的调整并同步测试，测调时间比普通测调时间缩短 2 倍，并且不用反复投捞，减少了测试工作量。

采用超声波流量计。测试误差：流量±2%；压力±0.5%；温度±2℃。

采用测压验封仪进行封隔器验封。测压验封仪由双探头压力计和专用测试密封段组成。密封段通过两个皮碗分别密封中心通道的进水孔两端，封闭测试的层段。通过密封段的压力差判断封隔器是否密封。

该工艺现场应用了 613 口井。主要应用在红山嘴油田、彩南油田和百口泉油田等。

以红西区红 $18T_2k_1$ 层 00452 井为例。克拉玛依组油藏小层多，层间差异大，于 2005 年 11 月投注采用油套分注，分注级别低，使油藏的生产能力难以正常发挥。2013 年 12 月，将分注管柱更换为桥式偏心注水工艺管柱，分注三层。

根据各井分层注水量测试结果，测试误差基本在 10%以内，按地质配注要求达到了各层段吸水均匀及定量吸水目的。测调三层半天时间就可完成。表 1.20 为桥式偏心注水工艺管柱分层流量测试情况。

表 1.20　桥式偏心注水工艺管柱分层流量测试情况

层数	配水器位置（m）	水嘴	地质配注量（m^3/d）	实测水量（m^3/d）	误差（%）	吸水比	测量点深度（m）
第一层	1363.56	可调	5	4.6	-8	18	1353
第二层	1384.58	可调	10	10.7	+7	42	1374
第三层	1434.19	可调	10	10.2	+2	40	1424

根据实测井下验封压力实测见表1.21，井下封隔器密封合格。

表1.21　桥式偏心注水工艺管柱封隔器验封数据

级别	封隔器类型	关井时		开井时		井下测试结果				验封结论
		油管压力(MPa)	套管压力(MPa)	油管压力(MPa)	套管压力(MPa)	验封仪深度(m)	上压力(MPa)	下压力(MPa)	压差(MPa)	
3	Y341-114	0	0	9.0	0	1434.19	14.47	13.13	1.34	合格
2	Y341-114	0	0	9.0	0	1384.58	21.69	12.37	9.32	合格

1.3.1.6　偏心测调分注工艺技术

偏心测调分注工艺技术于2005年从大庆油田引进并规模应用，已应用671口井。

该技术是在常规偏心分注基础上研发的，主要通过独特的偏心配水器与偏配堵塞器等工具实现分注，并采用通用流量计和测调仪，实现分层流量、分层压力的测试和封隔器验封等测调工作。

偏心测调分注管柱结构由Y341-114可洗井封隔器、注水封隔器、偏心配水器、单向流阀等组成(图1.9)。

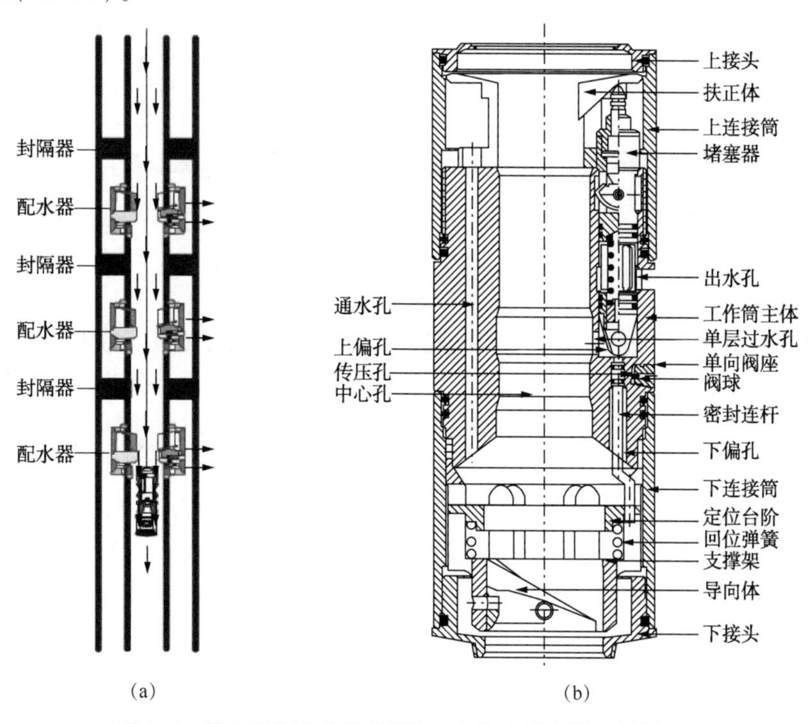

图1.9　偏心测调分注管柱图(a)和偏心配水器结构图(b)

(1) 可验封式偏心配水器：该配水器对常规偏心配水器进行了改进，在出水口下方开了一传压孔(内装单流阀，仅容许外部压力传入)，同时在内部增设一柱塞阀，与单流阀配合防止液体流入。该配水器与组合测试仪配合可以一次(同步)完成分层流量、分层压力和验封测试，可以同恒流水嘴和可调水嘴以及普通水嘴的堵塞器配套使用，实现相应的功能。可验封式偏心配水器技术参数见表1.22。

表 1.22 可验封式偏心配水器技术参数

配水器	长度(mm)	最大外径(mm)	中心管内通径(mm)	偏孔直径(mm)	工作压力(MPa)	工作温度(℃)
工作筒	900~970	100~115	46	20	15~35	90~120

(2) Y341 型双平衡缸压缩式可洗井封隔器：为了便于坐封和保证卡封位置以及封隔效果和后期洗井，该工艺采用改进的 Y341 型双平衡缸压缩式可洗井封隔器。该封隔器主要由上接头、卡簧、限压弹簧、洗井活塞、内、外中心管、平衡缸套、下平衡活塞、胶筒、胀封剪钉、上、下压缩活塞、密封套、下护筒、下接头、解封销钉及 O 形密封圈组成。分可洗井式和不可洗井式，可洗井式设有柱塞式洗井孔。Y341 型双平衡缸压缩式可洗井配水封隔器技术参数见表 1.23。

表 1.23 Y341 型双平衡缸压缩式可洗井配水封隔器技术参数

长度(mm)	最大外径(mm)	最小内径(mm)	工作压力(MPa)	工作温度(℃)	胀封压力(MPa)	解封载荷(kN)	洗井开启压力(MPa)	洗井环空当量(mm)
700~1050	95~145	50~55	15~35	90~120	<18	20~50	≤3.0	20~30

偏心测调分注工艺采用 CSL-422 型非集流式超声波流量计(图 1.10)进行流量测试。该流量计的优点是测试精度可达±2%，一次下井可以多次测试全井各层数据，弥补了以往集流式机械流量计本身误差大、一次下井只能测试一个坐封处流量、测试效率低等不足。

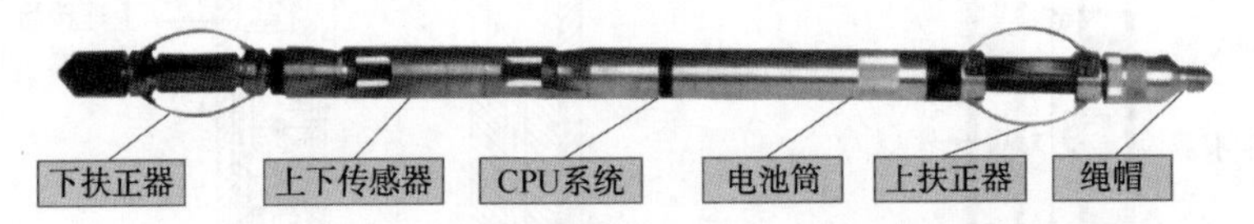

图 1.10 CSL-422 型非集流式超声波流量计结构示意图

采用的配水嘴分为陶瓷式和恒流式两种。其恒流式水嘴在 0.7~10MPa 的压差条件下可进行恒流注水，通过的水量与水嘴的孔径和定压弹簧的预设弹力有关。

封隔器验封前，各级配水器的配水嘴均处于打开状态，验封时将压力验封仪下到第一级配水器(配水器序号编号为从井底到井口)并坐封，验封仪双皮碗阻断注入水流入第 1 级配水嘴。压力验封仪有上下两个压力传感器，测得的压力分别为 p_1 和 p_2，p_1 为第一级配水器处油管压力，p_2 为第一级配水器处油套环空压力。开大井口配水控制阀门，油管加压，p_1 增加，第一级配水嘴无水流入，如果第一级封隔器坐封严，则验封仪测得的两个压力值 p_1 和 p_2 存在一定的差，并且 p_2 逐渐下降，p_1 基本保持不变。

偏心测调分注工艺在 2005 年试验了 9 口井，主要在红 18 井区和四 2 区应用，分注均成功。2006 年，在四 2 区 123 断块、五 1 区、红山嘴、百 21 井区等油田进行了推广应用 35 口井，其中 2 口井(0082 井和 4617 井)进行了四层和五层分注试验。因为应用效果良好，于 2007 年扩大了应用规模，在各油区都进行了应用。

1.3.1.7 特殊井分注技术

1.3.1.7.1 小直径封隔器分注技术

小直径封隔器分注技术是针对套损井分注需求而提出。套损井补贴修复后，补贴段内通径减小，在井眼内形成瓶颈，致使井下机具难以通过，而可以通过瓶颈段的小直径机具又很难适应原井筒要求(尺寸大)，因此，套损井的分注工艺措施是油田治理的难点问题。为此，新疆油田于 2012 年开展了套损井分注工艺的技术攻关，采用 K344-95 小直径封隔器进行分注试验。

K344-95 小直径封隔器适应套管内径 118~124mm，最大刚体外径 95mm，最小内通径 50mm，长度 1548mm，工作温度≤120℃，工作压力≤20MPa，坐封压力 3~4MPa，反洗井压力≤4MPa，解封压力≤4MPa。

小直径封隔器直径在不小于 98mm 的套管补贴段能够顺利通过，在大直径井眼中能够满足耐压和测试要求，其他分注工具和偏心分注管柱为统一标准，便于管理和测试。但是由于直径小，无洗井通道，洗井时需反打压，解封封隔器才能形成通道，再次注水时需投入死水嘴，再次打压坐封；另外，封隔器使用扩张式胶筒封隔器，可能存在解封不完全的情况。

在准东采油厂开展试验 2 井次(H1487 井和 H252 井)，在采油一厂试验 1 井次(0618A 井)。H1487 井已成功进行 5 次测试，0618A 井自 2012 年 9 月以来封隔器一直正常有效工作。

1.3.1.7.2　大斜度井分注技术

大斜度井分注存在工艺问题因管柱严重偏向套管的一边，在起下过程中极易磨损套管内壁，同时会对工具造成损伤；封隔器密封件受力不均，影响其密封性和使用寿命；常规分注管柱投捞难度大，投捞成功率低；球座密封性差，影响管柱的施工成功率。

针对这些问题，主要采用如下技术措施：通过改进偏心注水封隔器和配水工作筒，增加滚球扶正体改进封隔器、在配水工作筒增加扶正台阶等措施，解决了管柱密封和测试投捞问题。

对偏心配水分注工艺在直井分层注水应用的 Y341 封隔器进行改进，使其达到了适应大斜度定向井封隔器居中扶正、密封可靠的目的[14]。扶正原理：封隔器胀封时，扶正球支撑套管四周，使油管在套管中居中。使用扶正居中封隔器可使注水管柱居中，使分层注水封隔器均匀胀封，密封更好。在正常工作胀封时，液体通过压缩传压孔进液推动上、下活塞上行，液柱压力加井口一定压力就可以使胀封剪钉被剪断，下护筒上行卡瓦台阶在卡簧载体的卡瓦上，球在顶环孔内同时上移，内中心管不动，球被顶到台阶顶端与套管内壁紧贴，从而把油管扶正居中，压缩胶筒使封隔器胀封。解封时，胶筒与套管的摩擦力使内中心管带动卡簧载体相对向上运动，当达到一定的载荷时，解封剪钉被剪断，卡簧、卡簧载体留在卡瓦台阶上，胶筒、胶筒座回位，胶筒回缩，从而起出全井管柱。

配水器在其主体上端新设计一插入扶正体的台阶，使其主体与扶正体同轴度好，保证了堵塞器投捞成功率。提出偏心配水器 ϕ20mm 偏孔采用滚压技术加工要求，使其内表面精度高，保证了堵塞器投捞时不刮密封圈。提出偏心配水器上、下接头与工作筒采用螺纹连接与焊接结构要求，使工作筒与主体连接螺纹强度高，保证承受管柱井下拉力。

通过改进封隔器增加滚球扶正体、在配水工作筒增加扶正台阶等措施，解决定向井因井斜造成封隔器使用寿命短、调配测试投捞难度大以及在管柱起下过程中入井工具损伤等问题，解决了管柱密封和测试投捞问题。但定向井井斜角受限，井斜角≥40°不适用。

现场应用 32 口井，含四级四层的井 3 口，三级三层的井 14 口，其余均为两级两层，实践表明，该技术在井斜为40°以内的定向井的分注及测试均能满足油田测调和分注需求。

1.3.1.7.3　小夹层分注技术

对于没有稳定隔层或小夹层的井，常规工艺无法实现机械分层注水，因此使用长胶筒封隔器进行厚层层内封堵与小夹层反向封隔技术，实现层内封堵与细分注水的目的。

小夹层分注技术是通过采用磁定位技术和长胶筒扩张式封隔器，解决夹层在0.5~2m的井分注过程中定位和有效封堵问题。长胶筒封隔器为K344-110扩张式长胶筒封隔器，胶筒长度有1m，2m和3m三种，满足隔夹层在0.5m以上井的分注需求。但封隔器胶筒最长达3m，存在解封困难的风险。

在百口泉采油厂、陆梁油田和彩南油田实施了51口薄层井分注，分注及测试均能满足现场需求。

1.3.1.8　直读式测调技术

电缆直读测调系统主要由地面测控仪、井下可调堵塞器和综合测调仪(调控器与电子流量计)组成。井下测调仪器通过导向键和调节臂在井下完成和可调水嘴的可靠对接，并通过电缆接受地面控制，地面操作人员通过地面监控器来控制井下测调仪器和监视当前配水情况。

井下测调仪器根据信息进行相应的收张臂伸缩和水嘴开度调整等动作，同时不间断地向地面监控器发送流量、压力和温度等参数的实时测量值，地面监控器将测调结果以实时曲线和数字的形式显示出来，地面人员根据实时数据随时对测调动作做出干预操作。与水嘴投捞测调相比，电缆直读测调工作效率更高，测调时间平均缩短一半以上。该技术目前已经在新疆油田全面推广应用。表1.24为电缆直读式测调仪技术参数。

表1.24　电缆直读式测调仪技术参数

仪器名称	仪器外径(mm)	仪器长度(m)	最高耐压(MPa)	单层调节范围(m^3)	流量测量精度(%)	工作压力范围(MPa)	压力测量精度(%)	工作温度范围(℃)	温度测量精度(℃)
LZT-200	Φ38	1.8	80	2~200	2.0	0~60	0.5	-40~150	±1

1.3.2　注水井管柱技术

新疆油田注水管柱早期采用普通油管。普通油管由于腐蚀等原因而寿命短，在3年左右。为了延长注水管柱使用寿命，从20世纪90年代中期起，注水管柱开始使用防腐油管，到2003年开始全面推广。为了解决油套腐蚀严重、注水油管寿命短、修井作业不能带压作业、深井管柱蠕动封隔器失封等问题，从2011年开始逐步采用标准化管柱结构。标准化管柱结构要求所有入井工具全部采用防腐工具，在防腐油管柱上增加环空保护封隔器(便于投加环空保护液)，深井配套伸缩管和锚定装置，预置带压作业工作筒，以达到减缓油、套腐蚀速率，延长深井管柱有效期和便于带压作业的目的。同时配套了以镀层为主的井下工具防腐和环空保护液油套管防腐等防腐技术，以延长注水管柱寿命。

1.3.2.1　井下管柱标准化结构

新疆油田注水井管柱标准化结构，主要规定了在防腐油管柱上加装井下防腐工具来实现。管柱标准化结构包括：防腐油管、套保封隔器(加环空保护液)、伸缩补偿器、锚定装置、带压工作筒，要求全部工具均为防腐工具，入井工具组合根据具体井况组合应用。

(1) 井深小于 1700m 的注水井，注水管柱安装套管保护封隔器，安装位置在油层顶部10m 处，满足投加环空保护液要求。注水管柱最下一个配水器下面安装带压作业工作筒，以便实现注水井修井时带压作业，提高修井时率和保护环境(图 1.11)。

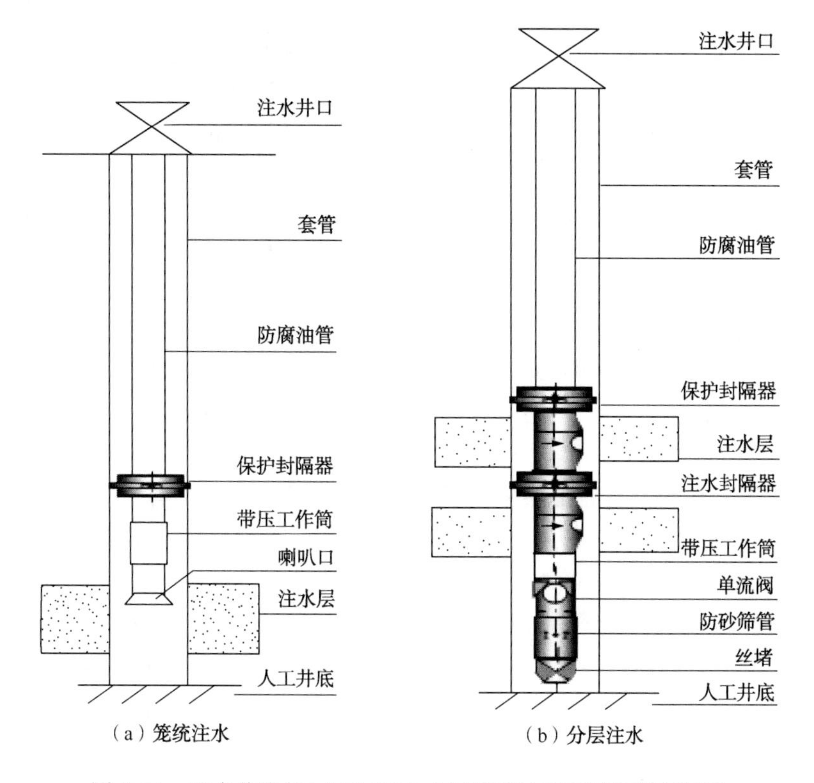

图 1.11　注水井浅井(小于 1700m)标准管柱图(两级两层为例)

(2) 井深大于 1700m 的注水井，除了要求注水管柱安装套管保护封隔器和带压工作筒之外，为了减小管柱蠕动对分注井井下结构的影响，注水管柱要求在套管保护分隔器上部加装油管伸缩器和油管锚(图 1.12)。

标准化井下管柱技术特点和适应条件见表 1.25。

表 1.25　标准化井下管柱技术特点和适应条件

结构	技术特点	适用注水井条件
保护封隔器	可投加环空保护液实现油套管防腐保护	井况正常的所有注水井
预置带压工作筒	通过预置带压工作筒，可实现管内堵塞，为注水井的带压作业提供条件	井况正常的所有注水井
伸缩器+锚定	通过锚定和伸缩补偿缓解管柱蠕动，改善管柱失封问题	井况正常，井深>1700m

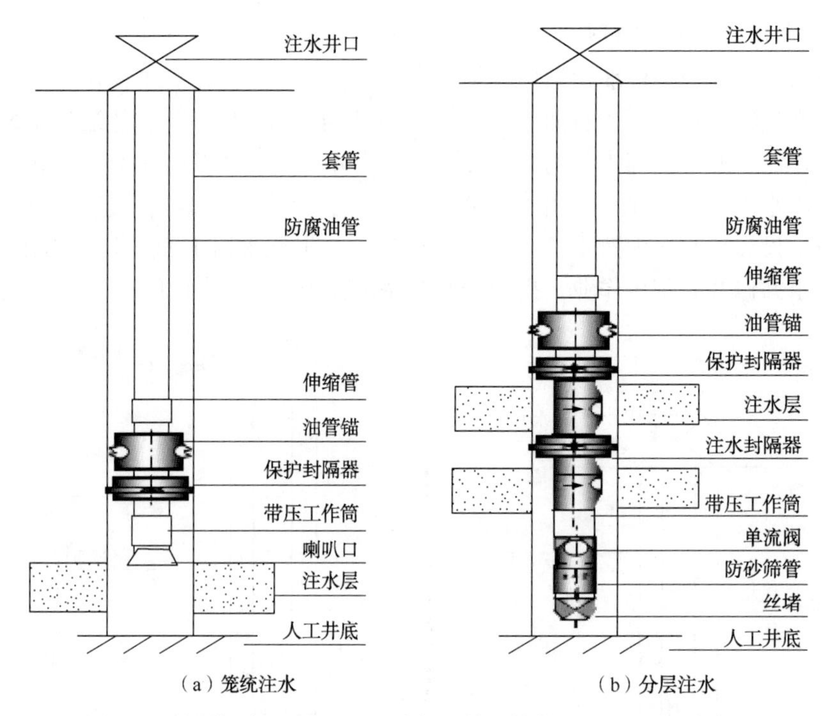

（a）笼统注水　　（b）分层注水

图 1.12　深井(大于 1700m)注水标准管柱结构图(两级两层为例)

截至 2013 年 7 月，新疆油田注水井累计配套下入可洗井 Y341 套管保护封隔器 1200 口井，全部实现投加环空保护液。共配下双作用阀+预置工作筒 430 井次，该工作筒密封压差为 25MPa，最大工作温度 90℃。通过预置带压作业工作筒，可为带压作业实施提供保障。针对因管柱失封而进行检管频繁的深井区块，为了延长管柱的密封寿命，通过增加油管伸缩补偿器及油管锚，减轻或消除因注水压力和井下温度波动引起的油管蠕动，避免封隔器失效。2011—2013 年，现场共计实施 20 口井，通过验封证明管柱密封性良好，最长的 SN8021 井管柱入井 3 年，验封合格；另外，为了验证锚定器是否能顺利解封，2013 年 9 月，该井进行了提管柱作业，井深 2400m，管柱重约 24tf，作业提至 28tf，锚定器顺利解封，整个管柱结构能够顺利提出。

1.3.2.2　注水井防腐技术

新疆油田注水井注水管柱处于复杂腐蚀环境中。西北缘老区溶解氧、侵蚀性 CO_2 和 H_2S 高，腹部油田盐类(氯化物等)、气体(氧气、游离二氧化碳)、微生物(硫酸还原菌、腐生菌等)、矿化度高(其中石南地区水源井清水达 9000mg/L)、东部油田细菌含量(硫酸盐还原菌、铁细菌、腐生菌)高。

为了延长注水管柱使用寿命，实现注水井降本增效，新疆油田注水井配套了多种防腐技术，包括以镍磷镀为主的注水油管防腐，以镀层为主井下工具防腐，环空保护液油套防腐。防腐油管防腐和井下工具防腐在全部注水井中采用，油套环空保护液只在已经下入套管保护封隔器的注水井中采用。

截至 2013 年底，全油田在用注水井全部都采用了防腐油管，统计入井防腐油管

554×10^4m。采用的防腐油管主要有三类防腐技术：第一类是镀层类，包括镍磷镀和三层复合涂镀油管；第二类是涂层类碳纳米技术；第三类是内衬类油管。镍磷镀技术是注水井油管防腐的主体技术，全油田累计应用 1982 口井，占总的防腐油管注水井井数 64.18%，其次是三层复合涂镀技术，全油田累计应用 809 口井，占总的防腐油管注水井井数 26.20%。各类防腐油管防腐基本原理都为防腐层阻断油管本体金属与腐蚀性介质产生的 H^+ 接触，达到防腐目的。新疆油田防腐油管应用情况见表 1.26。

表 1.26　新疆油田防腐油管应用情况

分类	防腐管				合计
	镍磷镀防腐油管	三层复合涂镀防腐油管	碳纳米防腐油管	其他类防腐油管	
应用井数(口)	1982	809	214	83	3088
井数所占比例(%)	64.18	26.20	6.93	2.69	100
长度(10^4m)	313.9	183.6	28.8	14.8	554
长度所占比例(%)	56.66	33.14	5.20	2.67	100

1.3.2.2.1　镀层类防腐油管

包括镍磷镀防腐油管和三层复合涂镀防腐油管。

（1）镍磷镀防腐油管。采用镍磷镀层，其工艺是化学镀镍，又称无电解镀镍，它是以溶液形式进行化学反应，使金属沉积在镀材外表面上，镀层为非晶态镍磷合金。抗腐蚀性优良，经硫酸、盐酸、烧碱、盐水同比试验，其腐蚀速率低于不锈钢。镀层硬度高，一般硬度 HV0.981，且摩擦系数小，因而耐磨性好。镀层厚度均匀性好，由于化学镀是在溶液中进行化学反应，只要能在零件表面通过溶液，均能获得均匀的镀层，一般厚度差不超过 2~3μm，镀层最小厚度≥15μm，平均≥20μm。镀层结合力好，可达 300~400MPa，不易出现脱皮现象。使用范围温度广，工作温度-80~700℃。镀层孔隙率为 0.2，保护级别为 9 级。

但不耐硝酸等强氧化性酸，不能用于强氧化酸的酸化作业；修井作业中在油管接箍处被管钳咬伤，镀层脱落，容易被腐蚀；油管内壁由于测试仪器频繁投捞，其镀层也容易脱落，造成腐蚀；对于旧油管镍磷镀防腐加工，因其内外表面凹凸，镀层不均匀，更容易脱落，使防腐功能失效。另外镀层厚度决定防腐效果，由于近年镍的金属原材料涨价，厂家要控制成本，导致镀层厚度不够，还有镍磷镀电镀污染环境等原因，该技术有被三层复合涂层取代的趋势。

（2）三层复合涂镀防腐油管。在金属表面上，先通过化学镀处理镀上一层镍磷合金镀层，形成三层复合的底层；然后再通过活化工艺和钝化工艺让底层的镍磷合金生长出一种以镍的金属间化合物为主要组成的中间层；最后利用一种能与该中间层金属间化合物发生交联反应的有机组成物，以浸涂、喷涂或刷涂等方式涂敷于中间层上，经高温烘烤，形成三层复合涂镀的表层。其中，在高温烘烤过程中，表层有机组成物中的某些官能团将与中间层的金属间化合物发生交联反应，且另外一些活性基团又相互间地交联成高分子聚合物，形成底层、中间层和表层，以这种互穿网络的方式化学交联成一体使其具有优良的防腐性能，同时又具备防结垢、防结蜡和减阻等优良特性。

三层复合涂渡防腐油管技术参数见表 1.27。

表 1.27　三层复合涂镀防腐油管技术参数

<table>
<tr><th rowspan="2">序号</th><th rowspan="2" colspan="3">项目</th><th>技术参数</th><th>检测结果</th></tr>
<tr><th>油管三层复合涂层</th><th>油管三层复合涂层</th></tr>
<tr><td rowspan="2">1</td><td rowspan="2" colspan="3">涂层颜色及外观</td><td>黑/灰、亚光/有光</td><td>黑、亚光、无流淌</td></tr>
<tr><td>无流淌、无堆积、表面平整、色泽均匀，无漏涂</td><td>无堆积、表面平整、色泽均匀，无漏涂</td></tr>
<tr><td>2</td><td colspan="3">涂层硬度(HV)</td><td>>0.80</td><td>0.82</td></tr>
<tr><td>3</td><td colspan="3">涂层耐冲击(kgf · cm)</td><td>≥50</td><td>50</td></tr>
<tr><td rowspan="3">4</td><td rowspan="3">涂层耐化学试剂性能</td><td>土酸</td><td>室温，120h</td><td>无起泡、无生锈、无脱落</td><td>无起泡、无生锈、无脱落</td></tr>
<tr><td>30% NaOH</td><td>98℃，120h</td><td>无起泡、无生锈、无脱落</td><td>无起泡、无生锈、无脱落</td></tr>
<tr><td>脱盐水</td><td>98℃，120h</td><td>无起泡、无生锈、无脱落</td><td>无起泡、无生锈、无脱落</td></tr>
<tr><td>5</td><td colspan="3">涂层厚度(μm)</td><td>≥90</td><td>104</td></tr>
<tr><td>6</td><td colspan="3">涂层附着力(MPa)</td><td>≥8.2</td><td>8.5</td></tr>
</table>

三层复合涂镀防腐层为三层保护，可有效避免镀层类工艺可能存在针孔空隙降低防腐效果，具备优良的防腐、防结垢、防结蜡和减阻功能。但三层复合涂镀防腐油管采用涂工艺保护层，附着力相对镀层工艺附着力小。另外，该油管在防腐涂层完好情况下防腐效果较理想，但在作业中不能保证涂层完好入井，涂层破坏部位便成防腐油管腐蚀缺口，最终达不到理想防腐效果。

镍磷镀防腐油管和三层复合镀防腐油管在全油田分别应用于 1982 口井和 809 口井，占总的防腐油管注水井井数百分比分别为 64.18%和 26.20%。从使用效果看，镀层类防腐油管使用寿命基本都在 5~6 年。使用不大于 2 年的井，基本无腐蚀，镀层光亮如新；使用 5 年的井，约 30%的油管防腐层出现局部坑蚀，清洗后可用于合注井；使用不小于 6 年的井，全管柱腐蚀严重，防腐层损坏、管体腐蚀穿孔、无法继续使用。

1.3.2.2.2　*涂层类防腐油管*

碳纳米防腐油管采用高分子三防(防腐、防蜡、防垢)碳纳米复合涂料均匀地附着在油管内外壁，其涂层连续、致密无接缝，具有防腐、防垢、防蜡的性能。耐温-40~120℃，耐压在油管屈服极限；涂层厚度≥40μm，表面粗糙度小于 5μm，硬度为 HV1，附着力 4.96MPa，pH 范围在 2~11。

碳纳米高分子三防涂料喷涂注水井油管，实现了注水井管道防腐、防蜡、防垢的多功能合一，具强耐腐蚀性、高表面硬度、低阻系数。涂层使用的碳纳米聚合物具有导电性，可用于防静电材料。碳纳米粒子比普通炭黑材料硬得多，可制造耐磨材料。碳纳米聚合物有特殊成膜结构，可形成光滑结构用于防垢等场合。

但是碳纳米防腐油管防腐层涂层采用喷刷工艺，对油管接箍及螺纹处进行喷涂，接箍和螺纹处喷涂不均匀，在入井进行上卸扣时不易对准、易上错扣，存在隐患。另外接箍和螺纹处喷涂不均匀，也是防腐薄弱点，易受腐蚀。

新疆油田从2009年起逐步使用碳纳米防腐油管，到2013年累计使用于214口井，占总的防腐油管注水井井数6.93%。现场使用小于3年的井，部分井段有轻微的结垢现象，经过清洗后可以继续使用，长期使用效果有待继续观察。

1.3.2.2.3 内衬类防腐油管

聚乙烯内衬防腐油管使用特种聚乙烯，它是专用于油管内衬的新材料，其综合性能优于其他种类的聚乙烯。该技术采用阻隔原理及专有技术，使特种聚乙烯内衬管能与油管内壁紧贴在一起，形成“管中管”结构，优于内衬的阻隔效应使得这种油管具有抗磨、抗腐、防垢、防蜡的功能。

特种聚乙烯材料耐磨性约为碳钢的7倍、一般工程塑料的4~10倍；耐冲击强度是现有工程塑料中最高的，即使在-70℃时仍有相当高的耐冲击性。具有优良的耐化学药品性，除强氧化性酸液外，在一定温度范围内，能承受各种腐蚀性介质的侵蚀[15]。可长期在-70~110℃的温度范围内工作。由于表面具有良好的疏水性，因而其表面与其他物质不易黏附，即使形成垢晶也难以附着在其表面上，就是长期缓慢形成垢层也附着不牢固，很容易清除，具有非常优异的防垢性能。

但是特种聚乙烯材料的缺点是不耐强氧化性酸液，不能用于强氧化酸酸化；油管防腐加工费用高，是其他防腐油管加工费用的1.5倍；内衬防腐油管的内径小，仅为52mm，分注测试工具外径为46mm，分注测试时，由于间隙小，若有杂质存在于油管中，容易导致测调困难，甚至发生测调事故。

特种聚乙烯内衬防腐油管在新疆油田只是早期在少数合注井上应用，目前各单位基本淘汰，仅在石西油田和陆梁油田使用47口井，占总的防腐油管注水井井数的1.5%。

特种聚乙烯内衬防腐油管技术参数见表1.28。

表1.28 特种聚乙烯内衬防腐油管技术参数

序号	项目	技术指标		检测结果	
		2⅞in 规格	3½in 规格	2⅞in 规格	3½in 规格
1	外观	桔黄色、光洁平整，无明显凹坑、突起、孔洞、气泡等缺陷			
2	壁厚(mm)	3.4~3.7	4.2~4.5	合格	
3	外径尺寸(mm)	65±0.5	79±0.5	合格	
4	维卡软化温度(℃)	≥125	≥125	130.5	130.5
5	拉伸断裂强度(MPa)	≥22	≥22	28.93	28.93
6	拉伸断裂伸长率(%)	≥350	≥350	563	563
7	冲击强度(kJ/m^2)	≥70	≥70	97.62	97.62
8	邵氏硬度(HD)	≥55	≥55	64	64
9	密度(g/cm^3)	≥0.93	≥0.93	0.94	0.94
10	黏均分子量(万)	≥100	≥100	118.4	118.4
11	摩擦系数	≤0.19	≤0.19	0.19	0.19
12	磨损量(cm^3)	$\leq 2.48\times10^{-4}$	$\leq 2.48\times10^{-4}$	1.96×10^{-4}	1.96×10^{-4}
13	内孔直径(mm)	≥52	≥66	53	66
14	工作温度(℃)	≤110	≤110	110	110

1.3.2.2.4 注水井井下工具防腐

新疆油田注水井所有入井工具全部采取防腐措施，包括注水封隔器、分注工作筒、配水器等工具，钢体材料防腐主体采用镀铬，封隔器橡胶部分采取抗腐蚀、耐油橡胶，确保了工具的使用寿命(表1.29)。

表1.29 新疆油田井下分注工具应用的防腐技术

井下工具	分注工作筒	配水器	注水封隔器	带压作业工作筒	套保封隔器	其他
防腐措施	钢体材质采用35CrMo并镀铬	镀铬	镀铬，胶筒采用抗腐蚀、耐油橡胶材料	镀铬	镀铬，胶筒采用抗腐蚀、耐油橡胶材料	进行镀层防腐处理

井下工具表面镀上耐蚀材料铬，阻断工具本体与腐蚀介质接触，达到防腐目的。技术优点：根据油田几种常用防腐工艺实验，镀铬材料的腐蚀速率最小。在油田腐蚀环境中，实验测试45号钢、J55钢、N80钢、35GrMo钢腐蚀速率，同种材质腐蚀速率空白>磷化>渗氮>镍磷镀>镀铬。抗拉应力实验表明，镀铬层与基体结合强度最高。但镀铬层防腐效果很大程度上受制于镀层均匀性，镀层不均匀会导致局部腐蚀。

根据不同入井年限的分注工具使用资料显示，工具入井2~3年，工具完好，4~5年结垢较严重并部分腐蚀，入井6年以上的工具腐蚀严重无法使用，因此认为工具可满足5年检管需求。

1.3.2.3 油套环空保护液技术

环空保护液由缓蚀阻垢杀菌剂组成，其作用主要是杀菌、缓蚀、阻垢，改善油套环空水质，减缓油套管的腐蚀。环空保护液的主要作用机理[16]：一是改善介质条件，使细菌的生长繁殖环境受到抑制或杀死细菌；二是在金属表面上生成一层保护膜，即前期预膜，在金属表面与环空水之间形成隔离带，阻止腐蚀反应的进行。在一定程度上对套管起到保护作用。

为了保护注水井套管，新疆油田于2012年规定，具有保护封隔器的注水井，油套管环空需加保护液。环空保护液更换周期和洗井周期同步。加药工艺主要是洗井车洗井后随洗井流程加入，少量井由泵车加入。

新疆油田环空保护液执行《新疆油田环空保护液技术要求》，油田注水井环空保护液的技术性能指标见表1.30。

表1.30 新疆油田注水井环空保护液的技术性能指标

项　目	指　标	项　目	指　标
外观	均匀液体，无沉淀，无悬浮物	钙垢阻垢率(%)	≥80
凝固点(℃)	≤-5	杀菌率(%)	≥90
缓蚀率(60℃)(%)	≥70		

至2013年，全油田共实施环空加保护液1083井次，加药浓度0.1%(表1.31)。

表1.31　新疆油田油套环空保护液添加情况

井数(口)	药剂名称	加入浓度(%)
1083	缓蚀杀菌阻垢剂	0.1

为检查环空保护液的作用效果，在2013年4月洗井时对注过环空保护液的三口井进行了取样检测，并和注入环空保护液前的结果进行对比(表1.32和表1.33)。从检测的结果看，注入环空保护液后的铁离子和注入前相比有了明显下降，SRB细菌含量为0，杀菌率100%。挂片显示套管中的腐蚀率明显降低，缓蚀率最高可达97.2%。取样检测结果表明，保护液均达到杀菌率不小于90%，缓蚀率不小于70%的性能指标。

表1.32　环空保护液加入前后检测结果对比

样品名称	注环空保护液前		注环空保护液后	
	铁离子(mg/L)	硫酸盐还原菌(个/mL)	铁离子(mg/L)	硫酸盐还原菌(个/mL)
TD41006	35.4	6.0×10^3	0.8	0
5105	15.4	2.5×10^2	1.5	0
5111A	16.8	2.5×10^3	4.3	0

表1.33　注环空保护液前后套管水样腐蚀对比

样品名称	腐蚀速率(mm/a)		缓蚀率(%)
	注入环空保护液前	注入环空保护液后	
TD41006	0.0779	0.0022	97.2
5105	0.073	0.0097	86.7
5111A	0.803	0.0124	84.6

1.3.3　注水水质

注水水质是油田对注入水的质量所规定的指标。注入水水质好坏是影响注水开发油藏成败的关键因素之一。油田“注好水”是“注够水”的前提。注水水质必须根据油层的润湿性、敏感性、孔隙结构和油层均质状况等油藏特性进行综合分析并结合室内外试验来确定。注水水质必须确保油田注水开发全过程注入水对油层的伤害较轻，辅以解堵增注等措施，能顺利、经济地完成地质注水需求[17]。新疆油田于20世纪60年代开始注水，当时注水指标采用苏联标准。目前主要执行SY/T 5329—2012《碎屑岩油藏注水水质指标及分析方法》[18]以及新疆油田企业标准。

1.3.3.1　水质标准

新疆油田注水水质指标项和石油行业注水水质标准指标项一致。注水水质指标包括控制指标和辅助指标。控制指标包括悬浮物固体含量，悬浮物颗粒直径中值，含油量(污水)，平均腐蚀速率，SRB菌、TGB菌和铁细菌含量；辅助指标包括溶解氧含量、硫化氢含量、侵蚀性二氧化碳含量、铁细菌以及pH值等。水质标准应用原则是，当主要控制指标已达到注水要求，注水又较顺利时，可以不考虑辅助性指标；如果注水达不到要求，为查其原因可进一步检测辅助性指标。

根据储层渗透性、润湿性、孔隙结构和非均质状况等油藏特点，通过室内实验，制定了适合本油田的 13 项注水水质企业标准，详细规定了各油藏注入水水质主要控制指标和辅助指标，详见表 1. 34。

表 1. 34　新疆油田注水水质标准

依据标准	含油量（mg/L）	悬浮物（mg/L）	硫酸盐还原菌（个/mL）	铁细菌（个/mL）	腐生菌（个/mL）	中值粒径（μm）
Q/SY XJ0066—2003《红山嘴油田注水水质标准》	—	≤5. 0	≤25	≤10^3	≤10^3	≤5. 0
Q/SY XJ0085—2006《车排子油田注水水质标准》	—	≤5. 0	≤45	≤10^3	≤10^3	≤2. 0
Q/SY XJ0067—2003《克拉玛依油田八区二叠系乌尔禾组注水水质标准》	≤15. 0	≤5. 0	≤25	≤10^3	≤10^3	≤5. 0
Q/SY XJ0065—2003《克拉玛依油田注水水质标准》	≤15. 0	≤5. 0	≤25	≤10^3	≤10^3	≤5. 0
Q/SY XJ0077—2005《莫北油田注水水质标准》	—	≤4. 0	≤25	≤10^3	≤10^3	≤3. 0
Q/SY XJ0107—2007《石南 31 井区注水水质标准》	—	≤3. 0	≤25	≤10^3	≤10^3	≤3. 0
Q/SY XJ0103—2007《北 83 井区注水水质标准》	—	≤5. 0	≤25	≤10^3	≤10^3	≤3. 0
Q/SY XJ0064—2003《陆梁油田注水水质标准》	≤15. 0	≤4. 0	≤25	≤10^3	≤10^3	≤3. 0
Q/SY XJ0106—2007《石南 21 井区注水水质标准》	≤5. 0	≤2. 0	≤10	≤10^3	≤10^3	≤1. 0
Q/SY XJ0039—2001《彩南油田注水水质标准》	≤30	≤3	≤10^2	≤10^3	≤10^3	≤2. 0
Q/SY XJ0105-2007《北三台油田注水水质标准》	≤6. 0	≤3. 0	≤25	≤10^3	≤10^3	≤1. 5
Q/SY XJ0104—2007《沙南油田注水水质标准》	≤6. 0	≤3. 0	≤25	≤10^3	≤10^3	≤2. 0
Q/SY XJ0044—2001《火烧山油田注水水质标准》	≤30	≤8	≤25	≤10^3	≤10^3	≤5. 0

1. 3. 3. 2　水质达标情况

新疆油田处理站水质总达标率为 83. 5%，井口水质综合达标率 74. 7%。注水水质达标率低的主要原因是悬浮物固体含量、硫酸盐还原菌和铁细菌含量超标。超标原因和处理站处理能力和注水沿程污染有关。据统计，处理站悬浮物含量基本在 2. 5~20mg/L，到达井口悬浮物一般在 10~40mg/L，基本是处理站的 2~5 倍；注入水细菌含量管线污染比较严重，尤其是硫酸盐还原菌和铁细菌，两者在处理站一般达标，到达井口平均达标率仅为 65. 1%和 54. 1%。应加强水质处理以及井口加装过滤装置等措施以改善注水水质。

1.3.3.3　新区水质指标制定方法

新区的水质标准参照SY/T 5329—2012《碎屑岩油藏注水水质指标及分析方法》，并根据油藏渗透性分级、孔隙结构、流体物理化学性质具体条件以及水源的水型来确定。

（1）获取油层岩性、油层水、注入水（水源水）资料。测定油层水、注入水全分析离子浓度，矿化度和pH值等参数；测定水悬浮物固体浓度和颗粒粒径分布、腐生菌、硫酸盐还原菌、铁细菌和平均腐蚀率等。测定注水层岩心渗透率、孔道分布规律、黏土矿物组成和含量和水敏指数。

（2）水的配伍性评价[19]，评价注入水和地层水混合前后钙离子、镁离子和锶离子含量变化，判断离子稳定性，有无沉淀产生。并采用注入层岩心进行水驱实验，了解黏土矿物水化膨胀程度，为注水是否需要防膨提供依据。

（3）开展水中悬浮物的不同处理程度对岩心伤害实验，固相含量变化与岩心渗透率变化关系实验，含油量变化与岩心伤害实验，悬浮物（固相+含油）不同标准分级各指标系列与岩心伤害实验，提出初步的悬浮物指标方案。

（4）注入水水质指标方案设计，参考行业标准进行设计，并考虑地面水处理可行性，结合开发方案、注水工艺现状、水处理费用等优选水质指标，最后通过试注对水质指标进行评价。

1.3.3.4　老区注水水质标准调整

油田注水开发后，储层岩石在受到注入水长期冲刷后，黏土矿物被冲走或冲散，岩石中胶结物减少，孔隙变大，渗透率提高[22]。注水前孔喉较大、物性较好的储层在注水后物性改善的程度更高。因此储层对注入水水质，特别是悬浮物含量的要求发生变化，需要根据目前的储层特性、现场的生产情况以及污水处理工艺的能力确定合适的水质指标。制定方法及步骤如下：

（1）根据水质指标对注水开发的影响程度，选择出主要跟踪指标（水质和注水指标）。

（2）以主要注水开发区块和典型油藏作为研究目标进行生产动态分析。分析近3年污水处理站出口、井口水质数据和目标油藏生产动态数据（重点关注注水压力、注水量、吸水指数变化、措施影响等），跟踪水质指标对开发效果的影响、在保证注水效果的前提下，对渗透率分区间找出满足注水的最大极限。

（3）进行岩心驱替试验。选取该储层的岩心（对有调整、更新井的目标油藏尽量选取近年来新的取心井的岩心），在控制好悬浮物颗粒直径中值的基础上，参考SY/T 5329—2012《碎屑岩油藏注水水质指标及分析方法》中相应的指标，配制不同悬浮物含量的模拟水，进行岩心驱替试验。

（4）以生产动态数据分析为主，室内试验数据为辅，制定出基本符合油藏注水需求的注水水质执行标准。对初步确定的水质控制指标进行现场验证。按照重新确定注水水质控制指标注水，跟踪区块压力、水量等注水生产动态的变化情况，时间为3个月，验证调整后的执行标准能否满足油田注水需求。

（5）根据验证结果，最终形成新疆油田不同渗透率范围油藏注水水质执行标准。

新疆油田目前已初步完成经过注水开发的老区注水标准制定，见表1.35。

表 1.35 新疆油田砂砾岩油藏注入水水质指标

油藏类型	砂砾岩			
分类	超低渗透(<10mD)	低渗透(10~50mD)	中渗透(50~500mD)	高渗透(裂缝)(>500mD)
悬浮固体含量(mg/L)	≤10.0	≤15.0	≤20.0	≤25
悬浮物颗粒直径中值(μm)	≤3.0	≤5.0	≤5.0	≤5.0
含油量(mg/L)	≤5.0	≤10.0	≤15.0	≤30.0
硫酸盐还原菌(个/mL)	≤25	≤25	≤25	≤25
腐生菌(个/mL)	$n\times10^3$	$n\times10^3$	$n\times10^3$	$n\times10^4$
铁细菌(个/mL)	$n\times10^3$	$n\times10^3$	$n\times10^3$	$n\times10^4$
腐蚀速率(mm/a)	0.076			

1.3.4 注水井洗井技术

新疆油田为了提高油田注入水水质，近年恢复了注水过程中定期洗井的做法。注水井洗井管理执行《新疆油田公司注水管理细则》。主要应用的技术为专用洗井车密闭洗井和常规外排洗井。

洗井车密闭洗井主要是通过密闭洗井车自带的污水处理设备，井筒水经过洗井车处理设备处理合格后回注到水井。密闭洗井车主要型号 ZZ5321TJC，JHX5251TJC 和 JHX5280TJC，洗井车最大排量 $30m^3/h$，最大洗井压力为 35MPa。设备作业能力基本能够满足油田洗井作业需求。常规洗井是通过改变井口流程，使配水间来水从油套环空注入，通过可洗井封隔器，井底单流阀从油管返排至井口的罐车，然后排放至指定地点。

密闭洗井具有洗井排量大(最大排量 $30m^3/h$)、洗净度高、密闭循环、自带高效水处理工艺、自动化数据采集等特点，可实现无污染洗井、减少注水量的损失和罐车的使用数量，尤其是洗井过程密闭循环，符合油田公司创建绿色油气田的要求。常规洗井无需专用设备，操作方便，只需要改变注水流程，即能洗井。但密闭洗井数量规模受制于设备数量；常规洗井返出液需要外排，损失水量，增加环保成本，同时增加拉运罐车费用。

新疆油田注水压力均小于 35MPa，密闭洗井适合所有注水井洗井。但目前受密闭洗井车数量限制，基本应用于重点区块、高压注水井，好处是可以控制压力波动，减小对储层的影响；常规洗井适合压力不高或者浅井，洗井时间短，对储层影响程度小。

2012 全年洗井累计实施 5576 井次，洗井后平均注入压力从洗前的 9.2MPa 下降至 8.6MPa，平均悬浮物含量由洗前的 1130mg/L 降为洗后的 24mg/L，井均增加日注水 $5m^3$。其中密闭洗井 2680 井次，减少污水外排 $21\times10^4m^3$，洗后正常注水井油压下降 0.5~2.7MPa，欠注井日增注水量 $1\sim15m^3$，欠注井减少 39%。

1.4 直井储层改造技术

1.4.1 新疆油田储层改造技术概述

新疆油田在“八五”和“九五”以来，低渗透油气储量的比例呈逐年上升的趋势。开发好这类油气藏，并取得较好的经济效益，最有效的方法就是采用水力压裂技术改造油气层。水力压裂技术自20世纪70年代初开始在新疆油田广泛应用，在实践中不断提高水平。在借鉴国内外先进经验和做法的同时，结合新疆油田储层改造的实际问题，走自主研发的道路，在方案设计、技术工艺、压裂液体系等方面形成具有自主知识产权和特色的技术体系。

(1) 压裂基础实验、设计手段和水平有很大提高。

压裂基础实验、压裂前地层分析评估及方案设计技术手段和方法初步完善。压裂基础实验仪器设备已涉及动(静)态岩石力学性质、支撑剂物理机械参数及导流能力，压裂液流变及伤害、添加剂表面性质等学科。压裂设计软技术有FORWORD勘探测井解释系统(北京石大石油勘探数据中心引进)、岩石力学解释模型、压裂设计有FRACPRO三维压裂设计软件、GOHFER全三维软件、STIMPLAN三维压裂设计软件、Meyer三维压裂设计软件、Wellwhiz完井优化及压后产能分析软件等。

(2) 压裂工作液系列进一步丰富和发展。

新疆油田逐步形成了具有特色的水基、油基和乳化三类压裂液体系，其中水基型压裂液体系增加了清洁压裂液、聚合物压裂液、自生热压裂液，酸性疏水聚合物压裂液、羧甲基瓜尔胶压裂液(酸、碱体系交联)，加重压裂液；油基型压裂液增加了复合原油压裂液，作业井深从300m到6200m，地层温度从18℃到140℃。新增的清洁压裂液、聚合物压裂液、酸性疏水聚合物压裂液、羧甲基瓜尔胶压裂液(酸、碱体系交联)，加重压裂液等具有自主知识产权。油基压裂液是新疆油田最具特色的压裂液体系，具有无伤害、相对密度低、易返排等特点，在新疆油田部分探井、陆梁油田、石西油田以及吐哈油田、青海油田应用上百井次，对重点探井的勘探发现和区域评价起到重要作用。“十一五”期间新开发的低摩阻复合原油工作液在乌尔禾油田、准东探区应用20余井次，取得了很好的效果，为中浅层、低压低渗透、强水敏储层改造探索了新的途径。

(3) 提升了配套工艺技术针对性。

新疆油田“十一五”以后勘探开发新区块增加，发现的低品位、难采储量多，自然开发难度大。老区递减快，含水加剧，油水关系复杂，稳产难度增加。这些矛盾对储层改造工作提出了新的要求。科研人员密切结合勘探开发实际需要，针对区块特点，大胆探索和不断总结，形成了一系列针对性强、实用性高的压裂工艺技术，如克拉美丽火山岩压裂配套压裂工艺技术、暂堵转向压裂工艺、低前液加砂压裂工艺、近底水压裂工艺、多裂缝段塞压裂工艺、水力喷砂射孔压裂工艺等。这些工艺系列的形成为新疆油田低品位、难采储量的有效动用提供了必要的技术支撑。

1.4.2 压裂技术

1.4.2.1 直井笼统压裂技术

从1957年开始，新疆油田在水力压裂等工艺方面就开展了研究。自1989年开始开展控缝高压裂研究，随后投入现场应用，在八区乌尔禾组获得较好效果。2005年后，又形成了缝内转向压裂技术。针对克拉玛依油田6中区有效保护油层和提高油田的整体开发效果的需求，于2008年开展了为期两年的“一趟管柱射孔、压裂、转抽工艺技术研究”，该工艺在风城作业区、准东采油厂、采油二厂进行了107井次的现场应用，取得了较好的应用效果。由此，新疆油田现形成了以控缝高压裂、缝内转向压裂和一趟管柱射孔、压裂、转抽工艺为主体的直井笼统压裂技术。

1.4.2.1.1 控缝高压裂技术

主要通过施工排量的优化，在前置液阶段加入重质沉降剂或(和)轻质上浮剂，让其在主压裂之前铺置在裂缝底部或(和)顶部；从而在裂缝的底部或(和)顶部形成一个低渗透或不渗透的人工隔层，达到控制裂缝纵向上延伸的目的[23]。辅以变排量、低黏度压裂液等措施，提高其控缝效果。适用于5½in和7in套管固井完井直井，顶水和底水油藏压裂改造、应力隔层不发育且需要控制缝高的储层压裂改造。

控缝高压裂工艺施工中投添加剂即可，施工简单快捷，保证施工连续进行。但沉降剂和上浮剂进入地层后形成的有效控制面积、隔层强度尚无有效评价方法，压后效果评估存在困难。一般要求采用控缝高技术进行储层改造的油藏均为顶底水油藏，此类油藏一般纵向上岩性变化较小，应力差小，单纯依靠人工隔层效果较差，应该考虑人工隔板、变排量、变黏度等工艺技术综合运用控高。

该技术主要应用在采油二厂八区下乌尔禾组油藏，根据该油藏油层厚、储层间没有稳定泥岩隔层、裂缝比较发育且存在边底水或注入水的特殊情况，在212井次的压裂施工中，只有23井次采用常规压裂(不控缝高)，17井次采用控底压裂(只加细粉砂)，其余172口井全部采用控高压裂工艺，表1.36给出了113井次的井温曲线解析统计结果。

表1.36 射孔跨度和井温解释压开缝高结果统计表

压裂方式	井次	累计跨度(m)	解释缝高(m)	平均缝高(m)	缝高/跨度
控高压裂	96	2086.5	4362.0	45.438	2.091
控底压裂	13	260.0	629.0	48.385	2.419
普通压裂	4	92.0	209.0	52.25	2.272

测试结果表明采用控缝高压裂施工的井，压后裂缝高度增加的比例最小；采用控底压裂施工的井，压后裂缝高度增加的比例最大。从另一方面来说，对八区下乌尔禾组油藏压裂投产，控缝高压裂并不能真正控制裂缝高度，裂缝高度可能与油藏，特别是天然裂缝发育状况密切相关[24]。

1.4.2.1.2 缝内转向压裂技术

主要通过在前置液阶段加入水溶性或油溶性暂堵剂，达到暂堵老缝或已加砂缝，使压裂液进入高应力区或新缝层，压开新缝的目的。适用于5½in和7in套管固井完井新老井储层改造，要求储层段水平应力差较小，利于裂缝的转向，高温高压井应用尚不成熟。暂堵转向压裂最终受水平最大与最小地应力差值影响，过大的水平应力差理论上很难实现裂缝转向，因此，选井对暂堵转向压裂效果至关重要。

该技术具有以下优点：(1)投添加剂即可，无工具下入，避免了下入井下工具带来的潜在风险；(2)施工过程中产生桥堵的暂堵剂在施工后溶于油、地层水或压裂液，不会对地层产生伤害。

该技术的缺点：(1)暂堵剂需原液携带高压挤入地层，用液量大，施工中出现管线憋压、油套压异常等现象，现场施工控制要求较高，同时由于暂堵剂易卡泵，造成车辆工况异常，不利于大型施工；(2)暂堵剂用量尚无统一标准，现场用量一般采用经验值，单井用量500kg左右；(3)由于裂缝受水平主应力方向影响，暂堵形成裂缝最终仍与老缝方向一致，因此，暂堵转向工艺在高含水期油井改造中效果较差。

以彩南油田西山窑组油藏C2047井组和C2068井组为例。2个井组都实施了缝内转向压裂技术，但C2047井组的措施取得了明显效果，而C2068井组的措施效果则不明显(表1.37和表1.38)。

C2047井组措施有效的主要原因是井组处于油藏中部靠近断层构造高部位，水淹、水窜不严重，剩余油比较富集，油井重复压裂后形成了新缝，避开了水淹区域；而C2068井组虽然转向压裂后增液幅度明显，但由于地层高含水，压前压后增油效果不突出。

表1.37 C2047井组转向压裂效果

井号	压前			压后		
	日产液(t)	日产油(t)	含水(%)	日产液(t)	日产油(t)	含水(%)
C1286	12.1	1.9	84	24.3	4.6	81.5
C2058	8.7	3.9	55.2	12.9	6.1	53
C2413	4.5	0.8	82.3	14.3	6.2	53.7

表1.38 C2068井组转向压裂效果

井号	措施完成日期	措施前			目前			累计增油(t)
		产液(t/d)	产油(t/d)	含水(%)	产液(t/d)	产油(t/d)	含水(%)	
C2078	2010.4.22	计关			27.1	0.1	99.6	8
C2057	2010.4.24	16.0	1.5	90.5	16.6	1.0	94.0	124
C2069	2010.4.27	16.2	0.5	97.0	28.0	2.5	90.9	138
C2079	2010.4.28	7.4	1.3	82.0	14.5	1.1	92.1	75

1.4.2.1.3 多级加砂压裂技术

主要通过对加砂流程的优化，对同一压裂层段进行多次加砂作业。它可以在近井筒形成多裂缝，提高近井筒完善程度和泄油面积；在远井筒较大范围裂缝转向或形成多支缝；提高造缝净压力，增加缝宽，从而达到提高水力裂缝导流能力的目的。适用于需要控制裂缝向下过度延伸的油藏，也可用于缓解岩性较软地层压裂改造中支撑剂嵌入问题，提高裂缝导流能力。关键技术是尽可能做到携砂液破胶时间、裂缝闭合时间及停泵时间的合理设置。

优点：(1)加砂流程上，合理多次加砂即可，施工简单快捷；(2)采用复合端部脱砂、高砂比、饱填砂等填砂工艺，可较好实现缝内饱和充填；(3)适用于致密、高压储层加砂压裂改造，可有效提高单井加砂量，降低施工难度，保证施工成功率；(4)通过多次加砂，可制造人工隔层，控制裂缝向下延伸，对于油藏改造中控缝高具有现实意义。但与同等规模改造相比，多级加砂工艺入井液量偏高，改造成本增加。

2012年3月5日，对玛131井T_1b：3186.0~3200.0m实施压裂，施工采用二级加砂压裂工艺(表1.39)。第一级加砂压裂总用水基瓜尔胶压裂液351m^3、前置液105m^3、携砂液 230m³，同时加入 20~40 目中密高强陶粒 22m³ 及 30~50 目的中密高强陶粒 8.0m³，平均砂比 13%，顶替液 16m³，泵压 32~22MPa，排量 3.3m³/min，停泵油管压力 15.3MPa、套管压力 19.2MPa；二级加砂总用水基瓜尔胶压裂液 363.1m³，前置液 68.8m³，携砂液 208m³，加 20~40 目的中密高强陶粒 40m³，平均砂比 19.2%，顶替液 15m³，泵压 30MPa—24MPa—28MPa，排量 4.3~4.5m³/min，停泵油管压力 17.2MPa、套管压力 22.1MPa。通过二级加砂，支撑剂得到了向上充填。

表 1.39　加砂分析

加砂分析	第一级加砂	第二级加砂
动态缝长(m)	179.8	220.6
动态上缝高(m)	23.6	30.2
动态下缝高(m)	30.2	32.8
支撑缝宽(m)	6.1	6.9
支撑缝长(m)	135.1	190.6
支撑上缝高(m)	17.6	28.4
支撑下缝高(m)	24.6	29.8
支撑缝范围(m)	3175.4~3217.6	3164.6~3222.8

1.4.2.1.4　一趟管柱射压一体工艺技术

下入射孔、压裂一体化管柱到位后电测校深，调整射孔枪位置后打压(投棒)射孔，射孔完毕后上提管柱至射孔层位顶界上方 10m 处，通过油管及喷砂器进行压裂作业。适用于单井加砂规模适中，地层不吐砂的非高压油藏。图 1.13 所示为一趟管柱射压一体化原理示意图。

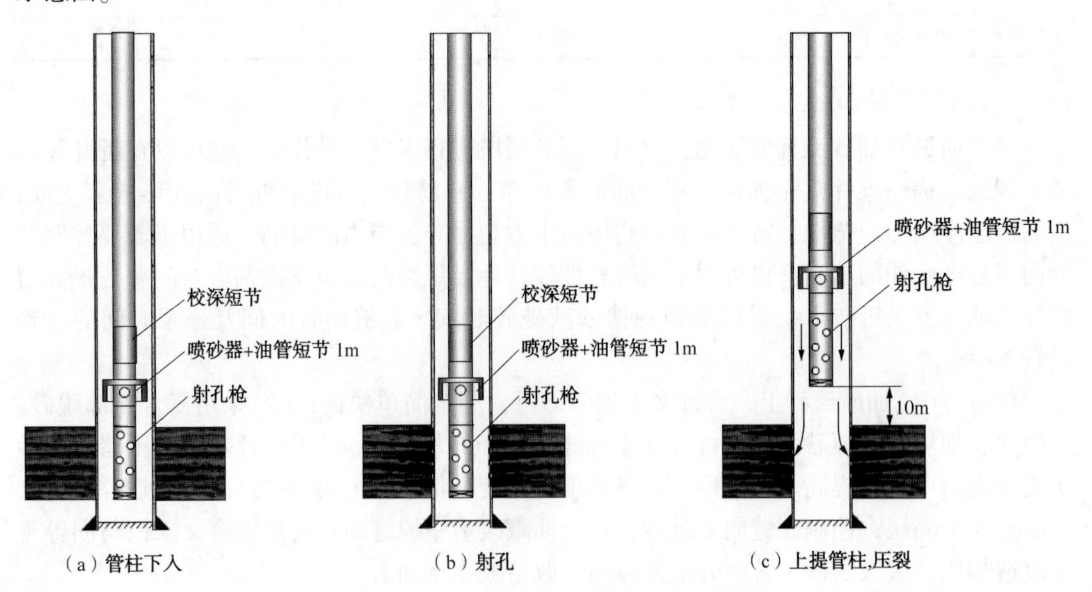

图 1.13　一趟管柱射压一体化原理示意图

该工艺射孔后可以直接压裂施工，节省起下管柱时间，降低储层改造成本。但射压一体化管柱不适用于高压油藏改造。大规模加砂可能会造成喷砂器磨损，引起套管磨损。由于射孔枪和油层埋深相同，若地层出砂则易填埋射孔枪，因此射孔后需提升管柱至油层顶15m。

截至2012年底，新疆油田累计应用487井次，平均单井日增油4.0m^3以上(图1.14)。

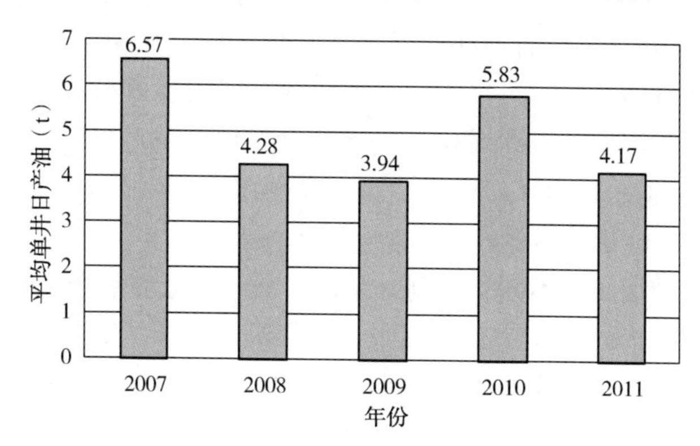

图1.14 一趟管柱射—压工艺压裂施工效果统计

1.4.2.1.5 低前置液压裂工艺技术

针对低杨氏模量砂岩储层压裂改造破裂压力低，地层易加砂的特征，较大幅度的降低前置液比例，前置液注入阶段待地层破裂，压力平稳后开始加砂，实现等量加砂规模下，入井液量的大幅下降，既保证裂缝的导流能力，也降低了压裂液对地层的二次伤害。

该工艺特点：(1)裂缝支撑剂铺置浓度大，导流能力高，利于高渗透储层压裂改造；(2)降低了压裂液入井液量，有利于储层保护；(3)同等加砂规模条件下，降低了压裂液总用量，节省了储层改造费用。

2008—2011年，新疆油田低前置液压裂工艺应用164井次，施工成功率100%，累计产油21.65×10^4t，共计节约压裂液约6560m^3。

1.4.2.1.6 高温高压超深井储层压裂技术

高温高压超深井储层压裂工艺核心为采用大管柱高排量注入加重压裂液开展压裂改造工作，其中采用大管柱注入方式主要是降低管柱摩阻，采用加重压裂液是通过提高压裂液密度，增加压裂液静液柱压力，通过这两种方式的结合，有效降低井口泵压，确保了相关设备的安全性，保证了储层改造工作的开展。适用油气藏条件高温高压超深井储层改造。

技术特点：(1)采用前置酸预处理降低地层破裂压力；(2)结合井身结构特征，在条件允许前提下尽可能采用大直径管柱施工；(3)压裂液采用加重压裂液，静液柱压力比常规压裂液高25%~35%，压裂液采用缓交联工艺；(4)高强高密度支撑剂的优选。

西湖1井(J_3q，6139.0~6160.0m)压裂改造：2010年11月30日，施工用瓜尔胶液421.9m^3(瓜尔胶391.7m^3，胶联液30.2m^3)，段塞加砂径0.45~0.9mm的高密高强奥杰覆膜陶粒5.0m^3，主压裂加砂径0.45~0.9mm的高密高强奥杰覆膜陶粒35.0m^3，加砂比22.90%。

1.4.2.2 直井分层压裂技术

从1957年开始，在开展直井笼统压裂技术研究的同时，新疆油田也并行开展了直井分层压裂技术研究。20世纪60年代初开始研究投球分层选压技术，1982年以前主要采用直径20mm的塑料球，之后又开发了12mm低密度塑料球，并广泛应用至今。由于投球分层选压技术应用范围有限，新疆油田先后研发了几种分层压裂管柱用于对储层进行机械封隔器分层压裂改造。由60年代的支柱或卡瓦式封隔器配合压裂滑套发展到可钻丢手封隔器和可移动桥塞分压管柱。2009年，开展了“新型分层压裂管柱技术研究与应用”，所以工具的分压能力以及稳定性都得到提高。2005年开始还进行了水力喷射压裂技术研究，现场应用已20余井次，工艺技术日趋成熟。

1.4.2.2.1 投球分层选压技术

利用措施层段间破裂压力不同，控制好泵注排量，让低破裂压力层段先起裂，压裂完后投入塑料球，暂时堵住已压裂层射孔孔眼，再提高施工压力，按照破裂压力由低到高，依次完成后续较高破裂压力层段的压裂作业，从而达到一次分压多个层段的目的。

也可利用各层渗透性的差异，在泵注的适当时机泵入塑料球，改变液体进入产层的分配状况，在渗透性较差的层段建立压力，直至破裂，如此反复，逐步压开其他层[25]，其原理示意图如图1.15所示。适用于套管完井的油气井储层改造，主要用于油层纵向剖面的开启和完善。

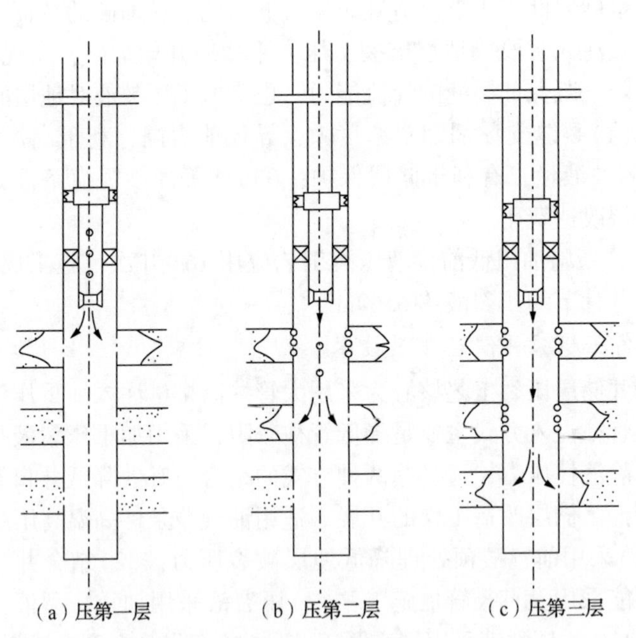

图1.15 投球分层选压技术示意图

投球分层选压技术原理用简易公式表示为：

$$p_{m1}+p_{c1}=p_{m2}+p_{c2}=p_m, \cdots+p_c, \cdots=p_{mn}+p_{cn} \tag{1.18}$$

式中 p_m——孔眼摩阻/节流压差，MPa；

p_c——闭合应力，MPa。

下标1，2，n为措施层段序号。

技术特点是投塑料球进行封堵，压后可返排，无工具下入，避免了下入井下工具带来的潜在风险；一次压裂即可完成纵向剖面不同应力储层改造，施工简单快捷，减少作业时间。但是该技术要求要有准确的岩石力学参数(才能准确计算出措施层段的破裂压力差)和渗透率差参数，便于合理设计分次泵入塑料球的数量；要求措施层段间的破裂压力差或渗透率差较大，这样才能利用这种差异实现选层/分层压裂；分压层数较少，一般2~3层。如果层数过多，将提高分次泵入塑料球的数量的设计难度，以及后期措施层段作业时前期已压层段准确有效暂堵的难度，同时，还将造成先期作业层段严重过顶替。

设计原则：(1)选择合适的塑料球直径。一般经验是塑料球直径为孔眼直径的1.25倍。(2)选择合适的塑料球密度。塑料球密度有高于也有低于压裂液密度的，一般选用密度略低于压裂液的塑料球，便于压后返排。(3)选择合理的塑料球数量。一般经验是塑料球数量为欲暂堵孔眼数量的1.1~1.2倍。

2013年，新疆油田实施了多井次投球选层压裂作业，其中6口井的压裂作业数据见表1.40。

表1.40　2013年部分投球选层压裂工艺应用情况

井号	区块	油层深度(m)	层数	岩石力学应力差(MPa)	第一层井底破裂压力(MPa)	第一层加砂井底压(MPa)	第一层投塑料球(枚)	第二层井底破裂压力(MPa)	加砂总量(m^3)	压后日产油(t)
WD3231	乌5井区	940.5~985.5	2	0	12.5	13.5	224	18	55	2.1
T71812	七东1井区	1051~1084	2	2	20.5	22.5	130	24.5	16	1.7
T10032	一中区	519.5~574	2	2	14.5	12.5	60	13.5	11	5.9
CH1013	黑油山车排子	2586.5~2624	2	3	41	40	200	41	55	11.8
T10563	一中区	616~669.5	2	2	16.5	15	60	15.5	16	5.4
CH1009	黑油山车排子	2517.5~2558.5	2	3	45.5	39	200	39.5	56	9.7

对这些跨度大、有一定应力差或有明显物性差异的油层进行投球选层压裂都达到了充分改造储层的效果。

以风城乌5井区WD3231井为例，该井油层段范围940.5~985.5m，油层跨度大，上下储层段几乎没有应力差，若采用常规笼统压裂工艺，改造效果有限。该井采用投球选层压裂工艺，先采用较小排量压开物性好的层段，完成改造后投塑料球暂堵该层，再改造物性差的层段。从施工曲线可以看出，第二层破裂套管压力明显高于第一层，投球暂堵已改造层段明显。压裂前日产液2.5t、日产油0t，压后现日产液2.2t、日产油2.1t。

1.4.2.2.2　机械封隔器分层压裂管柱技术

机械封隔器分层压裂主要以机械封隔器+滑套组合方式对直井段进行机械分隔，压裂完下一层，投球打开上一层滑套，封堵已压下一层，进行上一层压裂，自下而上逐层完成所有措施层段压裂作业。

优点：(1)可以不动管柱、不压井、不放喷，一次施工完成多层压裂。(2)卡位准确，实现选择性分段、隔离。对油气层伤害小，有利于保护储层。

缺点：(1)分压层数不高。由于受管柱内径限制，目前新疆油田一般最多只能使用三级滑套，一次分压4层。(2)如果一次压多层，必须起钻换管柱，才能对下部层位进行排液求产。(3)对射孔段间距有最低要求。为了保证封隔器有较好的坐封位置，每个射孔段之间的距离不能小于5.0m。(4)有一定的砂卡风险。因这套管柱结构较复杂，容易造成砂卡，施工完后应立即起出管柱。通常为了保证管柱能够安全取出，在每两层之间配一个丢手脱接装置(如脱接器、安全丢手接头等)，必要时对管柱进行脱接丢手，然后逐层冲砂打捞。

新疆油田针对机械封隔器分层压裂技术进行了压裂管柱的研究，现在主要配套使用Y211机械封隔器压裂管柱、Y344(K344)封隔器酸化压裂管柱和扩张式封隔器压裂管柱。

Y211机械封隔器组成的分层压裂管柱是新疆油田直井应用较为广泛的一种压裂管柱(图1.16)。该工艺管柱主要包括以下三种：(1)Y211封隔器+水力锚+压井阀组成隔上压下(单压)管柱；(2)Y211封隔器+水力锚+脱接喷砂器+压井阀组成的分压两层管柱；(3)Y211封隔器+水力锚+脱接喷砂器+油管+Y111封隔器+水力锚+脱接喷砂器+压井阀组成分压三层管柱。Y211机械封隔器压裂管柱通过上提旋转坐封封隔器，验封合格后进行压裂作业。分层压裂时，投球打开脱接喷砂器滑套，封堵已压下层，进行上层压裂。压裂完成后，投球打开压井阀，反循环洗井合格后，上提管柱解封封隔器即可提出压裂管柱。

Y344或K344封隔器组成的酸化压裂管柱是目前在中国塔里木油田和哈萨克斯坦等应用较为广泛的一种管柱(图1.17)。管柱主要由节流器+Y344(K344)封隔器+水力锚等组成。封隔器通过节流器产生节流压差实现坐封。酸化压裂时，油管泵液通过节流器产生节流压差，封隔器在节流压差作用下坐封，继续泵液即可实施酸压作业；停泵后封隔器自动解封。压裂完成，反循环洗井合格后，即可提出压裂管柱。

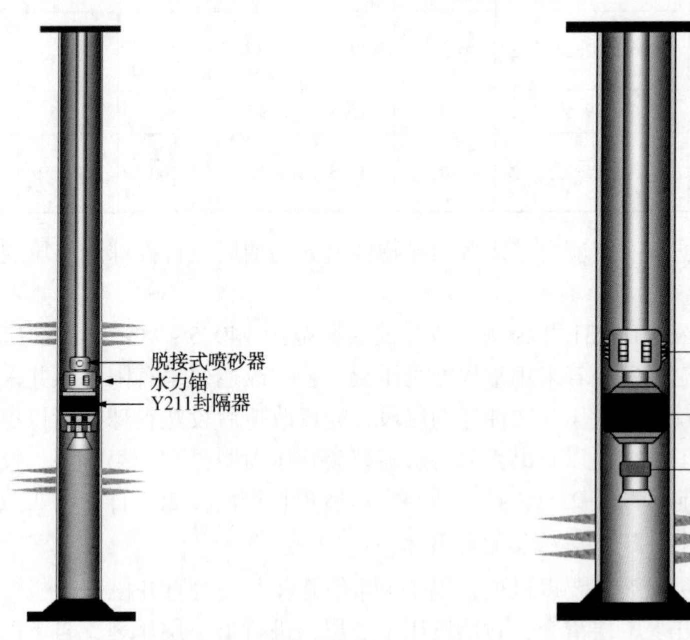

图1.16　Y211机械封隔器组成的分层压裂管柱　　图1.17　Y344(K344)封隔器酸化压裂管柱

2008年，新疆油田研发了扩张式封隔器压裂管柱，其结构自下而上为：下封隔器、下脱接式喷砂器、中封隔器、上脱接式喷砂器、上封隔器和水力锚等(图1.18)。封隔器主要采用KCY111，KCY211和KCY241封隔器。管柱技术特点包括：(1)操作方便安全，可一趟管柱将2~3个封隔器及配套工具一次下入井中并坐封，实现分压两层或三层作业；(2)分压管柱安全可靠、解封成功率高，管柱中的喷砂器为脱接结构，解封是管柱可分段打捞，提高了管柱整体安全性；(3)喷砂器结构设计有陶瓷导流护套，可以保护套管，防止套管在压裂作业过程中被高速携砂液流冲蚀损坏。

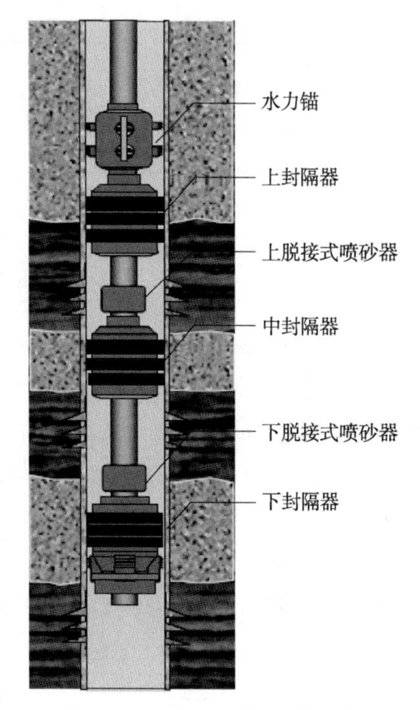

图1.18 扩张式封隔器压裂管柱工艺结构示意图

作业时，将上述工具按设计连接下入井中，按封隔器坐封原理依次坐封封隔器。压裂施工时先直接压裂下层。下层压裂结束后，将油管内压裂砂顶替干净，然后从井口投入一枚钢球将脱接式喷砂器打开，同时关闭下层导液通道，继续按照设计泵注程序压裂中层。中层压裂结束后，从井口投入一枚较大钢球将上脱接式喷砂器打开，同时关闭中层导液通道，继续按照设计泵注程序压裂上层。

提管柱时，压井合格后上提管柱，先提出水力锚、上封隔器和上脱接式喷砂器。再下入打捞工具，将鱼顶上的沉砂彻底冲洗干净并携至地面后，下放捞取中封隔器和下脱接式喷砂器，然后提出井筒。按同样操作步骤再捞取下封隔器。

适用于5½in和7in套管射孔完井直井。其中Y211机械封隔器压裂管柱主要用于油气藏深度大于1000m的井。Y344(K344)封隔器酸化压裂管柱可用于6000m以内深井酸压。

扩张式封隔器压裂管柱主要用于油水井分层压裂作业中，可实现一趟管柱分别压裂两层或三层，也可以选择压裂任意层。解封打捞管柱时可实现分段冲砂打捞，因而管柱的施工成功率高[26]。

机械封隔器分层压裂管柱自研制成功以来，已先后在新疆油田现场应用近55井次，应用最浅的层为300m，最深为4500m。根据现场已施工井的统计，管柱工艺施工一次成功率达100%。平均单井节约作业成本约20万元。

2007—2008年在新疆油田公司共应用55井次，节约相关作业成本约1100万元。表1.41为2007—2008年来应用情况。

表1.41 2007—2008年机械封隔器分层压裂管柱技术在新疆油田工艺应用情况

序号	应用单位	2007年应用井次	2008年应用井次
1	采油二厂	7	—
2	采油三厂	—	3
3	百口泉采油厂	3	5

续表

序号	应用单位	2007 年应用井次	2008 年应用井次
4	准东采油厂	3	3
5	彩南作业区	5	4
6	勘探公司	4	12
7	重油公司	4	—
8	风城作业区	—	2
合计		26	29

从以上数据证明，新型分层压裂管柱技术适用于新疆油田深井分层压裂改造中，可实现一趟管柱分压两层或三层，提高了压裂的针对性、降低作业费用、缩短施工周期，同时降低了分压管柱砂卡的风险，可以在新疆油田大范围推广应用。

1.4.2.2.3 不动管柱水力喷射压裂技术

水力喷射压裂技术通过高速射流射开套管和地层，形成一定深度的喷孔(图 1.19)，流体动能转化为压能，在喷口附近产生水力裂缝，实现射孔压裂联作。

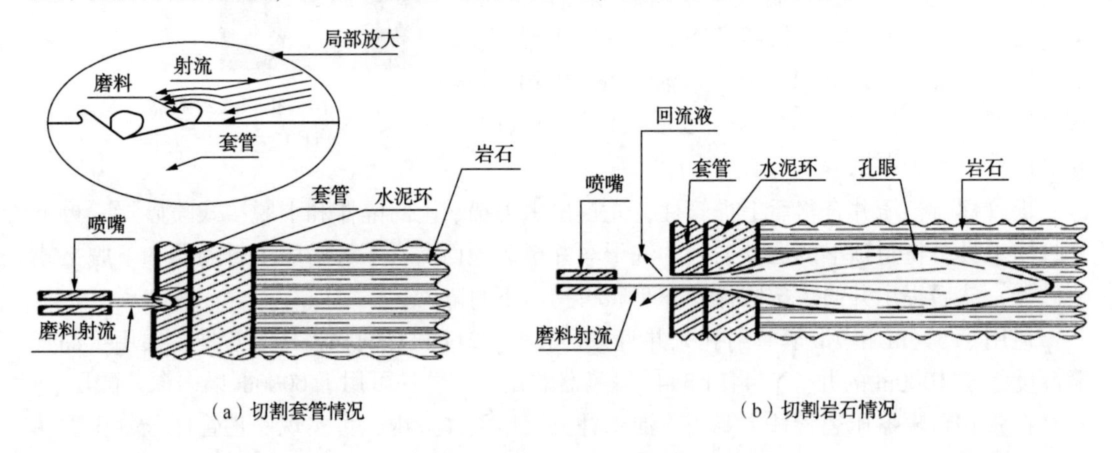

图 1.19 水力喷射压裂原理示意图

水力喷射压裂过程分为以下三个环节：

(1) 喷砂射孔阶段，高速射流的巨大冲击力射穿套管和固井水泥环；

(2) 射入地层阶段，破碎岩石并产生微裂缝，降低地层岩石起裂压力；

(3) 喷砂压裂阶段，环空泵注流体加压，射流在喷射通道中形成增压。

当环空压力与增压的叠加超过破裂压力时，地层裂缝起裂并延伸。水力喷射压裂依据伯努利方程(Bernoulli)：

$$\frac{v^2}{2}+\frac{p}{\rho}=C \tag{1.19}$$

喷嘴喷射速度计算公式：

$$v=\frac{10^6Q}{15n\pi d^2} \tag{1.20}$$

射流对套管内壁的冲击力计算公式：

$$F=\rho vQ(1-\cos\theta) \tag{1.21}$$

喷嘴压降的计算公式为：

$$\Delta p=\frac{10^8Q^2\rho}{45C^2n^2\pi^2d^4} \tag{1.22}$$

式中 v——流体速度，m/s；

p——压力，Pa；

ρ——流体密度，g/cm^3；

Q——施工排量，m^3/min；

n——喷嘴数量，个；

d——喷嘴直径，mm；

F——流体冲击力，N；

θ——流体射流方向与流体射流冲击固体壁面后反射回来方向之间的夹角，(°)；

Δp——喷嘴压降，MPa；

C——流量系数，一般取0.8~1.0。

优点：(1)可实现射孔、压裂联作，喷枪射孔造缝位置准确；(2)管柱结构相对简单，下入风险小且易起出，施工风险小；(3)与机械封隔器分层压裂技术相比，遇砂堵时可以反洗井；(4)施工时只需下一次管柱，可解决多层射孔、压裂作业，缩短施工周期；(5)能实现当天施工、当天排液，大幅缩短压裂液在地层中的滞留时间；(6)压后井筒完善程度高，便于后续作业。如果一段内采用多组喷枪组合，还可实现分段多簇压裂。

缺点：(1)压裂完成后，需要起出施工管柱，重新下入生产管柱进行生产。(2)井深是限制水力喷砂压裂工艺应用的重要因素。因该技术使用小直径的喷嘴，通过喷嘴节流形成高速射流，导致油管内产生非常高的节流压差，大大增加了井口压力。并且，井越深，喷嘴所处围压也越高，喷射流体速度衰减也快，影响喷射切割效果。据现阶段新疆油田的现场实践认识，该工艺应用的井深不超过3000m。(3)若采用分层多簇压裂，层间应力差应小于压裂液射流增能压力，建议不大于3.0MPa，以便层内储层同时被喷射压开，形成单层多簇缝。

根据压裂时加砂方式的不同，可将目前现应用的水力喷砂分段压裂技术分成两套不同工艺，每套都有着各自的技术特点和应用条件。

对于不动管柱多级滑套水力喷射压裂技术，主要以油管+喷枪+多组喷射器(滑套喷枪)组合(图1.20)，采用水力喷砂射孔，压裂时油管加砂，环空补原液，投球打开滑套喷枪逐级完成射孔、压裂作业。在人工裂缝形成后，环空流体会在射流引射作用下被卷吸进入裂缝，保持环空压力低于已压裂层段裂缝延伸压力。因此，环空流体只进入射流所在位置的裂缝，而不会进入其他裂缝(除滤失外)，从而起到了自封隔作用[27]。

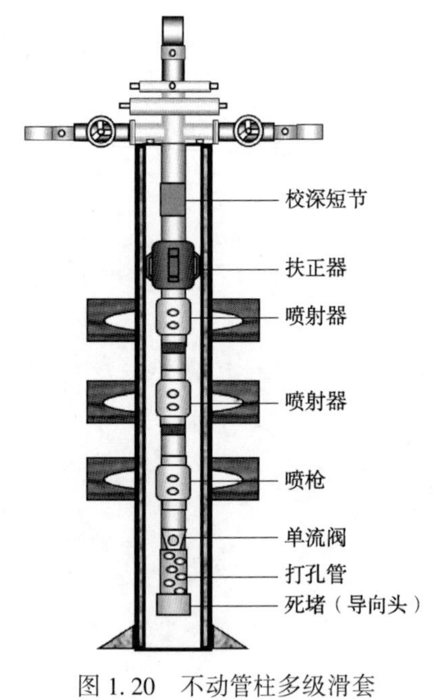

图 1.20　不动管柱多级滑套水力喷射压裂管柱

不动管柱多级滑套水力喷射压裂技术有其独特的优点：(1)不下机械隔离工具，极大地减少了工具砂埋或砂卡的风险；(2)与连续油管水力喷砂压裂技术相比，由于不动管柱，可采用较大的压裂管柱，克服了使用连续油管加砂排量低的缺点；(3)工艺适用性强，能满足不同完井方式的改造要求，尤其适合裸眼井的分层压裂；(4)近井地带裂缝高度窄，裂缝长度大，有效缝长增加。

不动管柱多级滑套水力喷射压裂技术缺点：(1)由于受管柱内径限制，压裂层数有限，一般 2~5 层；(2)由于喷嘴高速剪切会大大降低压裂液的黏度，降低携砂性能，必须使用剪切后黏性可恢复的压裂液体系；(3)单层改造规模较小。单层一组喷嘴一般为 3~6 只，由于现有喷嘴最大过砂量(5.0m^3/只左右)的限制，加砂较少，单层约 15.0~30.0m^3。

水力喷射压裂设计时主要确定加砂工艺、喷射速度、喷嘴组合方式以及压裂管柱结构。

(1) 确定加砂工艺。如果需要单层大规模改造储层，一般选择环空加砂的方式，如连续油管带底封水力喷射环空加砂压裂技术；如果改造规模较小，可选择喷射压裂的方式，如不动管柱多级滑套水力喷射压裂技术。

(2) 选择合理的喷砂射孔速度。根据物模实验以及以往工作经验，当喷射速度不低于 160m/s 时，具有较好的切割效率；喷砂射孔时间不低于 10min，可以完成射孔。同时，根据措施段套管强度、壁厚以及围压大小，适当调整喷射速度和时间。根据实验，切割磨料一般选择 20 目/40 目石英砂，砂比 7%左右，可取得较好的切割效果。

(3) 选择合适的喷嘴组合。常规使用的喷嘴直径范围在 4.0~6.0mm，喷嘴数量一般 3~6 个一组。喷嘴直径越大或数量越多，在相同射速时排量越大，管柱摩阻也越大。结合井口限压，根据加砂工艺的不同，选择不同喷嘴组合：水力喷射压裂一般选择直径较大、数量较多的喷嘴组合，以利于降低加砂施工风险、提高加砂砂比、提高加砂规模；水力喷砂射孔环空加砂压裂一般选择直径较小、数量较少的喷嘴组合，以利于减小井口压力。

(4) 选择合适的压裂管柱结构。根据确定的射速和喷嘴组合方式计算喷嘴排量[计算公式参照式(1.20)]，进而计算喷嘴压降[计算公式参照式(1.22)]，结合井口限压，管柱摩阻，选择合适的压裂管柱结构。

(5) 控制合理的补液排量和压力。施工过程中，采用不动管柱多级滑套水力喷射压裂技术作业时，环空补液一定要控制好压力，不能超过井底已改造层段的闭合应力，以防止已改造层段被再次压开。采用连续油管带底封水力喷射环空加砂压裂技术压裂作业时，连续油管一定要小排量补液，以防止射孔产生的碎屑或支撑剂进入喷嘴，造成堵塞，影响下级压裂施工。

2011 年，新疆油田实施 13 井次的水力喷射试验，见表 1.42。

表1.42 新疆油田水力射孔压裂试验井统计表

序号	井号	日期	油井类型	处理井段(m)	处理措施
1	23254	2005.7.17	稠油井	319.0~324.0	水力射孔
2	23255	2005.7.17	稠油井	317.0~321.0	水力射孔
3	C1364	2007.6.8	稀油井	2374.5~375.5	水力射孔
4	C1069	2007.6.26	稀油井	2312.5~2314.0	水力射孔
5	C3513	2009.10.28	注水井	2108.5~2110.0	水力射孔
6	15-4A	2009.9.28	稀油井	434.0~436.0	喷射压裂
7	韩3-001	2009.9.21	煤层气	490.5~494.5	喷射压裂
8	8278	2010.5.16	稀油井	单层	喷射压裂
9	73157	2010.9.1	稀油井	单层	喷射压裂
10	BJ9094	2010.10.23	稀油井	两级三层	喷射压裂
11	BJ9055	2010.11.11	稀油井	三级四层	喷射压裂
12	夏盐15	2011.03.11	稀油井	单层	喷射压裂
13	HW95001	2011.03.30	稀油井	三级三层(水平井)	喷射压裂
14	HW80466	2011.08.29	稀油井	四级四层(筛管水平井)	喷射压裂
15	T10251	2011.9.28	稀油井	一级两层	喷射压裂
16	T10269	2011.10.22	稀油井	一级两层	喷射压裂
17	B20061	2011.12.6	稀油井	四级四层	喷射压裂

采用水力喷射压裂共施工5口井，其中15-4A井、8278井和73157井均为直井一段压裂；BJ9094井为直井不动管柱两级三段压裂改造；BJ9055井为直井不动管柱三级四段压裂改造。施工成功率达到100%，设计符合率达到100%。表1.43为15-4A井施工参数与设计参数综合对比。

表1.43 15-4A井施工参数与设计参数综合对比

参数		设计参数	施工参数
水力喷砂射孔	油管压力(MPa)	30~35	23.1~25.7
	套管压力(MPa)		
	排量(m^3/min)	2.2~2.5	2.4
	加砂量(m^3)	3.0~3.5	2.0
	射孔用液(m^3)	35.0	36.0
	顶替液(m^3)	6.0	6.0
水力喷砂压裂	油管压力(MPa)	30~35	24.8~28.6
	套管压力(MPa)	5.5	5.8~7.7
	排量(m^3/min)(油管/套管)	2.2~2.5/1.2	2.4/1.2~1.0
	加砂量(m^3)	2+10	2+10
	前置液(m^3)(油管/套管)	40.0/20.0	36.0/18.0
	携砂液(m^3)(油管/套管)	37.4/20.4	43.2/21.6
	顶替液(m^3)(油管/套管)	2.0/1.0	2.0/1.0

15-4A井，目的层位：$T_2k_1$434.0~436.0m。于2009年9月28日进行压裂作业，由于施工后期套管压力上升，为了防止上部射孔段进液，产油平均保持在1.0m^3/d以上。

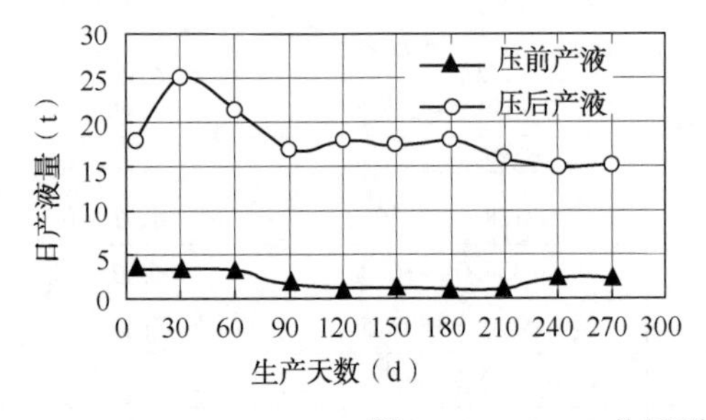

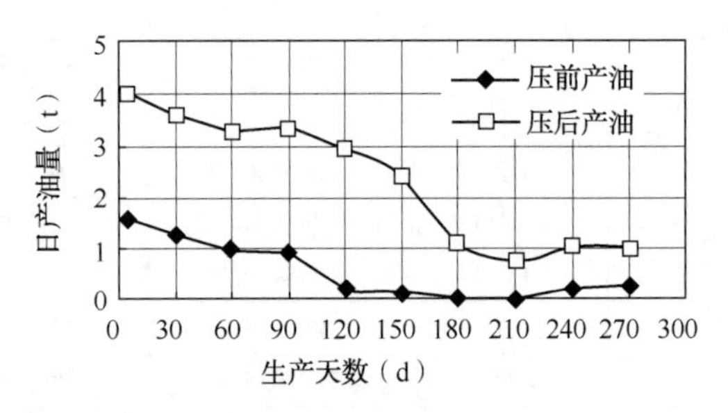

图1.21　15-4A井压裂前后日产液、日产油对比图

2009年9月28日施工结束后关井4h开井排液，开井油压为1.08MPa，套压均为1.05MPa，9月30日排出全部的135.6m^{3}压裂液。

施工结束4h后开始开井，井口压力在1.2MPa左右，用ϕ4mm油嘴放喷，油井开始自喷排液，24h排液约60方。两天后该井投入自喷生产，初期日产液17.1m^3，日产油16.4m^3，随后产液水平一直保持在16.0m^3/d左右，产油平均保持在1.0m^3/d以上。

施工后喷嘴损坏实物照片如图1.22所示，经过分析，喷嘴是在施工即将结束时脱掉的，原因可能有两种情况：一是被射孔及压裂时喷嘴喷出的高速砂粒击在套管上反溅回来对喷枪造成的侵蚀，导致喷嘴最后被打脱落；二是由于喷嘴密封效果不好，导致管内携砂液进入对喷嘴外套侵蚀，最后导致喷嘴脱落。目前针对此问题已进行了整改。

图1.22　施工后喷嘴损坏实物

1.4.2.2.4　裸眼封隔器加滑套分压技术

根据地质特点和工艺要求，把水平裸眼段分为若干段。在相应的位置下入悬挂封隔器、裸眼封隔器等，在需要改造的位置下入滑套裸眼封隔器、滑套及配套工具等与套管连接成管柱串，作为完井管柱由钻杆将完井管柱下到设计位置，投球坐封裸眼封隔器等，然后丢手提出钻杆再下入回插压裂管柱，施工时投球依次打开压裂滑套，实现分段压裂的目的。适用于井壁稳定性好的油藏，尤其适用于裂缝相对发育的油藏类型，可以充分利用裸眼段天然裂缝对产能的贡献，适用于致密油气藏体积压裂改造。

图1.23所示为水平井裸眼分压压裂管柱结构示意图。

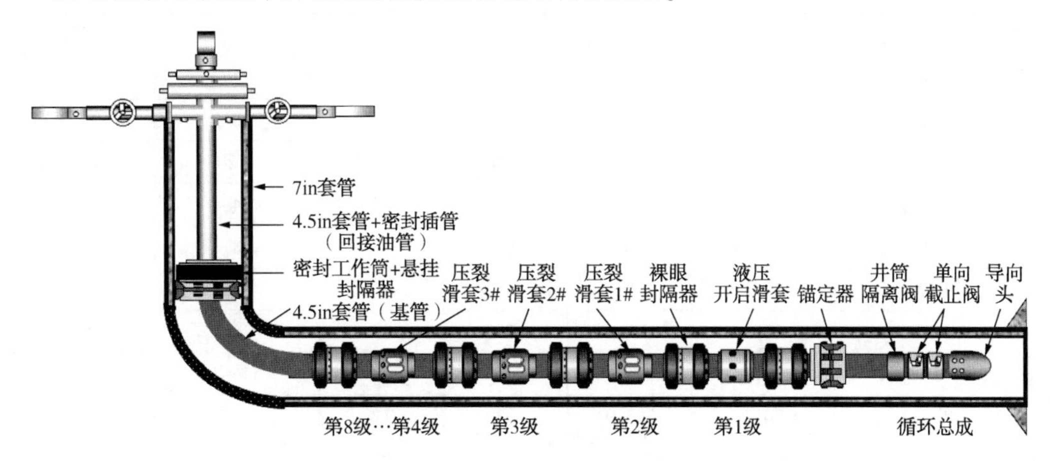

图1.23　水平井裸眼分压压裂管柱结构示意图

该技术的优点是卡位准确，实现选择性分段、隔离；生产、压裂一趟管柱完成，不动管柱、不固井、不射孔，减少作业时间；投球打开滑套作业下一级，施工快捷，作业效率高，分段改造级数高。

该技术的缺点是裂缝起裂位置无法控制；分段数受管柱及球座尺寸限制；堵塞球返排困难和遗留球座造成的井筒不畅通；后期二次改造的手段有限。

新疆油田目前主要采用7in技术套管悬挂4½in基管完井压裂管柱结构。以昌吉油田芦草沟组致密油JHW005井为例，该井采用三开钻完井结构，油层套管采用ϕ177.8mm，尾管采用悬挂器+ϕ114.3mm套管+裸眼封隔器+分压滑套悬挂在ϕ177.8mm套管内，采用ϕ114.3mm油管插入回接。

对工艺应用潜力形成较大影响的参数是分段数，因而也影响该工艺在长水平段水平井上应用(现阶段新疆油田应用裸眼滑套分段压裂井最大水平段长1300m)。以昌吉致密油水平段长为1300m水平井为例，受尾管通径的限制，兼顾考虑间隙需求，尺寸为ϕ114.3mm的尾管可选的最大球直径为88.9mm(3.5in)，受到节流压差限制，若采用⅛in级差最多只能实现17段分段压裂；若采用1/16in级差滑套，最多能实现33段分段压裂。由于受到改造排量和砂液冲蚀的限制，据前期试验区工具服务公司Schlumberger公司提供的数据，在通过球座的流体速度小于76.2m/s，且球座节流压差小于10MPa的情况下，球座的磨损不影响正常施工。现阶段主体采用的⅛in级差，最多只能实现16段分段压裂，配合采用双孔或三孔球座和单孔球座组合可实现24段压裂。

新疆油田水平井裸眼封隔器滑套分段压裂技术的应用始于克拉美丽火山岩气田，是通过引进国外技术和服务而发展起来的，在稀油油藏的应用则是源于昌吉致密油的规模效益开发试验。截至2013年，该项技术在新疆油田已累计应用29井次235段，是现阶段低渗透油藏水平井分段改造适应井深范围最广和最为成熟可靠的工艺技术(表1.44)。

表 1.44　新疆油田实施裸眼滑套分段压裂技术情况

序号	井号	施工年份	垂深(m)	斜深(m)	段数(段)	总加砂量(m^3)	总液量(m^3)
1	吉 172_H	2012	2953	4360	15	1798	16030.7
2	吉 32_H	2013	3692.2	4988	16	728.1	10363.5
3	吉 251_H	2012	3770	4976	9	1120	10098
4	JHW001	2013	3082	4524	23	444.8	6153.6
5	JHW003	2013	3090.44	4530	17	887	12130
6	JHW005	2013	3125.5	4585	20	876	12280
7	JHW007	2013	3150.9	4598	17	760	10307
8	夏 91_H	2013	2615	3456	12	546.7	5309.5
9	玛 132_H	2013	3343.91	4333	12	672.9	5659.2
10	白 916_H	2013	1218.86	1775	5	230	2825
11	金 303_H	2013	559.72	1398	10	451	4626.3
12	百 513_H	2013	1797.3	2152	5	290	3143.1
13	MaHW001	2013	3419	4168	5	180.4	1848.5
14	DXHW143	2011	3726.1	4370	4	153.2	901.36
15	DXHW144	2010	3703.38	4350	4	220	1060
16	DXHW172	2011	3661.59	4200	5	104	877
17	DXHW173	2012	3691.9	4090	5	169.9	1092
18	DXHW174	2012	3729.03	4174	4	93.2	962.8
19	DXHW181	2008	3666.62	4397	5	149.7	1269.6
20	DXHW182	2009	3694.47	4250	5	162.9	1492
21	DXHW184	2010	3701.8	4386	5	174.6	965
22	DXHW185	2010	3671.63	4156	5	208.7	1382
23	DX1824 侧钻	2012			4	142.5	911.67
24	DX1414 侧钻	2012			5	130	1236.8
25	滴 403 侧钻	2013	3767.01	4120.67	4		
26	K82008 侧钻	2012	4089.4	4730	7	107.5	1302.4
27	CHW3101	2013	2382.11	3233	4	88.4	454.5
28	CHW3102	2013			3	99.5	751.6

1.4.2.2.5　水力泵入式快钻桥塞分段压裂技术

快钻桥塞分段压裂技术采用电缆传输与射孔联作工艺，实现水平段的下段封隔、上段射孔和压裂作业，完成多段分压施工后钻磨桥塞，达到分段压裂作业和多段合采的目的。固井完井条件下该工艺更适用于相对致密的储层，水平段自然产能相对较低，在水平方向上地层差异较大，且能精细刻画储层水平沿展特征的井，其技术优势在于裂缝启裂位置明确。

该技术的特点是可进行大排量作业；压裂级数不受限制；压后井筒完善程度高，便于后续作业。工艺可以用于套管固井完井和尾管带管外封隔器完井(裸眼)。

射孔工艺通常第一级使用连续油管传输带射孔，后续作业采用泵入式电缆传输射孔。射孔弹的选择方面，深穿透射孔弹将使地层更容易压开，而大孔径则更容易满足压裂加砂要求。

通过采用“分段多簇”射孔，多簇一起压裂模式，利用缝间干扰，产生复杂缝网，进而提高人工裂缝的连通性，达到提高产能的目的。一般每个压裂段长度为100~150m，两簇之间距离为20~30m，每簇跨度为0.45~0.77m[28]。

该工艺采用泵注式下桥塞，同时为了更有利于钻磨桥塞的碎屑返排，要求全井段套管大小一致。由于后续采取连续油管钻磨桥塞，因此，水平段长度受连续油管允许下深限制。新疆油田工程技术公司连续油管装置最大工作能力5000m，该工艺在深层长水段水平井施工时需要引进连续油管装置，造成施工成本高，从而对于施工长度形成限制。

裸眼完钻尾管带管外封隔器完井条件下，通过攻关管外封隔器+滑套+速钻桥塞复合压裂技术，可以解决长水平段分段改造段数受限的问题。

2013年，新疆油田在位于玛北斜坡区的夏92_H成功实施了套管固井快钻桥塞分段压裂工艺。井身结构如图1.24所示，分13段压裂，用液量6695.7m^3，加砂量658.8m^3。第一级选用连续油管传输带射孔，后续作业采用泵入式电缆传输射孔。采用外径89mm的射孔枪和BH42RDX28-2深穿透大孔径射孔弹(穿深540mm、孔径14.7mm)。压裂后采取连续油管钻磨桥塞从而实现井筒畅通，压裂施工用时8天。

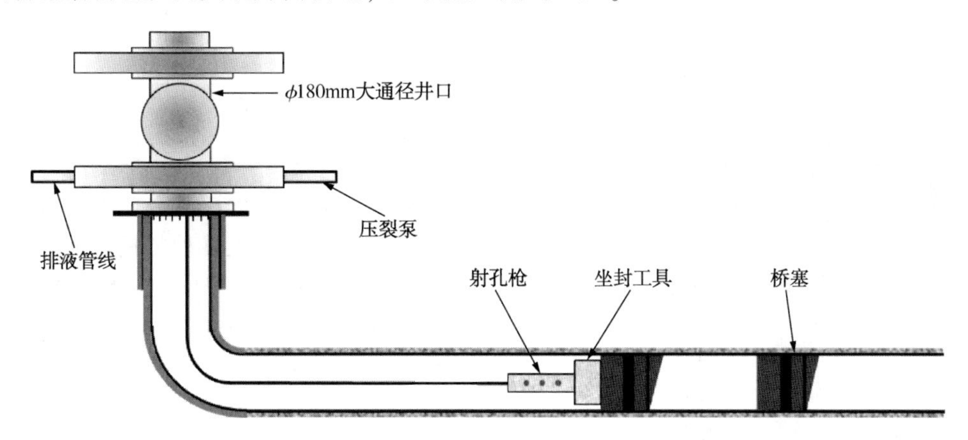

图1.24 夏92_H水平井快钻桥塞分段压裂井身结构示意图

1.4.2.2.6 连续油管水力喷射分段压裂技术

该工艺核心分为连续油管水力射孔与加砂压裂两部分。与不动管柱水力喷射分段压裂相同，射孔仍是通过高速射流射开套管和地层，形成一定深度的喷孔，并在喷口附近产生水力裂缝。压裂时可以采用连续油管加砂压裂，也可采用环空加砂压裂。连续油管加砂压裂的原理与不动管柱水力喷射压裂相同，射流在喷射通道中形成增压；当环空压力与增压的叠加超过破裂压力时，地层裂缝起裂并延伸。而从环空加砂压裂则与普通压裂原理一样。

连续油管水力喷射分段压裂技术是20世纪90年代从北美、加拿大流行起来的一种非传统油气田作业技术。经不断发展，已演变出多种不同的工艺组合。经调研，连续油管分层压裂工艺目前主要有4种比较成熟的类型。分别为无封隔器分层压裂工艺、单封隔器分层压裂工艺、双封隔器分层压裂工艺、固井滑套分层压裂工艺。这几种分压工艺在国内外主要油气产区有着较多数量的应用，被证明是可靠、有效的。几种工艺优缺点见表1.45。

表1.45　连续油管水力喷射压裂常用工艺对比

工艺名称	主要工具	工艺流程	主要优点	缺点
无封隔器分层压裂	(1)喷枪； (2)定位器	(1)水力射孔； (2)环空压裂； (3)填砂造塞； (4)重复分压； (5)井筒冲砂	工具简单、 不限级数、 压裂规模大、 喷嘴要求低	工序较多
单封隔器分层压裂	(1)封隔器； (2)平衡阀； (3)喷枪； (4)定位器	(1)水力射孔； (2)环空压裂； (3)重复分压	无须造塞、 不限级数、 压裂规模大、 喷嘴要求低	井筒要求高
双封隔器分层压裂	(1)封隔器； (2)平衡阀； (3)喷枪； (4)定位器	(1)油管压裂； (2)重复分压	井筒保护、 已射层改造	油管压裂 跨距固定
固井滑套分层压裂	(1)固井滑套； (2)封隔器； (3)定位器； (4)喷枪(备用)	(1)下固井滑套； (2)打开滑套； (3)环空压裂； (4)重复压裂	无须射孔、 不限级数、 高砂比施工	难度大

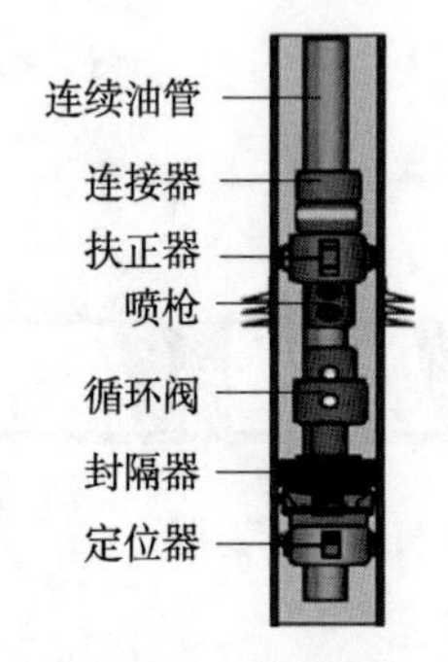

图1.25　新疆油田连续油管带底封水力喷射环空加砂压裂单封隔器分层压裂管柱

其中，单封隔器分层压裂技术是目前国内掌握比较到位，配套工具种类相对丰富，应用比较广泛的主流技术。图1.25为新疆油田连续油管带底封水力喷射环空加砂压裂的单封隔器分层压裂管柱方案。

连续油管带底封水力喷射环空加砂压裂技术适用于5½in和7in套管固井完井直井或水平井，适用于底水油藏压裂改造、大跨度多段油层分层压裂改造。考虑新疆油田井身结构、受地面设备及施工参数因素，目前该工艺仅适用于埋深小于3000m以内的井。

连续油管带底封水力喷射环空加砂压裂技术独有优点：(1)连续油管起下快，连续作业，从而大大缩短作业时间；(2)除套管接箍位置以外，底封可以在套管内任意位置坐封，压裂级数不受限制，对于作业而言，级间距也不受限制；(3)某层压裂不成功时可适当上提管柱在同层继续尝试，并且不影响其他层段施工；(4)由于采用环空加砂压裂，同样克服了使用连续油管加砂排量低的缺点，并且，相对不动管柱多级滑套水力喷砂压裂技术，该技术还克服了喷嘴过砂量少、储层改造规模小的缺点，储层改造规模不受限制。

缺点：(1)由于采用环空加砂，该工艺受套管完整性及承压能力限制，必须注意套管、套管头的抗压强度；(2)连续油管下入性受作业设备影响，一般不超过3000m。

与不动管柱水力喷射分段压裂一样，连续油管水力喷射压裂设计时也要确定加砂工艺、喷射速度、喷嘴组合方式以及压裂管柱结构，同时结合自身工艺特点，需要考虑在射孔时环空的回压控制。

(1) 确定加砂工艺。一般选择环空加砂的方式，如连续油管带底封水力喷射环空加砂压裂技术；如果改造规模较小，可选择喷射压裂的方式。

(2) 选择合理的喷砂射孔速度。根据物模实验以及以往工作经验，当喷射速度不低于160m/s时，具有较好的切割效率；喷砂射孔时间不低于10min，可以完成射孔。同时，根据措施段套管强度、壁厚以及围压大小，适当调整喷射速度和时间。根据实验，切割磨料一般选择20目/40目石英砂，砂比7%左右，这样切割效果较好。

(3) 选择合适的喷嘴组合。使用时根据喷嘴压降选择喷嘴组合，同时要考虑到地面设备和连续油管的承压能力。常规使用的喷嘴直径范围在4.0~6.0mm。喷嘴越多，射孔时在喷射速度一定的条件下需要泵的排量就越高。

(4) 回压控制。作业上层时，下层压力会对封隔器造成上顶、解封等影响。因此，如果下层已经作业，则作业上层时参考下层停泵压力，并在此基础上将上层射孔时的套管压力控制在此压力之上1~3MPa，以确保管柱安全。

2012年11月至2014年7月，该工艺在新疆油田进行过5口直井试验，均获得成功。其中最深作业层位近2400m，单井最高排量4.5m^3/min，单层最高液量329.1m^3，最大作业8层(表1.46)。

表1.46　新疆油田连续油管水力喷射压裂试验井统计表

项目	B21126	B21097	57062	DC012	DC023
井型	直井	直井	直井	直井	直井
井深(m)	2450	2152	2430	1502	1530
作业层位(m)	1949~2182	1949~2128	2329~2335.5	1295~1444	1400~1520
施工层数(层)	5	5	2	8	7
最高排量(m^3/min)	4	3.5	3.5	3.9	4.5
总加砂量(m^3)	187	174.1	30	82.9	97.9
总液量(m^3)	1645.5	1545.5	410	1071.3	990.4
单层最高液量(m^3)	329.1	309	298	154.2	203.5
单层最高砂量(m^3)	37.4	34.8	18	14.4	19.6
压裂结果	成功	成功	成功	成功	成功

1.4.2.3 压裂液技术

新疆油田储层复杂，岩性主要包括砂岩、砂砾岩、砾岩、云质岩及火山岩，物性较差，以低孔隙度、低渗透率为主，水力压裂是增储上产的重要手段。新疆油田井温介于10~180℃，50~120℃的占到80%以上，需根据储层的特殊性应用不同的压裂液体系。

新疆油田于“七五”期间研究应用了田菁胶压裂液、香豆子胶压裂液；于“八五”期间研究应用了有机锆交联瓜尔胶压裂液、原油交联冻胶压裂液；“九五”及“十五”期间，研究应用了 N_2泡沫压裂技术、泡沫压裂液、高温压裂液技术、有机硼压裂液胶囊破胶、聚合物压裂液、VES 清洁压裂液；“十一五”以后，研究应用了羧甲基羟丙基压裂液、加重压裂液、酸性疏水聚合物压裂液。

按照组成不同，新疆油田压裂液主要分为：水基压裂液、油基压裂液和乳化压裂液。水基压裂液其自身具备安全、清洁、价廉且性质易于控制等优点因而被广泛地推广，目前新疆油田使用最普遍的压裂液是水基压裂液，它的使用量占总量的90%以上。

1.4.2.3.1 水基压裂液

水基压裂液是以水作为溶剂或分散介质，与各种添加剂配制而成的压裂液。水基压裂液的优点：(1)水源易得，成本低；安全，不会引起火灾。(2)清洁，易于对作业设备和场地进行清理。(3)水是最好的溶剂，易于选择添加剂对压裂液进行改性，因而水基压裂液具有广泛的适用性。(4)水的黏度低，易于泵送；若添加了降阻剂，则具有更好的紊流降阻效果。(5)水的密度大，造成的液柱压力高，相应地减少了压裂施工所需的水功率。

水基压裂液的缺点：(1)对于低压地层，高液柱压力会使返排困难，需添加增能助排剂或(和)加强机械抽排，以提高液体的返排率。(2)水进入地层会改变相对渗透率和毛细管性质，从而降低生产层的油气有效渗透率。尤其对于油润湿地层会引起水堵。添加具有低表界面张力的，能将油润湿表面转换成水润湿表面的表面活性剂，能防止和解除水堵。(3)水进入地层易引起地层黏土矿物的水化膨胀和迁移，造成地层渗透率伤害。添加防膨剂，可以减轻黏土表面的负电性，抑制黏土膨胀。(4)水与油易形成油水黏乳液，以致降低油气井产能。应慎用表面活性剂，以防止地层油润湿及油水乳化。添加对应的破乳剂可以破坏油水乳化。(5)用作水基压裂液稠化剂的高分子聚合物、所含水不溶物和压裂后未破胶降解的残胶，都会引起地层渗透率的下降。应制备水不溶物含量及残渣低的稠化剂，并加强配伍性和破胶性实验及措施。

除少数低压、油润湿、强水敏地层外，水基压裂液适用于大多数油气层和不同规模的压裂液改造。新疆油田水基压裂液分为瓜尔胶压裂液、聚合物压裂液和黏弹性表面活性剂压裂液。

(1) 瓜尔胶压裂液。

瓜尔胶压裂液按类型又分为羟丙基瓜尔胶压裂液、羧甲基羟丙基瓜尔胶压裂液和加重压裂液。

① 羟丙基瓜尔胶压裂液。羟丙基瓜尔胶采用的是相对分子质量大(190万)、黏度高的瓜尔胶作为母体，在瓜尔胶的分子结构中引入极性亲水基团羟丙基，使生成的羟丙基瓜尔胶的亲水性提高，水不溶物减少。而且改性增加了分子的分支程度，使其水溶速度加快，

黏度提高，热稳定性增强，防腐储存性因改性而改善。羟丙基瓜尔胶的性能优于其他含半乳甘露聚糖植物胶衍生物，其高温水冻胶的性能尤为突出。

羟丙基瓜尔胶压裂的优点：a. 该压裂液采用硼酸盐作为交联剂，在碱性条件下交联，pH 值越高返交联性能越好。b. 羟丙基瓜尔胶分子独有特性，使其不受离子型盐的影响，具有良好的耐盐性，可以较好地抑制黏土膨胀。c. 具有良好的耐盐耐温耐剪切、悬砂造壁、破胶水化性能，低摩阻，滤失少。

羟丙基瓜尔胶压裂的缺点是有一定水不溶物，水不溶物含量在 2%~4%，耐温能力在 150℃以下。

羟丙基瓜尔胶在国内外已具备一定的研究、改性、应用和供应规模，是目前国际上应用最为广泛的增稠剂[29]。羟丙基瓜尔胶压裂液可以运用于除含特殊矿物成分云质岩、强水敏以外的绝大多数储层。作为国际通用最为成熟的主体压裂液体系，羟丙基瓜尔胶压裂液货源广泛，配制简单，目前在新疆油田每年约有 1000 余口压裂井采用该压裂液体系，市场占有率 95%以上。

② 羧甲基瓜尔胶压裂液。羧甲基瓜尔胶压裂液水敏性不强、可满足无须加重的高温井(150℃以上)储层。其优点：a. 瓜尔胶经羧甲基及羟丙基化改性，其水不溶物减少，水溶速度加快，防腐储存性能改善。b. 羧甲基瓜尔胶水不溶物较其他半乳甘露聚糖衍生物低，但水溶液黏度也较低。c. 阴离子和非离子双重结构使其具有双重化学性质，其弱酸性及碱性条件下均可交联，在选择交联剂和其他添加剂时更加多样和灵活。d. 具有良好的耐温耐剪切、悬砂造壁、破胶水化性能，低摩阻，滤失少。

羧甲基瓜尔胶压裂液缺点：羧甲基瓜尔胶成本较羟丙基瓜尔胶高，且该压裂液耐盐性能不好，对水敏较强的储层无法做到较好的防膨效果，耐温 170℃以下。

由于新疆油田大部分井有一定的水敏性，而羧甲基瓜尔胶压裂液耐盐性不好，且成本较高，目前羧甲基瓜尔胶压裂液在新疆油田应用较少。

③ 加重压裂液。近年来由于完井装备和地面设备的限制，各类高压、超深或致密油气藏的压裂措施受到挑战。常规瓜尔胶压裂液的密度较低，施工时井口压力较高，无法保证施工安全和措施效果，甚至利用目前的技术与装备根本无法进行施工作业[30]。加重压裂液适用于该类超深、致密高压储层的压裂施工，其特点为：a. 加重压裂液以羟丙基瓜尔胶压裂液为主体，采用无机盐作为加重剂，体系密度 1. 15~1. 5g/cm^{3}可调，通过提高压裂液的密度降低井口施工压力，以提高施工成功率。b. 该压裂液兼具羟丙基瓜尔胶压裂液一切优缺点，耐温 150℃以下。

加重压裂液自开发出以来在新疆油田重点探井中现场应用 8 井次，无一口井出现砂堵，施工成功率 100%，均取得良好的应用效果。西湖 1 井采用加重压裂液现场顺利加完 40m^{3}覆膜陶粒，破胶良好，该井是新疆油田开展压裂工作以来所遇见施工压力最高(118MPa)、井底温度最高(140. 0℃)、改造井深最大(6139. 0~6160. 0m)的一口井。

(2) 聚合物压裂液。

聚合物压裂液按类型分为合成聚丙烯酰胺类压裂液、酸性疏水缔合物压裂液和自生热增能压裂液。

① 合成聚丙烯酰胺类压裂液。合成聚丙烯酰胺类压裂液采用合成聚丙烯酰胺作为稠

化剂，铬酸盐作为交联剂的一种聚合物压裂液，其优点是聚丙烯酰胺是水溶液良好的减阻剂和增稠剂，其残渣含量较瓜尔胶压裂液低。

合成聚丙烯酰胺类压裂液缺点：a. 该类压裂液稠化剂为高分子直链分子，具有剪切不可恢复性，耐盐性能不好，对水敏较强的储层无法做到较好的防膨效果。b. 该类压裂液采用铬酸盐作为交联剂，耐温 80℃以下。

合成聚丙烯酰胺类压裂液由于货源广泛、成本低廉，以前曾在新疆油田大规模推广，应用达 200 井次以上。但由于合成聚丙烯酰胺类压裂液耐盐性能不好，且铬酸盐对环境和地层水污染较大，目前在新疆油田已较少使用。

② 酸性疏水缔合物压裂液。该压裂液采用四元共聚物作为酸性疏水缔合物压裂液的稠化剂，该稠化剂是一种易溶解、携砂性能好，尤其是耐温、抗盐、耐剪切性能好的新型高分子聚合物，采用有机锆作为交联剂。适用于含特殊矿物成分云质岩储层(如乌夏地区风城组)，其具有如下特点：a. 该压裂液弱酸性条件下交联，具有良好的耐盐、耐温耐剪切性能，低残渣，易破胶返排，对地层伤害小。b. 该压裂液解决了某些特殊油藏与瓜尔胶压裂液的配伍问题，为后期该类储层的开发生产提供有效的技术储备。c. 该压裂液耐温可达 120℃，克服了常规聚合物性压裂液不耐盐、耐温耐剪切性不能超过 100℃的缺点。但是酸性疏水缔合物压裂液耐盐及耐高温性能不如羟丙基瓜尔胶压裂液，且成本较羟丙基瓜尔胶压裂液高。

针对新疆油田乌—夏二叠系风城组及夏子街组储层岩性多样，储层地层水矿化度高，富含重金属离子，与常规瓜尔胶压裂液不配伍，压裂后出现破胶不彻底的问题，采用了酸性疏水缔合物压裂液，目前已在该区块成功运用 11 井次，施工成功率 100%，均取得良好的应用效果，较好地解决了该类特殊储层与压裂液的配伍问题，为后期该类储层的开发生产提供有效的技术储备。

(3) 滑溜水压裂液。

滑溜水压裂液采用低浓度聚合物稠化剂为主要成分，通过加入某种聚合物，主要是聚丙烯酰胺水溶液的稀溶液，配合杀菌剂、表面活性剂、阻垢剂，有一定的黏度，具有很好的减阻作用，通过加入助排剂增加压裂液返排效率，减少压裂液吸附伤害，加入黏土稳定剂降低液体对储层水敏伤害，加入破乳剂降低液体与储层原油乳化伤害，加入减阻剂有效降低大排量施工中液体管程摩阻，降低施工泵压。目前滑溜水压裂液主要用于体积压裂改造中，对体积压裂产生多分支缝有较好效果。

其特点为：①具有摩阻低，与清水相比降阻 40%~50%。②无残渣伤害，使用浓度低，油藏保护性好。由于压裂液残留对油藏并没有任何伤害，最终会被地层水逐步稀释，支撑裂缝的导流能力的保留率较高。③投资少，施工工艺简单。但是携砂性能较差，主要通过大排量携带低砂比支撑剂，与冻胶压裂液复合使用效果较好。

新疆油田采用滑溜水+冻胶复合压裂液体系在吉木萨尔致密油、玛湖凹陷开展现场试验取得成功。

(4) 黏弹性表面活性剂压裂液。

无聚合物压裂液又称为胶束压裂液，也称为清洁压裂液或黏弹性表面活性剂压裂液。其主要成分是表面活性剂，由表面活性剂的盐、无机盐和水组成。在盐水中，表面活性剂形成高度缠结的杆状胶束而增加流体黏度和黏弹性，实现压裂液对黏度的要求。

该压裂液遇到碳氢化合物或地层水稀释时发生破胶[31]；配制简单，不需要杀菌剂和破胶剂，且破胶后无残渣，对地层伤害小、使用方便。但是该压裂液与破乳剂不配伍，对于外来流体与原油产生乳化的储层不适用；耐温 70℃以下，价格较瓜尔胶压裂液高。

黏弹性表面活性剂压裂液在新疆油田应用 100 余井次，由于价格较瓜尔胶压裂液高，且该压裂液中阳离子表面活性剂可能对地层造成润湿反转性伤害，现已较少使用。

（5）黄原胶压裂液。

改性黄原胶压裂液增稠剂采用多羟基阴离子结构植物胶进行阳离子改性，从而增强非交联体系固相悬浮能力。改性黄原胶压裂液采用非交联网状结构，实现低黏弹性携砂，避免了植物胶压裂液因交联后破胶残渣含量升高而造成压裂液对储层伤害加重的问题，生物胶体系，长期可降解，对储层和环境更友好等特点。

其特点为：①稠化时间短，在常温均匀搅拌条件下，1~3min 其黏度可以达标准黏度；②体系黏度低，0.45%改性黄原胶溶液黏度为 65~70mPa・s；③耐盐性能好，耐温耐剪切性能好，具有良好的剪切稀释性；④静态悬砂性能好，破胶液黏度小于 5mPa・s，破胶残渣小于 90mg/L，对储层伤害小；⑤可满足 100℃以内储层改造施工需要。

在陆梁石南 21 井区和八区、玛湖玛 603 共 8 井次压裂中使用了改性黄原胶压裂液，完全满足了油井压裂改造要求，现场应用取得良好效果。

（6）改性香豆子胶压裂液。

改性香豆子胶植物胶作为植物胶压裂液增稠剂，甘露糖单元构成主链，半乳糖单元构成支链，支链及主链上的邻位顺式羟基均可与硼产生配位体。使用方式与瓜尔胶类相似，交联冻胶具有良好的强度，可挑挂，具有较好的静态悬砂性能。其特点为：

① 改性香豆子胶植物胶分子量小，结构上的多羟基基团可与硼类交联形成冻胶体系，交联方式与瓜尔胶类似，但配位体结构更紧密。

② 改性香豆子胶压裂液体系具有良好的耐温耐剪切性能，90℃以内增稠剂用量仅为 0.25%以下；0.33%增稠剂用量，耐温可达 120℃。

③ 改性香豆子胶压裂液与常规瓜尔胶压裂液体系相比，在中低温条件下具有更好的悬砂能力。

④ 改性香豆子胶压裂液可通过过氧化物、生物酶以及钙镁离子在储层条件下实现降黏水化，达到破胶效果，通过添加常规压裂液添加剂，可实现破胶液性能与常规瓜尔胶压裂液相近。通过钙镁离子在地层条件下降黏水化，可进行回收利用。

⑤ 改性香豆子胶压裂液通过钙镁离子、pH 值条件改变，可实现降黏水化返排，通过除油、除机械杂质、调整钙镁离子浓度后对改性香豆子胶植物胶增稠剂、交联剂浓度及 pH 值监测、调整，补充部分压裂液添加剂，即可重复利用。

改性香豆子胶压裂液在新疆油田开展不同温度下现场试验，其在储层温度条件下的携砂能力、耐温耐剪切性能与瓜尔胶压裂液相当，可以满足现场施工要求，最高砂比达到 50%；并开展了一口返排液回收利用现场试验，现场试验证明回收利用是可行的。

改性香豆子胶压裂液二次或多次应用，液体耐温性能有一定程度降低，多次使用时应考虑储层温度因素选择合适施工井。

（7）自生热增能压裂液。

自生热增能压裂液体系具有自动产气的性能，使得压裂液具有自动增压功能，形成类似拌注“液氮/二氧化碳”的作用，形成的泡沫结构能显著降低压裂液体系密度，从而降低井筒回压增加返排压差，提高返排速度。泡沫压裂液对浸入地层的滤液难以起到良好的增压助排效果，而自生热压裂液浸入地层孔隙后，其滤液也能自动增压发泡而获得增能助排性能，这从根本上提高了压裂液在地层的返排效果[32]。

自生热化学过程中产生的热量可大幅度提高压裂液体系的温度，有效提高过硫酸盐在低温地层的热化学分解能力，促成压裂液快速而彻底破胶，缩短压裂液在地层中的滞留时间，降低储层伤害，避免支撑剂回流。同时这些热量在地层中通过径向和垂向的传导，加热近井地带的油层，使其温度大幅度升高，从而解除油层的有机物堵、水堵、高界面张力堵等伤害，同时也能解除因低温压裂液进入油层后造成原油析出的蜡质堵塞，从而降低原油黏度，提高裂缝的导流能力[33]。

自生热增能压裂液体系的特点：①适用于中浅层高凝油、原油黏度偏稠、低压低渗透油气藏储层压裂改造；②体系所产生气体能混入液产生泡沫，可降低压裂液的滤失，提高压裂液的使用效率，同时在排液过程中，造成一定的气举作用，可大大提高压裂液的返排效率。③可通过传统的过硫酸盐破胶，又可通过地层油、气、水作用破胶；④对于低温地层，该压裂液体系所产生热量所造成的温度上升可有助于过硫酸盐的分解，从而促进其快速破胶。

自生热增能压裂液体系的缺点：该体系所需的材料多。主材料多达 8 种，成本高昂，约为瓜尔胶压裂液成本的 2~4 倍；该体系含有易燃（CH_3OH）、有毒和刺激性（HCHO）成分，配液复杂，同时需佩戴专用设备。

自生热增能压裂液体系在新疆油田乌尔禾、采油二厂及西泉井区现场试验 7 井次，压后返排率较高，普遍返排率达到 70%以上，从现场施工情况看，优势主要体现在返排率比较高方面。

1.4.2.3.2　油基压裂液

油基压裂液是以油作为溶剂或分散介质，与各种添加剂配制成压裂液。油基压裂液适用于低压、偏油润湿、强水敏地层[34]，在压裂作业中所占比重较低。

油基压裂液优点[35]：（1）油的相对密度小，液柱压力低，有利于低压油层压裂后的液体返排；（2）油与地层岩石及流体相容性好，基本上不会造成水堵，乳堵和黏土膨胀与迁移而产生的地层渗透率降低。

油基压裂液缺点：（1）容易引起火灾；（2）易使作业人员，设备及场地受到油污；（3）基油成本高；（4）溶于油中的添加剂选择范围小，成本高，改性效果不如水基压裂液；（5）油的滤失量大；（6）油的黏度高于水，摩阻比水大；（7）携砂性能不如水基压裂液，施工安全风险大，耐温 90℃以下。

油基压裂液在新疆油田莫北、石南 4 井区等推广应用 100 余井次，取得良好的应用效果。但由于成本高，且施工容易产生火灾，目前在新疆油田公司已很少应用。

1.4.2.3.3　乳化压裂液

乳化压裂液是一种液体分散于另一种不相混溶的液体中所形成的多相分散体系。用作压裂液的乳状液中：一相是水或盐水溶液、聚合物稠化水溶液、水冻胶液、酸液以及醇液；另一相则是油，如现场原油、成品油、凝析油或液化石油气[36]。体系中加入了易在两相界面上吸附或富集的表面活性剂，有利于形成稳定的乳状液。乳化压裂液主要用于水敏、低压地层、其特点为：(1)乳化作用使体系具有一定的黏度，黏度大小因乳化材料和所加入的比例而差异较大。施工中，油水比波动影响砂比的稳定。(2)滤失量低，液体效率高，对地层渗透率伤害小。(3)乳状液摩阻一般高于水和油。(4)乳化压裂液用油量低于油基压裂液，因而成本较油基压裂液低。

乳化压裂液兼顾瓜尔胶压裂液及油基压裂液的一切优缺点，目前在新疆油田阜东头屯河组应用6井次，应用效果不太明显，现已较少使用。

1.4.2.3.4 N_2泡沫压裂液

N_2泡沫压裂液早期在新疆油田开展过现场试验，改造效果较好，但施工作业成本较高，对施工设备要求高，未能现场推广应用。

N_2泡沫压裂液是在压裂施工过程中，通过液氮泵车使液氮经过地面三通与含发泡剂的水基压裂液混合，形成一定质量的泡沫压裂液，利用液氮和冻胶的混合液进行加砂压裂施工的压裂液体系[37]。其特点为：(1)泡沫压裂液视黏度高，悬砂性能好，支撑剂在泡沫压裂液中的沉降速度仅为水的1/100；(2)泡沫压裂液中的泡沫质量达到50%左右，有效降低了液相的用量，另外泡沫压裂液滤失量小，对储层造成的液相伤害小；(3)有效降低了压裂液体系的密度，从而降低了井筒压差，加大了返排压差，有利于压裂液的返排。

1.4.2.3.5 线性胶压裂液

线性胶压裂液体系是一种弱冻胶压裂液体系，与水基冻胶压裂液相比，可采用相同的稠化剂、交联剂、破胶剂及其他功能性添加剂，其特点为：(1)降低了稠化剂用量，压裂液体系黏度相对较低；(2)交联强度较冻胶压裂液低，悬砂性能相对冻胶较差；(3)残渣含量小，对储层伤害较小；(4)造壁性能差，不易生成滤饼，液体滤失较大，液体效率低。

线性胶压裂液作为特低渗透、低渗透致密储层体积压裂、大规模改造用液体体系，通过与滑溜水、冻胶压裂液等配合使用，增加液体性能差异复杂性，从而实现提高压裂裂缝复杂程度的效果。采用线性胶压裂液与滑溜水、冻胶压裂液体系配合的体积压裂工艺技术在新疆油田克拉美丽气田DX1413现场试验取得较好效果。

1.4.2.3.6 压裂液特点及推荐适用条件

不同油藏条件下压裂液推荐表见表1.47。

表1.47 不同油藏条件下压裂液推荐表

压裂液类型	技术特点	应用条件
羟丙基瓜尔胶压裂液	(1)国际通用最为成熟的主体压裂液体系，货源广泛，配制简单，市场占有率95%以上；(2)该压裂液碱性条件下交联，具有良好的耐盐耐温耐剪切、悬砂造壁、破胶水化性能；(3)低摩阻，滤失少，耐温150℃以下	除含特殊矿物成分云质岩、强水敏以外的绝大多数储层
羧甲基羟丙基瓜尔胶压裂液体系	(1)瓜尔胶经羧甲基及羟丙基化改性，其水不溶物减少，水溶速度加快；(2)阴离子和非离子双重结构使其具有双重化学性质，其弱酸性及碱性条件下均可交联；(3)良好的耐温耐剪切性能，不耐盐，耐温170℃以下	水敏性不强、无须加重的高温井(150℃以上)储层

续表

压裂液类型	技术特点	应用条件
加重压裂液	(1)常规瓜尔胶压裂液的密度较低，在各类高压、超深或致密油气藏的压裂措施中受到挑战，无法保证施工安全和措施效果；(2)加重压裂液采用无机盐作为加重剂，体系密度 1.15～1.5g/cm³可调，通过提高压裂液的密度降低井口施工压力，以提高施工成功率；(3)耐温 170℃以下	超深、致密高压储层
合成聚丙烯酰胺类压裂液	(1)合成聚丙烯酰胺类压裂液采用合成聚丙烯酰胺作为稠化剂，铬酸盐作为交联剂的一种聚合物压裂液，其残渣含量较瓜尔胶压裂液低；(2)该类压裂液稠化剂为高分子直链分子，具有剪切不可恢复性，耐盐性能不好，对水敏较强的储层无法做到较好的防膨效果；(3)该类压裂液由于铬酸盐对环境和地层水污染较大，现已较少使用，耐温 80℃以下	水敏性不强储层
酸性疏水缔合物压裂液体系	(1)该压裂液弱酸性条件下交联，具有良好的耐盐、耐温耐剪切性能，低残渣，易破胶返排，对地层伤害小；(2)该压裂液解决了某些特殊油藏与瓜尔胶压裂液的配伍问题，为后期该储层的开发生产提供有效的技术储备；(3)该压裂液耐温可达 120℃，克服了常规聚合物性压裂液不耐盐、耐温耐剪切性不能超过 100℃的缺点	含特殊矿物成分云质岩储层(如乌夏地区风城组)
滑溜水压裂液	(1)该压裂液主要成分为低浓度稠化剂、具有一定表面活性的添加剂，有效降低压裂液摩阻；(2)该压裂液体系采用破胶剂破胶，配制简单，用料少，残渣含量小，对地层伤害小；(3)由于滑溜水压裂液加砂比小，基本适用于各储层温度压裂改造施工	特低渗透、低渗透致密储层
黏弹性表面活性剂压裂液	(1)该压裂液主要由长链阳离子表面活性剂、盐和水等配制而成，在盐水中表面活性剂分子形成独特的类似于蚯蚓状或棒状的胶束，依靠黏弹性携砂；(2)该压裂液遇到碳氢化合物或地层水稀释时发生破胶；该压裂液配制简单，不需要杀菌剂和破胶剂，且破胶后无残渣，具有对地层伤害小、使用方便等优点；(3)该压裂液中阳离子表面活性剂可能对地层造成润湿反转性伤害，现已较少使用，耐温 70℃以下	中低温储层
黄原胶压裂液	(1)该压裂液体系采用黄原胶作为稠化剂，具有生物降解的特点；(2)采用非交联网状结构，实现低黏弹性携砂，避免了植物胶压裂液交联后破胶残渣含量升高造成压裂液对储层伤害加重的问题；(3)可满足 100℃以内储层改造施工需要；(4)由于黄原胶自身结构特点，其破胶难度相较瓜尔胶压裂液更难，破胶剂用量相对较大	低渗透、中低水敏储层；云质岩储层
改性香豆子胶压裂液	(1)改性香豆子胶分子量小，结构上的多羟基基团可与硼类交联形成冻胶体系，交联方式与瓜尔胶类似，但配位体结构更紧密；(2)改性香豆子胶压裂液体系具有良好的耐温耐剪切性能，90℃以内增稠剂用量仅为 0.25%以下，0.33%增稠剂用量，耐温可达 120℃；(3)改性香豆子胶压裂液与常规瓜尔胶压裂液体系相比，在中低温条件下具有更好的悬砂能力；(4)改性香豆子胶压裂液可通过过氧化物、生物酶以及钙镁离子在储层条件下实现降黏水化达到破胶效果，通过添加常规压裂液添加剂，可实现破胶液性能与常规瓜尔胶压裂液相近。通过钙镁离子在地层条件下降黏水化，可进行回收利用	低渗透、中低水敏储层

续表

压裂液类型	技术特点	应用条件
自生热增能压裂液	(1)适用于中浅层高凝油、原油黏度偏稠、低压低渗透油气藏储层压裂改造；(2)体系所产生气体能混入液产生泡沫，可降低压裂液的滤失，提高液使用效率，同时在排液过程中，造成一定的气举作用，可大大提高压裂液的返排效率；(3)可通过传统的过硫酸盐破胶，又可通过地层油、气、水作用破胶，双重破胶方式；(4)对于低温地层，该压裂液体系所产生热量所造成的温度上升可有助于过硫酸盐的分解，从而促进其快速破胶	强水敏、低压、高黏土含量储层
油基压裂液	(1)采用原油作为压裂液主剂，与储层配伍性好；(2)油的相对密度小，液柱压力低，有利于低压油层压裂后的液体返排，但需提高泵注压力；(3)成本高、摩阻大；(4)携砂性能不如水基压裂液，施工安全风险大，耐温30~90℃	中浅层强水敏储层
乳化压裂液	(1)乳化压裂液为一种液体分散于另一种不相混溶的液体中所形成的多相分散体系；(2)滤失量低，液体效率高，对地层渗透率伤害小；(3)乳化压裂液用油量低于油基压裂液，因而成本较油基压裂液低	低压强水敏储层
N_2泡沫压裂液	(1)N_2泡沫压裂液视黏度高，悬砂性能好，支撑剂在泡沫压裂液中的沉降速度仅为水的1/100；(2)N_2泡沫压裂液中的泡沫质量达到50%左右，有效降低了液相的用量，另外泡沫压裂液滤失量小，对储层造成的液相伤害小；(3)有效降低了压裂液体系的密度，从而降低了井筒压差，加大了返排压差，有利于压裂液的返排	强水敏、低压、高黏土含量储层
线性胶压裂液	(1)线性胶压裂液降低了稠化剂用量，压裂液体系黏度相对较低；(2)线性胶压裂液交联强度较冻胶压裂液低，悬砂性能相对冻胶较差；(3)线性胶压裂液残渣含量小，对储层伤害较小；(4)该压裂液造壁性能差，不易生成滤饼，液体滤失较大，液体效率低	特低渗透、致密储层

1.4.2.4 支撑剂

水力压裂使用支撑剂的目的是支撑水力裂缝，在储层中形成远远高于油层导流能力的支撑裂缝带，最理想的支撑裂缝其导流能力应在产液时裂缝内的压力降落为零，即无限导流能力。这样，由于高导流能力的支撑缝的存在，使井的渗滤方式由径向流转变为线性流，同时也增加了渗滤面积，从而达到增产增注的目的。通常要求裂缝渗透率比地层渗透率大几个数量级。了解支撑剂的类型及在闭合应力下的状态，支撑剂的性能评价指标和各种因素对支撑裂缝导流能力的影响，是正确选择和使用支撑剂的基础[38]。

1.4.2.4.1 支撑剂的性能要求[39]

(1) 粒径均匀，密度小。一般水力压裂用支撑剂的粒径不是单一的，而是有一定的变化范围。如果支撑剂分选程度差，在生产中，细砂会运移到大粒径砂所形成的孔隙中，堵塞渗流通道，影响填砂裂缝导流能力，所以对支撑剂的粒径大小和分选程度是有一定要求的。以国内矿场常用的20目/40目支撑剂为例，最少有90%的砂子经过筛析后位于20~40目，同时要求大于第一个筛号的砂重小于0.1%，而小于最后一个筛子的量不能大于1%。比较理想的支撑剂要求密度小，最好小于2000kg/m^3，以便于携砂液携带至裂缝中。

(2) 强度大，破碎率小。支撑剂的强度是其性能的重要指标。由于支撑剂的组成和生产制作方法不同，其强度的差异也很大。如石英砂的强度为21.0~35.0MPa，陶粒的强度可达105MPa。水力压裂结束后，裂缝的闭合压力作用于裂缝中的支撑剂上，当支撑剂强度比裂缝壁面地层岩石的强度大时，支撑剂有可能嵌入地层里；当裂缝壁面地层岩石强度比支撑剂强度大，且闭合压力大于支撑剂强度时，支撑剂易被压碎。

这两种情况都会导致裂缝闭合或渗透率很低。所以为了保证填砂裂缝的导流能力，在不同闭合压力下，对各种目数的支撑剂的强度和破碎率有一定要求。

(3) 圆度和球度高。支撑剂的圆度表示颗粒棱角的相对锐度，球度是指砂粒与球形相近的程度。圆度和球度常用目测法确定，一般在10~20倍的显微镜下或采用显微照相技术拍照，然后再与标准的圆度和球度图版对比，确定砂粒的圆度和球度。用圆度和球度不好的支撑剂时，其填砂裂缝的渗透率差且棱角易破碎，粉碎形成的小颗粒会堵塞孔隙，降低其渗透性。

(4) 杂质含量少。支撑剂中的杂质对裂缝的导流能力是有害的。天然石英砂的杂质主要是碳酸盐、长石、铁的氧化物及黏土等矿物质。一般用水洗、酸洗(盐酸、土酸)消除杂质，处理后的石英砂强度和导流能力都会提高。

(5) 在高温盐水中呈化学惰性，不与压裂液及储层流体发生化学反应，以避免污染支撑裂缝。

(6) 货源充足，价格便宜。

1.4.2.4.2 支撑剂类型

支撑剂按其力学性质分为两大类：一类是脆性支撑剂，如石英砂、玻璃球等，特点是硬度大，变形小，在高闭合压力下易破碎；另一类是韧性支撑剂，如核桃壳、铝球等，特点是变形大，承压面积随之加大，在高闭合压力下不易破碎。目前矿场上常用的支撑剂有两种：一种是天然砂；另一种是人造支撑剂(陶粒)。此外，在压裂中曾经使用核桃壳、铝球、玻璃珠等支撑剂，由于强度、货源和价格等方面的原因，现多已淘汰。

(1) 天然石英砂。

天然石英砂是最早、且已被广泛使用的支撑剂(约占55%)。其主要化学成分是氧化硅(SiO_2)，同时伴有少量的铝、铁、钙、镁、钾、钠等化合物及少量杂质。石英含量是衡量石英砂质量的重要指标，我国压裂用石英砂的石英含量一般在80%左右；国外优质石英砂的石英含量可达98%以上。

石英砂具有下列特点：①圆球度较好的石英砂破碎后，仍可保持一定的导流能力。②石英砂密度相对低，便于泵送。③0.154mm(即100目)或更细粉砂可作为压裂液降滤剂，充填与主裂缝沟通的天然裂缝。④石英砂的强度较低，开始破碎压力约为20MPa，破碎后将大大降低渗透率，而且受嵌入、微粒运移、堵塞、压裂液伤害及非达西流动影响，裂缝导流能力可降低到初始值的10%以下，因此适用于低闭合压力储层[40]。⑤价格便宜，在许多地区可以就地取材。我国压裂用石英砂产地甚广，如甘肃兰州砂、福建福州砂、湖南岳阳砂等。目前新疆油田压裂所用石英砂主要取自新疆本地。

（2）人造陶粒。

为满足深层高闭合压力储层压裂的要求，研制出了人造陶粒支撑剂，陶粒有实心体和空心体两种。它的矿物成分是氧化铝、硅酸盐和铁—钛氧化物，强度很高。在70MPa的闭合压力下，陶粒所支撑缝的渗透率约比天然石英砂的高一个数量级。因此它能适用于深井高闭合压力的油气层压裂[41]。对于一些中深井，为了提高裂缝导流能力也常用陶粒作尾随支撑剂。在高闭合压力下可提供更高裂缝导流能力；而且随着闭合压力增加和承压时间延长，导流能力递减比石英慢得多。但陶粒密度较大，泵送困难；加工工艺困难，价格昂贵；陶粒抗压强度随着铝含量增加而增大，但密度也相应增加，因此应考虑抗压强度和密度两者的平衡。

国内目前有多个厂家可生产中高强度的陶粒，国外有美国的Carbo公司生产的Carbo-Lite，Carbo-Prop和Carbo-HSP陶粒，强度也有低、中、高之分。低强度适用的闭合压力为56MPa，中强度约为84MPa，高强度达105MPa，基本形成了比较完整和配套的支撑剂体系。

（3）树脂包层砂。

树脂包层砂是中等强度，低密度或高密度，能承受56~70MPa的闭合压力，适用于低强度天然石英砂和高强度陶粒之间强度要求的支撑剂。其密度小，便于携砂与铺砂。它的制作方法是用树脂把砂粒包裹起来，树脂薄膜的厚度约为0.0254mm，约占总质量的5%以下[42]。

树脂包层支撑剂可分为预固化树脂包层砂与固化树脂包层砂。

① 预固化树脂包层砂。在石英砂表面包裹了一层树脂，使闭合压力分布在较大的树脂层面积上而不易压碎。此外，即使压碎了包层内石英砂，微粒仍被包裹在一起，不致引起微粒运移堵塞孔隙，从而保持较高裂缝导流能力。

② 固化树脂包层砂。在石英砂表面预先包裹一层与压裂层温度匹配的树脂，作为尾追支撑剂置于近井段水力裂缝。当裂缝闭合且地层温度恢复后，它先转化成玻璃球状，然后由软到硬将周围相同的(可)固化树脂包层砂胶结，而在裂缝深部与近井地带形成一道防止支撑剂回流的天然屏障[43]。其导流能力低于石英砂及预固化树脂包层砂。

树脂包层支撑剂具有以下优点：①树脂薄膜包裹砂粒，增加了砂粒间的接触面积，从而提高了支撑剂抗闭合压力的能力。②树脂薄膜可将压碎的砂粒小块或粉砂包裹起来，减少了微粒的运移与堵塞孔道的机会，从而改善了填砂裂缝的导流能力。③树脂包层砂总的体积密度比上述中强度与高强度陶粒要低很多，便于悬浮，因而降低了对携砂液的要求。④树脂包层砂具有可变形的特点，能使其接触面积有所增加，可防止支撑剂在软地层中的嵌入。

图1.26所示为树脂包层砂在不同闭合压力下的导流能力曲线。

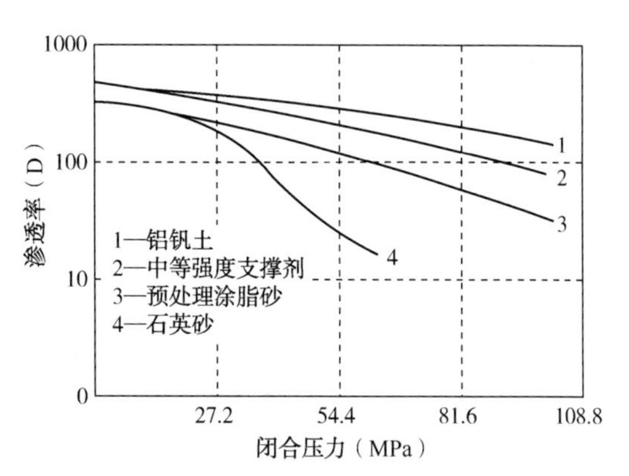

图1.26　树脂包层砂在不同闭合压力的导流能力曲线

1.4.2.4.3 支撑剂性能

支撑剂性能包括物理性质和导流能力，其物理性质决定支撑剂品质及在闭合压力下的导流能力[44]。

(1) 支撑剂物理性质。

① 支撑剂粒度组成及分布。根据待评价的支撑剂尺寸，选择一组由6个筛网和底盘组成的、依照逐层叠放的标准试验筛进行筛析试验。要求最少有90%的颗粒落在规定的筛网尺寸间，如0.45~0.9mm支撑剂，至少有90%的颗粒直径在0.45~0.9mm，最上层筛网上支撑剂量小于试样总量的0.1%，底盘上的量不大于试样总量的1.0%。

通常认为平均粒径大于或等于其算术平均值的支撑剂粒度分布较好。

② 圆球度和表面光滑度。圆度是指支撑剂颗粒棱角的相对尖锐程度，球度表示支撑剂颗粒接近球体形状的程度。圆度和球度一般以目测法或图像比较法测量，其值在0~1之间。表面光滑度以图像比较法测量，分为优、中、差三级。

③ 浊度。检验支撑剂颗粒表面粉尘、泥质或无机物的含量。将支撑剂试样置于蒸馏水中，测得的液体浊度通常称为支撑剂的浊度。按石油行业标准规定，支撑剂的浊度应小于100FTU。

④ 密度。支撑剂密度常用绝对密度和体积密度表征。

支撑剂绝对密度(即颗粒密度、真密度)：支撑剂颗粒间在无孔隙条件下的密度。

支撑剂体积密度(视密度)：支撑剂颗粒间存在孔隙时的砂堆密度。

支撑剂颗粒密度小于2700kg/m^3，属于低密度范围；大于3400kg/m^{3}属于高密度支撑剂；2700~3400kg/m^{3}的称为中等密度。

⑤ 酸溶解度。测量支撑剂上混杂的碳酸盐岩、长石和铁等氧化物及黏土等杂质含量，采用12%HCl-3%HF酸液进行溶解测试。

⑥ 抗压强度。是指支撑剂抵抗压力作用的能力，通常以支撑剂在压力作用下破坏而产生的数量来确定(破碎率)。以单颗粒抗压强度、酸蚀后单颗粒抗压强度和群体破碎率表示。

根据部颁标准和API标准对新疆油田常用的8种支撑剂进行了物理性能检测评价实验，评价试验包括：密度、圆球度、表面光滑度、浊度、酸溶解度、体破碎率和导流能力。评价结果见表1.48。

表1.48 新疆油田压裂支撑剂使用厂家及性能统计

项目	标准	博峰石英砂	山拓固特覆膜砂	山拓冰杰覆膜砂	郑州少林陶粒	巩义天祥陶粒	阳泉兴陶陶粒	郑州德赛尔陶粒	山拓奥杰覆膜陶粒
粒径范围(目)		20~40	20~40	20~40	70~140	40~70	30~50	20~40	20~40
颗粒密度(g/cm^3)		2.64	2.46	2.49	3.20	3.07	3.25	3.05	3.01
体积密度(g/cm^3)		1.58	1.7	1.50	1.36	1.60	1.79	1.73	1.89
圆度	≥0.8	0.9	0.9	0.9	0.9	0.9	0.9	0.9	0.9
球度	≥0.8	0.9	0.9	0.8	0.9	0.9	0.9	0.9	0.9
浊度(mg/L)	≤100	69	7	37	97	98	85	44	94

续表

项目		标准	博峰石英砂	山拓固特覆膜砂	山拓冰杰覆膜砂	郑州少林陶粒	巩义天祥陶粒	阳泉兴陶陶粒	郑州德赛尔陶粒	山拓奥杰覆膜陶粒
酸溶解度(%)		≤7.0	5.0	1.1	1.5	6.7	6.3	6.3	6.4	0.5
筛析率(%)		≥90	97	99	97	92	100	97	100	7
抗破碎能力(%)	28MPa	≤14.0	13.7		2.4					
	52MPa	≤5.0		2.0					1.5	
	69MPa	≤5.0						2.9		0.7
	86MPa	≤10.0				9.9	5.0			1.4

(2) 支撑剂导流能力。

支撑裂缝导流能力[45]是指支撑剂在储层闭合压力作用下通过或输送储层流体的能力，通常以支撑裂缝渗透率 K_f 与裂缝宽度 w_f 的乘积表示，单位为 D·cm。

表 1.49 至表 1.53 为新疆油田几种常用支撑剂导流能力测定结果。

表 1.49　新疆博峰石英砂导流能力测定

闭合压力(MPa)	导流能力(D·cm)	渗透率(D)
10	91.45	259.97
20	54.06	157.95
30	24.24	73.16
40	10.21	31.68

表 1.50　20 目/40 目新密万力中密高强陶粒导流能力测定

闭合压力(MPa)	导流能力(D·cm)	渗透率(D)
10	147.22	432.36
20	125.08	370.61
30	111.64	333.26
40	98.62	296.61
50	78.38	238.22
60	64.44	197.67

表 1.51　30 目/50 目山西阳泉中密高强陶粒导流能力测定

闭合压力(MPa)	导流能力(D·cm)	渗透率(D)
10	71.75	227.86
20	62.07	198.51
30	53.06	170.92
40	45.56	147.00
50	39.93	129.79
60	35.16	115.78

表 1.52　20 目/40 目 CarboProp 中密高强陶粒导流能力测定

闭合压力(MPa)	导流能力(D·cm)	渗透率(D)
10	133.13	435.08
20	121.45	399.51
30	108.83	363.36
40	97.36	327.25
50	87.24	295.72
60	76.83	262.22

表 1.53　20 目/40 目山拓奥杰中密高强陶粒导流能力测定

闭合压力(MPa)	导流能力(D·cm)	渗透率(D)
10	125.34	387.44
20	100.96	317.48
30	87.46	278.08
40	74.83	240.23
50	63.99	208.77
60	54.03	177.44

1.4.2.4.4　支撑剂选择

支撑剂选择的主要内容包括类型、粒径及浓度。支撑剂选择与所压地层的岩石、环境条件及增产要求紧密相联。

选择支撑剂时，首先应考虑支撑剂性质及在特定地质、工程条件下的裂缝导流能力，结合特定的地质条件(如闭合压力、岩石硬度、温度、目的层物性)选用满足工程条件(压裂液性质、泵注设备)、并能获得良好的增产效果的支撑剂；其次还必须考虑经济效益，由于支撑剂种类多、质量和产地等条件差异大，支撑剂成本也有差别，必须考虑性能价格比，结合压裂经济性来分析优选支撑剂[38,42,46]。

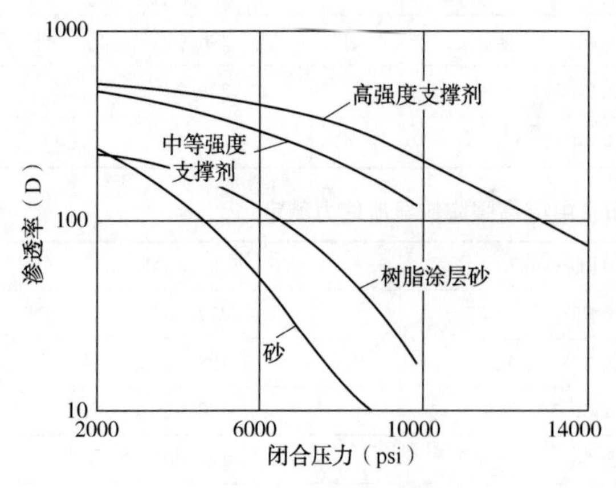

图 1.27　不同类型支撑剂的裂缝渗透率随闭合压力的变化曲线

(1) 支撑剂类型选择。

在支撑剂类型的选择时主要考虑的因素是闭合压力：当闭合压力较低时，可选用石英砂作支撑剂；当闭合压力更高，一般选用中强度陶粒甚至高强度陶粒。根据要求的裂缝导流能力和经济性选用压裂支撑剂。通常我国在 3000m 以上深井中选用陶粒，在中深井压裂尾追陶粒。图 1.27 所示为不同类型支撑剂的裂缝渗透率随闭合压力的变化曲线。

考虑各种支撑剂的强度和成本因素，支撑剂种类选择的基本原则为：

① 闭合压力低于 28MPa 时，采用天然石英砂；

② 闭合压力介于 28~35MPa 时，采用强度更大的树脂覆膜砂；

③ 闭合压力介于 35~69MPa 时，采用中强度陶粒；

④ 闭合压力大于 69MPa 时，采用高强陶粒或根据需要选择抗压级别更高的陶粒。

（2）支撑剂粒径选择。

地层渗透率、裂缝几何尺寸对支撑剂粒径选择都有影响，要考虑下述方面：

① 闭合压力。在闭合压力不太高时，大颗粒能提供更高导流能力，而在高闭合压力下，各种尺寸支撑剂提供的导流能力基本相同，甚至小颗粒支撑剂提供的导流能力更高。

② 支撑剂填充的裂缝宽度满足支撑剂在裂缝中自由运移的需要。

③ 输送支撑剂的要求。粒径越大，携带支撑剂越困难。在许多情况下，支撑剂输送条件(主要是压裂液表观黏度)控制了可选择的支撑剂尺寸。通常是按粒径大小分批泵入，第一批粒径小，向裂缝深部运移，最后一批粒径最大，沉降于井筒附近裂缝中，以提高关键地区渗透率。

目前世界上 85%的支撑剂粒径在 0.45~0.90mm(20 目/40 目)范围。

（3）支撑剂铺置浓度。

由于支撑剂类型和粒径范围的选择余地很小，支撑剂浓度选择就非常重要。通常依据增产要求确定裂缝长度，然后确定裂缝导流能力，进而利用裂缝导流能力—支撑剂粒径—闭合压力资料确定铺置浓度。

1.4.2.4.5　新疆油田支撑剂应用情况

近年来，新疆油田在支撑剂应用领域已实现多样化，不同粒径范围、不同类型的支撑剂已在各种井况下使用，密度、粒径范围进一步拓宽，类型也从原来的单一石英砂或陶粒增加了树脂涂敷石英砂和敷膜陶粒。大多数压裂改造井均以 20 目/40 目石英砂或 20 目/40 目及 30 目/50 目陶粒为主体支撑剂。3000m 以浅的中深—浅井压裂改造基本采用石英砂，3000m 以深的井基本采用 20 目/40 目陶粒，5000m 以深及部分高闭合应力井采用抗压强度更高的覆膜陶粒。近年来在部分大规模水平井压裂改造中考虑降低施工成本因素采用了以覆膜砂为主体支撑剂尾追陶粒的支撑剂加入模式。在个别开发低温浅井及易出砂井上采用了可固化树脂覆膜砂提高压裂效果。粒径较小的 40 目/70 目陶粒及 70 目/140 目粉陶主要是为达到特殊压裂工艺要求而加入(前置液段塞、控底水等)，总体用量比较少。

1.4.3　酸化技术

新疆油田酸化技术的发展经历三个主要阶段：第一阶段是常规的盐酸、土酸、有机酸(甲酸、乙酸等)体系，主要特点是酸液反应速度快，处理深度浅；第二阶段是常规缓速酸、乳化酸、胶凝酸/表活酸阶段，酸液缓速性能明显提高，处理深度增加；第三个阶段是多氢酸、自转向酸、地层自生酸阶段，酸液性能进一步提升的同时，实现了酸液的转向和防二次沉淀。

1.4.3.1　常规盐酸酸化

常规盐酸酸化技术原理为利用盐酸的强酸性与地层中的无机矿物(主要是碳酸盐类型矿化物)反应、溶解并酸蚀岩石部分基质、溶解无机垢、基杂堵塞，疏通渗流通道，增加并提高基质渗透率。

特点是酸液配方简单和施工工艺简单，配液容易，酸液成本低。使用温度范围较广，常温至150℃地层均可以使用。根据作用不同可以作为复合酸液体系的前置液或者后置酸使用。但纯盐酸酸化一般只适用于碳酸盐岩地层或者碳酸盐含量非常高的地层；以及堵塞物为无机盐垢的油水井中。只能解除部分无机盐垢类污染，对常规的砂岩以及砂砾岩溶蚀率很低。单纯盐酸体系反应速度快，作用距离短。

在新疆油田各个区块的酸化作业中均有应用，主要作为前置酸(预处理液)和后置酸使用。

1.4.3.2 常规土酸酸化

常规土酸由一定浓度和比例的盐酸和氢氟酸混合而成，依靠强酸性溶解反应地层中的无机矿物、无机垢的同时，利用氢氟酸对硅质的反应溶解岩石基质和泥质成分，从而疏通渗流通道，增加并提高基质渗透率。

技术特点是施工工艺相对简单，一般只有简单的几个段塞组成；能够解除多数无机盐垢污染以及机械杂质污染，同时通过酸液中盐酸与氢氟酸浓度的调整对地层具有较高的溶蚀率；适用于大多数的砂岩和砂砾岩油藏。但是酸液不具有缓速能力，处理深度有限，不能达到深部解堵的作用。对有机物以及部分微生物和菌类污染造成的堵塞效果较差甚至无效；酸液浓度较高时可能对井壁附近基质过度溶蚀，造成岩石骨架坍塌；胶结较差或者疏松地层容易造成颗粒脱落，对地层形成二次伤害。氢氟酸与矿物反应后容易产生二次沉淀，对地层造成二次伤害，为降低伤害必须添加阻垢抑制剂等功能性添加剂。

使用在砂岩、砂砾岩油藏中，酸液体系使用温度范围较广，常温至150℃地层均可以使用，酸液没有缓速效果，作用距离短，只能解除近井地带伤害。土酸酸化目前仍是新疆油田主要的酸化技术，“前置液+土酸+后置液”的酸化工艺应用范围很广。

1.4.3.3 常规有机酸酸化

由有机酸(甲酸、乙酸最多)按一定比例复配而成，利用酸液电离产生的氢离子产生酸性，溶解碳酸岩类以及其他无机盐类物质。

技术特点是施工工艺简单，能够解除部分无机盐垢类污染以及机械杂质污染，适用于水敏性的砂岩和砂砾岩油藏。由于有机酸的溶蚀能力较弱，只适用于较强水敏油水井的无机盐类和垢类堵塞。

单纯的有机酸酸化，由于酸液的溶蚀能力很差，应用效果较差，因此在酸化作业中多作为段塞注入，或者与盐酸、土酸等复配使用，达到提高酸液缓速能力和降低二次沉淀的功能，在新疆油田各个区块的酸化作业中均有应用。

1.4.3.4 常规缓速酸酸化

依靠酸液成分的逐级电离而缓慢释放，在酸液流动过程中缓慢与地层反应，达到深部酸化的作用。

技术特点是施工工艺简单，能够解除多数无机盐垢类污染以及机械杂质污染，对地层具有较高的溶蚀率。对多数的砂岩和砂砾岩油藏较适用。有一定的缓速效果，具有深部处理能力。对于高温地层(温度≥100℃)缓速性能有所降低。

使用在砂岩、砂砾岩油藏中，常温至150℃地层均可以使用，由于其主要溶蚀成分为多级电离而缓慢释放，因此对岩石骨架破坏很小，并且能够在一定程度上实现地层的深部处理。在新疆油田各个区块的酸化作业中均有应用，一般与常规盐酸、土酸组合使用。

1.4.3.5　多氢酸酸化

多氢酸体系是用一种复合膦酸与氟盐反应生成HF的新型酸液体系，这种新型复合膦酸含有多个氢离子，因此被称为“多氢酸”(Multi-Hydrogen Acid)[47]。

多氢酸酸液体系是由多氢酸和氟盐反应生成HF，实质上与砂岩储层反应的物质仍然是HF。首先，多氢酸可以逐步电离出氢离子与氟盐反应，缓慢生成HF和膦酸盐，反应方程式如下：

$$H_5R+NH_4HF_2 \longrightarrow 2HF+NH_4RH_4$$

其中，H_5R表示多氢酸，R代表膦酸根基团，NH_4RH_4表示膦酸盐。

氟盐为溶液提供足够的氟离子，HF的生成需要氢离子和氟离子的结合。由于多氢酸可以逐渐电离出氢离子，因此控制了与氟盐反应生成HF的速度。

在低pH值环境下，多氢酸电离出的氢离子的浓度将保持较低的水平，因此，HF的浓度也就保持较低的水平。用盐酸和多氢酸主剂以及部分螯合剂复配而成，多氢酸主剂具有与地层反应而逐级释放的特性，因此能够实现地层的深部酸化。

多氢酸具有以下特点：(1)能够依靠酸液的逐级电离实现酸液缓速和地层的深部处理；(2)多氢酸体系比土酸体系具有更好的防二次沉淀能力；(3)适用于多数的砂岩和砂砾岩油藏；(4)保证溶蚀率的基础上对岩石骨架基本无破坏。但酸液价格偏高，提高了作业成本，限制了其推广应用。

多氢酸体系是近年来新疆油田新研究开发的酸液体系，适用于大部分的砂岩、砂砾岩油藏，常温至150℃地层均可以使用，能够起到良好的缓速、防二次沉淀效果，在新疆油田各区块的酸化作业中均有应用。

1.4.3.6　氧化解堵剂段塞复合酸化

通过酸液与氧化剂的交替注入，利用酸液的预处理液(或前置酸)清洗和溶蚀无机垢与钙质成分，再挤入氧化剂段塞，氧化剂在引发剂的作用下反应产生强氧化性物质，具有氧化、杀菌、破胶、降解聚合物的能力，对地层的菌类堵塞、硫化亚铁沉淀、聚合物污染的解除具有很好的效果。

复合氧化解堵剂能够解除聚合物、瓜尔胶、地层腐生菌污染。与酸液配合，能够解除多数的无机盐垢类污染以及有机污染。对多数的砂岩和砂砾岩油藏较适用。但氧化解堵剂价格偏高，提升了作业成本。一般只使用在有机类污染，尤其是解除滤饼、聚合物、地层腐生菌、硫化亚铁等污染为主。施工工艺相对较复杂，施工质量要求较高。部分氧化剂具有爆炸风险。

该技术只适用于有机类污染，尤其是解除滤饼、聚合物、地层腐生菌、硫化亚铁等污染为主，加之氧化解堵的风险性，在油田应用范围较小，主要应用于注水井有机污染、油井的聚合物污染，在彩南油田开发过程中曾有较多应用。

1.4.3.7　暂堵转向酸化

通过酸液和暂堵剂阶段式注入地层，利用第一阶段的酸液溶蚀无机垢类污染和一定程度改善地层基质渗透性，然后泵入非反应的“暂堵剂”液体堵塞高渗透地层，以利于后续的酸液进入未改造的低渗透层。

技术特点是通过暂堵剂暂时封堵高渗透层，使后续酸液能够有效的处理低渗透层，并且可以根据油水井的不同条件采用不同材料暂堵剂。与各类酸液配合，能够实现均匀布酸。实现深部酸化和均匀酸化。适合于非均质性强的地层，适合长井段均匀酸化。但是屏蔽性暂堵剂价格偏高，提升了作业成本，施工工艺相对较复杂，施工质量要求较高。对暂堵剂的配制质量有一定要求。

多使用在砂岩、砂砾岩油藏中，受暂堵剂性能限制，适合常温至90℃地层，可以与不同酸液体系组合。该体系主要在新疆油田的彩南油田、采油一厂、准东采油厂、采油二厂进行过相关的应用，累计使用十多井次。

1.4.3.8 层内自转向酸化

通过在酸液中添加特殊表面活性剂，酸液与地层矿物反应过程中黏度不断升高，流动阻力大幅提高，迫使后续酸液进入未反应的地层(一般为低渗透层)，达到多薄层、长井段均匀布酸、全面动用的作用。

反应过程中酸液增黏，改善酸液的缓速性能和达到均匀酸化目的。能够解除多数无机盐垢类污染以及机械杂质污染；酸液的自转向作用可以形成特定的“蚓式”酸蚀通道。多使用在碳酸岩地层中，也使用在碳酸盐岩含量相对较高的砂岩、砂砾岩、火山岩等油藏中。但是表面活性剂价格高，大幅提升了作业成本；表面活性剂使得破乳和酸液增黏后的“破胶”困难，对一些地层有二次伤害的风险；施工工艺相对较复杂，施工质量要求较高；对酸液的配制质量有一定要求；由于氢氟酸对特种表面活性剂有一定的影响，目前该体系多用在岩石组分中灰质成分较高的储层。

该体系可以根据岩石成分不同匹配不同浓度酸液，体系的特种表面活性剂对氟离子异常敏感，因此多使用盐酸作为基酸。目前该体系主要使用在碳酸盐岩油藏，新疆油田没有广泛应用。

1.4.3.9 表面活性酸/胶凝酸(降阻酸)酸化

主要依靠向酸液中添加一定浓度的胶凝剂或表面活性剂使酸液具有一定黏度，降低分子传质系数，从而达到降低酸液摩阻和缓速(地层深部处理)的效果。

技术特点是酸液降阻性能好，有利于大排量作业时降低施工压力；酸液中的活性剂能够大幅降低分子传质系数，酸液具有良好缓速功能，具有较好的深穿透能力；酸液具备较高黏度，从而具有很好降滤失功能。但是表面活性剂价格高，作业成本高；表面活性剂使破乳困难，胶凝剂或稠化剂有聚合物污染的风险；对酸液的配制质量有一定要求。

表面活性剂、胶凝剂(或稠化剂)与盐酸、氢氟酸复配，能够形成相应的缓速盐酸、土酸体系，能够满足碳酸盐岩储层、火山岩储层，甚至一些砂岩储层的酸化及酸压裂的需求，酸液体系使用温度范围较广，常温至150℃地层均可以使用，目前该体系在新疆油田石西油田、北三台油田等石炭系火山岩储层酸化中应用广泛，石西油田石炭系酸化增产效果显著。

1.4.3.10 热化学复合酸化

热化学复合酸化是将酸液与热化学液段塞组合，通过交替注入的形式挤入地层，热化学液体段塞在引发剂的作用下发生化学反应而放出大量的热量，给地层局部加热和升温，使地层中的胶质、蜡质、沥青质析出物在加热升温过程再次溶解，并通过在酸液中添加水溶性清防蜡组分起到分散重质成分的作用。

热化学复合酸化技术适合于有机质污染的油水井解堵，施工操作要求较严格，对现场安全和质量要求较高，热化学复合酸液由于局部升温有限只适合于中低温的油层(一般使用在低于 70℃的地层)。

技术特点是热化学液通过释放热量，能够较好解除胶质、沥青质等有机污染；根据需要选择不同的酸液体系能够满足缓速和深穿透以及不同溶蚀率等性能要求；酸液组合形式多样化。但是施工工艺相对较复杂，施工质量要求较高；其原理限制了其只适用于解除胶质、沥青质类原油重质成分析出造成的地层伤害。

在新疆油田的彩南作业区、采油一厂、准东采油厂、采油二厂进行过相关的应用，累计使用十余井次。

1.4.3.11 小泵酸化

将常规酸化作业中的泵车换成耐酸型泵，耐酸泵具有一定的线性排量调节范围，一般从 0.025m^3/min 至 0.45m^3/min 可以自由调节，实现了液体到地层的缓慢注入，克服了因地层吸水启动压力高，用泵车无法注入的缺点，也节省了施工费用。

该工艺排量低、施工压力低，有效解决了深层砂岩储层的注入问题，保证了施工成功率；在线注入，可及时根据施工压力变化情况调整解堵液配方，保障施工效果；施工风险较小，成本较低；但是排量小，施工时间长，导致管柱腐蚀比常规酸化高。

该项技术主要使用在砂岩、砂砾岩油藏中，小泵酸化的酸液体系基本使用盐酸和土酸为主，也有采用常规有机酸和缓速酸的。一般小泵酸化的作业时间长，对管柱的防腐性能提出了更高要求，常用于常规酸化作业施工压力高、地层基本不吸液的井。

新疆油田石西作业区为解决莫北地区深层砂岩油藏注水井欠注问题，开展了小泵酸化技术的现场应用。于 2004 年开始试验，2007—2009 年共开展了 51 井次小泵酸化作业，措施有效率 78.4%，平均有效天数 300 天，20%左右的井有效期在 3~6 个月，累计增注 63693m^3。

1.4.3.12 分子膜复合酸化技术

使用特定表面活性剂水溶液作为分散液，将活性材料(如纳米聚硅材料或其他成膜剂)携带注入地层，活性材料在岩心孔喉和水膜之间优先吸附和有序排列形成一层非常薄的分子沉积膜，从而改变近井地带的润湿性，消除水锁伤害，有效扩大孔径，提高了岩心的水相渗透率，达到改善注水效果的目的。该技术一般与酸化结合使用，在解除无机垢类堵塞污染的同时，增强分子膜的吸附性。

分子膜复合酸化技术主要使用在砂岩、砂砾岩油藏注水井中。该项技术对地层具有选择性，不同的储层要对分子膜进行改性处理以提高其吸附效率，分子成膜需要一定的物理空间，分子成膜以后还需要一定的空间供液流通过。因此，该项技术适合在中低温、中高渗透储层中使用，渗透率或者孔隙度太低的地层无法使用。该项技术在新疆油田的石西作业区进行了现场应用，取得了一定的效果。

1.4.3.13 振荡酸化技术

先将振荡器下入井内，然后向地层挤入酸液，在挤酸液的过程中依靠变排量和反复启停泵的方式启动振荡装置，产生一种脉冲式液体和物理振荡，可以对地层进行冲刷作用的同时进行“物理振荡”作用，解除堵塞。

该项技术主要使用在砂岩、砂砾岩油藏中，通过振动的物理作用和酸液溶蚀的化学作用达到复合解堵目的。但经现场试验证实，振荡作用会对固井水泥环造成破坏，特别是胶结不致密或者固井质量差的井，井身结构会造成一定程度的破坏，成为该技术的主要局限。该项技术在新疆油田石西作业区、准东作业区都有应用，石西作业区实施了6~7井次。

1.4.3.14 二氧化碳酸化增注

该技术是向地层内注入缓速酸及层内生气剂，利用缓速酸实现地层深部酸化解堵的同时，药剂体系反应后可产生大量的高温高压CO_2气体和热量，通过酸化、热解堵和CO_2驱等多种作用解除各种油层伤害堵塞，具有较好的穿透作用，降低由于原油物性差和有机杂质堵塞造成的注水压力高问题[48]。该技术适合油层厚度大，非均质性强的油藏。

技术特点是通过化学反应释放大量热，有利于有机质污染的解除；生成的二氧化碳具有一定的驱油效果；与酸液配合达到综合解堵效果；由于其放热反应升温幅度有限，对地层伤害解除率较低；地面液体不能接触，施工复杂。

该技术经过几年的推广应用，在克拉玛依油田八区和五区、夏子街油田北16井区、彩南油田、石西油田得以应用，其中采油二厂的应用效果较好。二氧化碳酸化增注自从2007年在采油二厂实施以来，一直是主要的水井增注措施，近几年每年实施约30井次，平均单井增注量在3000m^3以上，达到了预期的效果。

1.4.4 压裂酸化(酸压)

酸压是在酸化的基础上发展而来，是指在高于地层破裂压力下将酸液或者非反应性液体挤入地层，在施工结束后利用酸液的溶蚀作用对裂缝壁面进行刻蚀，形成刻蚀沟槽，在裂缝闭合后裂缝沟槽由于其酸蚀形成的不整合面具有很高的导流能力，提高油气渗流通道，提高单井产能。最早的酸压技术是应用在碳酸岩油藏中，主要采用盐酸体系，酸液产生的溶蚀通道导流能力甚至高于加砂压裂形成的填砂裂缝。近些年来，针对复杂岩性储层的酸压技术研究及应用的案例越来越多，部分油田也取得了显著的成效，使酸压技术的应用范围进一步拓宽。

新疆油田公司在酸压技术领域拥有丰富的技术积累。1998年，新疆油田公司工程技术研究院最早进入塔里木盆地塔河油田超深、高温、裂缝—溶洞型碳酸盐岩储层改造的技术服务市场，并于1998年12月20日在沙23井为西北石油局进行首次酸压试验并获得巨大成功，拉开了塔河油田碳酸盐岩储层酸压投产的序幕。自1998年至2008年，在塔里木盆地两大油田累计服务200多井次，在碳酸盐岩储层改造用酸液体系、酸压工艺、酸压配套技术方面都取得了丰硕的成果。

新疆油田于2001年最早将酸压技术应用于准噶尔盆地的石西深层、高温裂缝型的火山岩储层，并根据火山岩储层特点研究了胶凝土酸、表面活性剂缓速土酸等降滤失酸液体系，应用了以前置液酸压+闭合裂缝酸化技术为主的酸压工艺，获得了成功。截至2006年底，累计酸压20井次，有效15井次，增油近4×10^4t。与此同时，酸压技术在准噶尔盆地的准东油田和克拉玛依油田等石炭系获得了广泛的试验应用，并在北三台油田等获得不错的效果。2011年，酸压技术在沙帐断褶带火北2井获得突破，该井平地泉组云质岩储层创新应用“前置液深度酸压+闭合裂缝酸化+复合酸液体系+混注液氮助排”技术后，获得日产15.6m^3的高产油流，该井的成功对沙帐地区低渗透致密油气藏的勘探具有突破性的战略意义，坚定了致密油气藏勘探的信心，拉开了准东致密油会战的序幕。

目前新疆油田常用的酸压技术按工艺分主要有以下几类。

1.4.4.1　普通酸压工艺

普通酸压工艺包括用常规酸、胶凝酸等酸液直接压开储层的酸压工艺[49]。一般对储层伤害比较严重、堵塞范围较大，而常规酸化工艺不能实现解堵目标时选用该工艺。但要求地层温度不太高，缝中酸液滤失不太大的情况。施工工艺简单。但酸液的有效距离较短，一般在15~30m。

普通酸压工艺在新疆油田主要采用胶凝酸(降阻酸)体系，应用在污染堵塞严重、范围较大的油井中，受限于新疆油田以砂岩、砂砾岩为主的特点，主要在碳酸盐岩含量较高的云质岩、火山岩、复杂岩性储层有所应用，井例较少。

1.4.4.2　前置液酸压工艺

该项工艺技术是施工初期先用高黏非反应性前置压裂液压开地层形成裂缝，接着高压注入酸液的技术。由于前置液的降温、降滤和造宽缝等作用，大大降低了酸岩反应速度，能显著增大酸穿透距离，同时由于两种液体的黏度差产生黏性“指进”效应，使酸蚀裂缝具有足够的导流能力。该工艺酸液穿透距离远，适合深部酸压改造；工艺方法简单，施工难度小。特别适合于改造低渗透碳酸岩盐储层或用于沟通天然裂缝[50]。

前置液酸压是新疆油田应用最广泛的酸压技术，前置液采用了高黏压裂液冻胶，酸液采用了胶凝酸、表面活性剂缓速酸，根据新疆油田普遍碳酸盐岩含量低的特点，开发了胶凝土酸、表面活性剂土酸体系，在石西油田和北三台油田应用较多。

1.4.4.3　多级交替注入酸压工艺

该工艺是利用前置液与酸液(多采用胶凝酸)交替注入，形成较长的且导流能力较高的酸蚀裂缝，从而提高酸压效果，类似前置液酸压，但其降滤失性及对储层的不均匀刻蚀优于前置液酸压。

该工艺作用范围大，可以获得较长的酸蚀裂缝穿透距离，酸液滤失低，酸蚀裂缝的导流能力高[51]。现场需要压裂液与酸液的交替注入，施工难度增加；酸液与压裂液的混合较多，压裂液的造缝性能受限。

受现场供液条件限制，该技术在新疆油田现场应用井例较少，2011年在吉171井进行了多级注入酸压改造应用，取得一定效果。

1.4.4.4　交联酸携砂技术

在常规酸压技术的基础上发展而来，不使用前置液而直接依靠交联冻胶酸造缝，后期依靠酸液携砂，在地层中形成酸蚀油流通道的同时形成人工填砂裂缝，依靠“酸蚀+支撑”复合裂缝提高裂缝导流能力。

技术特点是酸液作为前置液，既起造缝作用，又形成酸蚀通道；酸液携砂压裂，通过

“酸蚀+支撑”复合裂缝大幅提高导流能力。适合地层有限制，碳酸盐含量过高，后期可能出砂，碳酸盐含量过低不易形成复合缝；交联酸性能有待改善，耐温耐剪切能力有待提高。

这项技术主要使用在新疆油田火山岩油藏，储层具备一定的碳酸盐含量，在新疆油田的石西作业区实施了1井次的现场试验，压后初期获得增产效果。

表1.54为常用酸液类型推荐。

表1.54 常用酸液类型推荐

工艺	类型	性能特点	应用条件
酸化工艺	常规盐酸酸液	主要溶解碳酸盐类无机垢；溶解基质中碳酸盐含量较高组分中的部分碳酸盐成分；和岩层反应后没有二次沉淀发生；常用于酸化作业的前置酸或者后置酸使用	碳酸盐含量较高的油藏或者砂岩油藏油水井解堵
	常规有机酸	一定程度上溶解碳酸盐类无机垢；溶解部分特殊垢类成分；和岩层反应后没有二次沉淀发生；有机成分对强水敏地层较适用；一般作为酸化、增注的酸液复合体系的一种段塞式液体体系使用	在砂岩油藏应用较多，或者单独使用在强水敏地层的酸化作业中
	常规土酸	溶解盐类垢质成分的同时溶解部分岩石基质，较大程度上增加基质渗透率；解除钻井液中的部分固态污染物；岩石矿物组分复杂时可能出现二次沉淀	一般用在砂岩、砂砾岩油藏的油水井酸化和解堵，以及探井解除钻井液污染
	常规缓速酸	溶解盐类垢质成分的同时，溶解部分岩石基质，增加基质渗透率；具有一定的深部处理的能力；相对土酸对地层的二次伤害较低	一般用在砂岩、砂砾岩油藏的油水井酸化和解堵，多使用在需要较大处理深度的井
	多氢酸	溶解盐类垢质成分的同时，溶解部分岩石基质，增加基质渗透率；并且在具有较好的深部处理能力的同时，不破坏岩石骨架；对地层的二次伤害率极低；价格偏高	一般用在砂岩、砂砾岩油藏的油水井酸化和解堵，多使用在需要较大处理深度的井(特别适用于胶结不致密或者容易颗粒脱落的油藏，以及需要深部处理的油层)
	泡沫酸	需要有相应的制泡设备，如氮气车和泡沫发生器等；具有较好的深穿透效果；同时具有较高的残酸返排能力；具有一定的施工难度和设备要求	一般用在返排能力较差(地层压力系数偏低)以及具有一定水敏的砂岩、砂砾岩油藏油水井酸化和解堵
	常规酸液加氧化剂解堵	常规酸化解堵的同时，能够降解部分的聚合物类物质；氧化降解剂段塞起主要的氧化降解作用，可以是引发型也可以是无机类强氧化剂；多为段塞式工艺，施工工序要求较严格	一般用在砂岩、砂砾岩油藏的油水井酸化和解堵，多使用在经过聚合物驱或者压裂措施后未见效的井
	常规酸液加热化学段塞	常规酸液(盐酸或者土酸含必要添加剂)段塞加引发反应型热化学反应液组成，常规酸化解堵的同时，能够局部提升反应部位的油层温度，起到溶解蜡质和胶质污染的作用	一般用在砂岩、砂砾岩油藏的油水井酸化和解堵，多使用在由于蜡质或者胶质类物质在近井造成的污染为主的油井中

续表

工艺	类型	性能特点	应用条件
酸化工艺	表活酸/胶凝酸	酸液本身具有一定的黏度；具有较好的降低施工摩阻的作用；具有较好的缓速和深穿透的作用；特定类型的表面活性剂酸还具有一定的驱油效果；价格偏高，对配液设备有一定要求	一般用在酸压作业中，通常使用在灰质成分较高的砂岩或者火山岩以及碳酸盐类地层
	转向酸/自转向酸	酸液根据不同的工艺要求在地层反应过程中变化黏度起到转向的作用；使用一种酸液体系能够有效地处理多个薄互层或者大厚度油藏中重复酸化作业中处理未动用井段；价格偏高，对配液设备和配液质量有一定要求	用于非均质强的油藏及长处理段油水井的均匀酸化，适合碳酸盐岩含量较高的储层条件
	暂堵剂加酸液复合	暂堵剂优先进入高渗透层起到屏蔽作用，后续的酸液可以有效地处理低渗透层位；较有效的改善隔层较近的多薄层位，启动低渗透层；价格偏高，对配液设备和配液质量有一定要求；施工工艺相对复杂，施工质量要求高	一般用在隔层薄或者多薄互层的砂岩地层酸化作业中，起到动用低渗透层的效果
	冻胶酸/交联酸	利用交联酸液体系可以使酸液形成类似压裂液的胶团，实现酸液携砂和地层造缝的功能；有较好的降低施工摩阻的作用；具有较好的缓速和深穿透的作用；价格偏高，对配液设备有一定要求	一般用在酸压作业中，可以用在常规的酸压工艺，较多应用在加砂酸压工艺和酸压加砂复合联作工艺中，通常使用在灰质成分较高的砂岩或者火山岩以及碳酸盐类地层

1.5　防蜡/气/蚀/垢配套技术

1.5.1　清防蜡技术

原油中都含有一定数量的蜡。蜡在地层中通常以溶解状态存在。然而在开采过程中，含蜡原油沿着油管上升，随着压力和温度不断降低以及轻质组分的不断逸出，原油中的蜡开始结晶析出并不断沉积，从而导致油井产量不断下降，甚至可能造成停产。由此可见，油井的清蜡和防蜡是保证含蜡原油油井正常生产的一项十分重要的措施[52]。

影响油井结蜡的因素很多，人们针对不同的影响因素发展了多种清防蜡技术。新疆油田目前普遍应用的清防蜡工艺主要有机械清蜡技术、热洗清蜡技术、化学清防蜡技术、微生物清防蜡技术、物理清防蜡技术等。

新疆油田公司在清防蜡工艺中使用范围广、井次多的主要有热洗清蜡和化学清防蜡。机械清蜡工艺主要用于自喷井清蜡，部分机械清蜡工艺配合热化学清蜡等工艺共同实施，达到延长清蜡周期的目的。2012年，实施油井清防蜡工艺措施共计34699井次，平均清蜡周期为55天。其中热洗和化学清防蜡实施井数占整个清防蜡抽油机井的60.9%，全新疆油田公司实施热化学清蜡方式清蜡工艺21136井次，平均周期60天。化学清防蜡占清防蜡井次的39.1%，全新疆油田公司实施化学清蜡工艺13563井次，平均周期48天。

1.5.1.1 结蜡规律

不同油藏原油性质有较大差异，影响结蜡的主要因素是原油的性质和原油中的含蜡量、胶质及沥青质、温度、压力、溶解气含量、含水量和机械杂质等。

国内各油田的油井均有不同程度的结蜡现象，其基本规律为[53]：

(1) 原油中含蜡量越高，油井结蜡越严重。

(2) 油井开采后期较开采前期结蜡严重。

(3) 高产井及井口出油温度高的井结蜡不严重或者不结蜡；低产井和脱气严重的井结蜡严重。

(4) 低含水阶段结蜡严重，含水量升高到一定程度后结蜡减轻。

(5) 表面粗糙或不干净的设备和油管易结蜡；出砂井易结蜡。

(6) 井口附近很少结蜡。

1.5.1.2 机械清蜡

机械清蜡是一种既简单而又直接的清蜡方法。目前在新疆油田得到了广泛的应用，主要分为自喷井机械清蜡和抽油井机械清蜡两类。

1.5.1.2.1 自喷井机械清蜡

自喷井机械清蜡是以机械刮削方式清除油管内沉积的蜡。这项技术比较成熟，而且已经形成了一系列的工具和设备(刮蜡片、麻花钻头、毛刺钻头等)以及技术规范。

自喷井机械刮蜡主要设备有绞车、钢丝、扒杆、滑轮、防喷盒、防喷管、钢丝封井器、刮蜡片和铅锤。刮蜡片依靠铅锤的重力作用向下运动刮蜡，上提时靠绞车拉动钢丝经过滑轮拉刮蜡片上行，如此反复定期刮蜡，并依靠液流将刮下的蜡带到地面，达到清除油管积蜡的目的[54]。

当油井结蜡相当严重的时候，刮蜡片清蜡周期过短，则应改用钻头清蜡的方法清除油井积蜡。钻头清蜡的设备与刮蜡片清蜡设备类似，其不同点是将绞车换为通井机，钢丝换为钢丝绳，扒杆换为清蜡井架，防喷管改为10m以上的防喷管，钢丝封井器换为清蜡阀门，铅锤换为直径32~44mm的加重钻杆，下接清蜡钻头。通常在油井尚未堵死时用麻花钻头，它既能刮蜡又能将部分蜡带出地面。但是结蜡非常严重的时候麻花钻头基本上下不去，这个时候就要使用矛刺钻头，将蜡打碎，然后用刮蜡钻头将蜡带出地面。

合理的清蜡制度必须根据每口油井的具体情况确定。首先要掌握清蜡周期，使油井结蜡能及时刮除，保证压力、产量不受影响，清蜡深度一般要超过结蜡点或析蜡点以下50~100m[55]。

1.5.1.2.2 抽油井机械清蜡

抽油井机械清蜡是利用安装在抽油杆上的活动刮蜡器清除油管内和抽油杆上的蜡。目前通用的是尼龙刮蜡器。其原理是抽油杆带着尼龙刮蜡器在油管中往复运动，前半个冲程中，刮蜡器在抽油杆上滑动，刮掉抽油杆上的结蜡，后半个冲程中，由于限位器的作用，抽油杆推动尼龙刮蜡器刮掉油管内壁上的结蜡。同时，油流通过尼龙刮蜡器的倾斜开口和齿槽，推动刮蜡器缓慢旋转，提高刮蜡效果。由于通过刮蜡器的油流速度加快，使刮下来的蜡易被油流携带走，而不会造成淤积堵塞。

尼龙刮蜡器操作方便、成本较低，同时对井斜起到扶正防磨作用。但是尼龙刮蜡器不能清除抽油杆接头和限位器上的蜡，以及泵上结蜡，所以还要定期辅以其他清蜡措施，如热洗清蜡或化学清蜡等措施。

1.5.1.3　热力清蜡技术

热力清蜡[56]是利用热力学能提高液流和沉积表面的温度，熔化沉积于井筒中的蜡。根据提高温度的方式不同可分为热洗清蜡、电热清蜡等方法。新疆油田目前普遍采用在洗介质(油田污水)中添加水基清防蜡剂的热化学清蜡方法清蜡。

热化学清蜡一般在地面将介质加热，循环至井筒中，通过热流体在井筒中的循环传热给井筒流体，提高井筒流体的温度，使得蜡熔化后连同产出的流体通过深井泵一起从油管排出，从而达到清蜡的目的。

热洗清蜡的优点在于见效快、清蜡彻底。存在的主要问题：一是洗井液返排造成油井占产；二是油层压力低、供液能力差的井，洗井液容易漏失，伤害油层；三是清蜡成本较高。

1.5.1.4　化学清防蜡技术

化学清防蜡技术[57]是利用化学剂对油井进行清防蜡。化学药剂的加注，会减弱油井结蜡速度，改变原油的流动性，减缓和抑制蜡晶的生成，达到防蜡的目的；此外，加注的化学药剂也能在一定程度上溶解石蜡，达到清蜡的效果。清防蜡剂主要有溶剂型和固体两类。溶剂型化学清防蜡剂主要包括油基清防蜡剂、水基清防蜡剂。固体型化学清防蜡剂一般用在井下，称为固体防蜡器。

溶剂型的化学清防蜡技术是最为常用的技术之一。就是通过向油套环空加注化学清蜡剂，减缓和抑制蜡晶生成、聚集，减弱油井结蜡速度，改善井液流动性，从而达到清防蜡的目的。该技术为传统技术，得到了广泛应用，但由于井液性质随生产阶段改变，其剂型、加量也需要相应改变。新疆油田现场应用化学清防剂分为油基清防蜡剂和水基清防蜡剂两类。

1.5.1.4.1　油基清防蜡剂

油基型清防蜡剂[58]的作用原理是将对沉积石蜡具有较强溶解和携带能力的溶剂分批或连续注入油井，将沉积在井中的石蜡溶解并携带走。在油基型清蜡剂中通常加入表面活性剂，利用表面活性剂的润湿、渗透、分散和洗净作用，进一步提高溶剂的清蜡效果。主要优点：(1)对原油适应性强；(2)溶蜡速度快、见效快。缺点：燃点低，易着火。

新疆油田目前应用的化学清防蜡剂主要是油基清防蜡剂，具有清蜡、防蜡的作用，一般从油套环空加入。

1.5.1.4.2　水基清防蜡剂

水基清蜡剂是以表面活性剂为主，同时加入互溶剂、碱性物质和水组成的一类清蜡剂。表面活性剂的作用是润湿反转，使结蜡表面由亲油反转为亲水表面，有利于蜡的脱落。同时，表面活性剂的渗透作用可使蜡分子与管壁间的黏结力减弱，从而将其从管壁上清除[58]。水基清防蜡剂以防蜡为主。

其主要的优点是相对密度较大，对高含水井应用效果好；使用安全，无着火危险。缺点是加入油井见效速度慢。

新疆油田一般用在热洗工艺添加水基清防蜡剂(浓度2.5%左右)。

考虑到井口加热问题，新疆油田采油二厂在井口连续加药工艺上也使用了水基清防蜡剂，于2012年共使用97井次，2012年共异常热洗6井次、热洗6%、蜡卡3井次，蜡卡率3%，有效防蜡率97%。

1.5.1.4.3　固体防蜡器

固体防蜡器目前应用较少，在各个采油单位现场进行过试验。固体防蜡器主剂采用的是一种线型高分子聚合物，其可在原油中缓慢溶解，使原来呈卷曲状态的分子舒张开来，在低浓度时，形成遍及整个体系的网状结构。因其分子含有与石蜡分子相同的分子链节(CH_2-CH_2)，所以原油中析出的微蜡晶能被吸附在这些网格上，随油流把蜡晶带走，阻止或减少了石蜡结晶的聚集、长大、沉积过程，产生防蜡作用。固体防蜡器的作用是隔离和吸附蜡晶，通过阻止结蜡来实现防蜡。

优点是作业一次防蜡周期较长(一般长达2年左右)，成本较低。缺点是它对油品的针对性较强，其配方必须根据油井情况和原油析蜡点具体筛选。

新疆油田采油二厂从2004年9月开始引进14套固体防蜡器，分别在七西、八区乌尔禾等区块应用，最短防蜡周期20个月，最长防蜡周48个月。

1.5.1.5　微生物清防蜡技术

微生物清防蜡技术[59]是伴随着油田微生物学而发展起来的一项全新的油井清防蜡技术，一般认为微生物清防蜡的基本机理：

(1) 微生物以石蜡为碳源生长繁殖，产生大量的乙醇、乙醛和有机酸等，可降解和减少原油中的石蜡，使轻质饱和烃增多而重质饱和烃减少，降低原油黏度、凝固点，提高原油的流动性，并在金属表面黏附形成一层保护膜，减轻油管结蜡程度。

(2) 微生物代谢产生的脂肪酸、糖脂、类脂体等多种生物表面活性剂，可以和蜡晶发生作用而改变蜡晶状态，阻止蜡晶生长，降低原油中重组分的沉积。

(3) 微生物可自生黏附在金属表面上，在金属表面形成一层保护层，从而阻止蜡晶在金属表面生长。

由于微生物清防蜡施工是将菌液挤入井筒，不需要返出，因此对于结蜡较严重，井深较深，采用热力清蜡热洗液返出差、供液较好，具有一定的沉没度的油井比较适用。

目前微生物清防蜡工艺在新疆油田采油二厂、陆梁油田等生产单位得到了应用，取得了比较好的效果。采油二厂从2001年开始进行微生物防蜡试验，2003年以来一直在八区乌尔禾深井推广应用，截至2012年，有微生物防蜡井308口，占抽油井清蜡防总井数的10%，清防蜡效果明显。平均单井年节约清蜡费用1.18万元。

1.5.1.6　物理清防蜡技术

物理清防蜡技术[60]则是通过井下工具利用物理场(包括磁场、声场等)来抑制蜡的形成和黏附。目前新疆油田在用的物理清防蜡工艺主要有防蜡阻垢装置、空化耦合磁防蜡器等。

防蜡阻垢装置和空化耦合磁防蜡器两种装置的原理基本相同。主要部件包括声波发生器、高能强磁器，在声场、磁场的作用下，使产液的流速、流态、温度、压力、黏度等产生一系列物理变化，产生良好的油水乳化和蜡晶均匀分散，使蜡晶不易聚集长大和在油管壁面沉积，达到防蜡的目的[61]。

井下工具物理法防蜡工艺对于黏度较低(<100mPa·s，50℃)、供液较好(最佳5~80t/d)、不出砂的生产井具有较好的效果，尤其适用于解决返排不好、强水敏性储层油井的清防蜡问题。

目前防蜡阻垢装置和空化耦合磁防蜡器等井下工具在新疆油田的各个生产单位均有试验和推广，其中应用较多的是采油二厂。采油二厂从2007年开始试验防蜡阻垢装置和空化耦合磁防蜡器井下防蜡工具，到2012年底，实施防蜡阻垢装置178口井，热洗率13.5%，蜡卡1口井，蜡卡率0.5%，有效防蜡率99.5%。实施空化耦合磁防蜡器73口井，异常热洗12井次，热洗率16%，无蜡卡，有效防蜡率100%。

1.5.2　高气油比井防气技术

对于溶解气油比比较高的高饱和油藏，在生产过程中容易脱气，高气油比会降低泵效，严重时甚至会发生气锁。新疆油田通过气锚或者砂气锚、定压放气阀等配套技术提高了泵效，减少了气体影响。表1.55为典型防气工艺对比。

表1.55　典型防气工艺对比

技术	原理	指标
气锚	重力分离和离心分离	气液比一般小于3000
防气锁泵	(1)采用机械强制开启的游动阀以减小游离气对游动阀开启的影响； (2)采用气液置换的防气泵或采用两级压缩抽油泵则是降低压缩腔内的油气比来提高泵效	气液比一般小于300
定压放气阀	通过放气阀来控制液面高度，保证一定的沉没度，防止游离气进入泵中	

目前气锚的适应能力远强于防气泵，因此新疆油田在防气工艺上一般多采用气(砂)锚技术，很少采用防气锁泵。

在八区P_2w_1油藏对21口井的地面分气率进行对比测试，结果是无防气工具的井的平均分气率为49.9%，下气锚的井的平均分气率为85%。使用气锚的油井动液面平均下降了211.2m，产液量平均提高29.8%，而且油井示功图得到明显改善，完全消除了气体对泵效的影响。

2010—2013年，在八区530井区P_2w_1、八区P_2w_1、八区克拉玛依组(包括八区530井区T_2k_1、八区531井区T_2k_2)等气液比高的区块共使用各类新型气砂锚216井次，实践表明这种工具对于地层脱气严重的抽油井具有较好的适用性，平均提高泵效在10%以上。1998—2013年，各类防气工具使用合计1347井次，统计结果详见表1.56。

表 1.56　1998—2013 年防气工具使用统计表

序号	分项	年份	使用数量(套)	平均提高泵效(%)
1	三相分离器	1999—2013	1131	20
2	虹吸式气锚	2010—2013	155	18
3	大流道螺旋气砂锚	2010—2013	61	22
合计		—	1347	20

1.5.3　防腐、防垢技术

近年来，随着油井采出液的增多，含水量随之越来越高，油井的腐蚀、结垢问题日趋突出，使得卡泵、漏失、管杆腐蚀磨损等现象越来越严重，极大地影响了原油的正常生产，给油田带来巨大的经济损失[62]。井下腐蚀结垢主要是由于油井产液中的地层水富含硫化物，同时井筒内有硫酸盐还原菌存在。因此，根据现场存在的问题，新疆油田采取的主要措施是用防腐材质和化学缓蚀阻垢药剂，防治油井内含硫化合物及硫酸盐还原菌(SRB)的产生，达到了预期效果(表 1.57)。

表 1.57　防腐、防垢工艺对比

技术	优点	缺点
防腐抽油杆	下入井中，管理方便	(1)一次性投资大，是同级抽油杆的 2 倍； (2)配套的结箍等工具要求也具有防腐性能
缓蚀阻垢药剂	针对性强，可实行防腐防垢等多项功能	(1)加药周期不好确定，管理不方便； (2)运行费用高

彩南作业区对腐蚀、结垢比较严重的井主要采用投加防腐防垢棒的方式进行治理。治理方法主要是在进行井下作业时，检查抽油杆和油管，如果发现有腐蚀，在冲砂干净后，向井内投加防腐防垢棒。2009—2012 年，因腐蚀结垢造成井下管柱失效累计发生 96 井次，2005—2008 年发生 279 井次，相比减少 183 井次。典型井 C1035 应用效果对比：措施前，采出液中总铁含量为 10.0mg/L，二价铁含量为 9.0mg/L。采取防腐措施后，总铁、二价铁含量为 0.1mg/L，效果明显。

1.6　强水敏储层保护技术

1.6.1　新疆油田强水敏油藏概况

新疆油田各类储层的敏感性主要表现为水敏、盐敏和速敏。

(1) 砾岩油藏储层为复模态孔隙结构，黏土矿物含量以蠕虫状高岭石为主，速敏较强。同时由于泥质含量较高，孔喉小，水敏感性强。如克拉玛依砾岩油藏的克拉玛依组。

(2) 砂岩油藏通常都含有一定的地层微粒和水敏黏土矿物，因此存在程度不同的速敏和水敏伤害。低渗透和特低渗透油气藏一般孔喉小，基质渗透率低，泥质含量高，固相不易进入，液相进入难以返排和易引起黏土膨胀，易发生较严重的水锁和水敏伤害。临界盐度较高，大多为地层水矿物度。如莫北油田三工河组(J_1s)、西山窑组(J_2x)，准东地区的韭菜园组(T_1j)、梧桐沟组(P_3wt)，石西油田和陆梁油田的头屯河组(J_2t)，风城地区的乌33井区克下组(T_2k_1)以及车排子油田齐古组和八道湾组油藏等，见表1.58。

表1.58 主要敏感性油田分布及敏感性程度统计

油田名称	油藏名称	区块名称	速敏性	水敏性	盐敏性	体积流速敏感性
车排子油田	齐古组 J_3q	车2	非—弱	中—强	中等偏弱	强—中
	八道湾组 J_1b	车67		中等		弱—中等
乌尔禾油田	克下组 T_2k_1	乌33	无	中等偏强		中等偏强
石西油田	西山窑组 J_2x	石西2、石014	中等偏强	中		中
	三工河组 J_1s	石002	中等	中	强	中—强
		陆南1	中	中	中	强
莫北油田	三工河组 J_1s	莫北2、莫005、莫8、莫11、莫109	中等—弱	强—中等	强	强
		莫北9、莫北10、莫北11	强—极强	强—极强	中—强	中—强
陆梁油田	头屯河组 J_2t	陆9、陆15、陆22	中—强	中—强	中—强	中
	西山窑组 J_2x	陆9	强		强	
		陆12、陆11、陆13、陆22	中—弱	中—强	中—强	
彩南油田	西山窑组 J_2x	彩009、彩9井、彩10、彩参2、彩31		中—强	中—强	
北三台油田	梧桐沟组 P_3wt	北16、北20、北307、北31、北75、北83	弱—中等	强		弱—中等
沙南油田	韭菜园组 T_1j	沙丘3、沙丘5		中—强	中—强	
	梧桐沟组 P_3wt	沙丘3、沙丘5、沙109、沙112、沙114		中—强	中—强	
沙北油田	西山窑组 J_2x	沙19、沙20		中偏强	中偏强	
小拐油田	三工河组 J_1s	拐20	中偏强	中偏强	强	中偏强

(3) 高渗透和裂缝性油气藏因流动通道较大，固相颗粒可侵入很深，因此易发生较严重的固相堵塞损害。

对于敏感性伤害程度在中等偏弱的储层，开发过程中的保护措施一般采取常规储层保护技术，而对于敏感伤害程度超过中等的储层，要求在完井、注水、增产、修井过程中采取更加严格的储层保护措施。

1.6.2 完井、射孔过程中储层保护

完井过程包括钻井过程中从钻开目的层至固井结束以及固井以后射孔完井这两个部分，完井过程中常采用以下保护措施：

(1) 钻开目的层时采用防水敏的优质钻井液体系，保护储层，减少伤害，为充分解放油层创造条件。

(2) 对于射孔投产的井采用油管传输负压射孔工艺，减少射孔液对油层的伤害，改善油层产能。

(3) 针对中等偏强以上的水敏性油藏，如低渗透砂砾岩油藏，射孔过程中采用配伍性、防膨性能较好的射孔液。通常采用2%~4%的KCl防膨液或复合防膨射孔液以及具有改善储层渗透率性能的隐形酸射孔液。

1.6.3 注水过程中的储层保护

(1) 目前新疆油田已根据油藏特点，制定了13项注水水质标准。基本满足注水水质要求。

(2) 按照油藏工程设计的注水量注水，防止注水强度过大引起地层微粒运移。

(3) 对于中等偏强的水敏性油藏，注水井投注前采用防膨预处理措施，一般采用2%~4%的KCl防膨液，处理半径3~5m。

(4) 对于强—极强的水敏性油藏，在注水过程中全程添加防膨剂。采用段塞式或连续加防膨剂的方式，防膨剂的浓度为0.1%~0.5%。

1.6.4 增产过程中的储层保护

新疆油田采取主要增产措施以压裂为主，少部分井采用酸化措施。目前压裂液主要以水基压裂液为主，油基压裂液对于保护储层有较好的作用，但由于安全要求高、成本高、携砂性能低、施工压力高等问题使其使用范围较小。水基压裂液经过多年的发展，技术不断进步，形成了各种防膨水基压裂液体系，在敏感性油藏上也取得较好的效果。

(1) 压裂液与储层及流体配伍。防止滤液与黏土作用使黏土发生水化膨胀、乳化等。采用无残渣或低残渣压裂液，减少由固相堵塞引起的导流能力降低。

(2) 酸液与储层及流体配伍。防止酸敏矿物产生絮状或胶状沉淀物，或者原油中的沥青质与酸接触形成胶状沉淀，形成二次沉淀物，堵塞孔隙孔喉，造成伤害。

(3) 对于地层压力系数小于1.0的储层，压裂液和酸液体系应具有防滤失及助排性能，作业后及时返排，防止储层二次伤害。

1.6.5 修井过程中的储层保护

(1) 修井液采用对油层伤害少，配伍性好的压井液。大多数油藏采用2%的KCl防膨液作为修井液。强水敏储层采用4%~6%的KCl溶液。

(2) 压井液密度的选用主要按照《新疆油田公司井下作业井控实施细则》设计。根据地质设计提供的地层压力或地层压力当量密度值为基准资料，再加上一个附加值，该附加值的大小用下列方法确定：①油水井地层压力当量密度为0.05~0.1g/cm^{3}或增加井底压差1.5~3.5MPa。②气井地层压力当量密度为0.07~0.15g/cm^{3}或增加井底压差3.0~5.0MPa。

确定压井液密度时，同时考虑地层压力大小、油气水层的埋藏深度、钻井时的钻井液密度、井漏情况、井控装置、套管强度、井内管柱结构、作业特点和要求等。

(3) 修井作业后及时返排，采取抽汲等措施。

(4) 应用不压井作业技术，避免工作液对油层的伤害。

1.6.6 采油过程中的储层保护

(1) 按照油藏工程要求在合理生产压差下生产，防止采油速度过大造成油层中微粒发生运移，引起油井出砂。

(2) 油井热洗清蜡时，采用短路热洗管柱或单流阀等，防止清洗液进入地层。

(3) 各种缓蚀剂、防垢剂或防蜡剂等与储层及流体配伍，防止储层二次伤害。

1.7 超深油藏作业技术

目前新疆油田的超深油藏主要分布在莫北油田三工河组油藏、石西油田石炭系油藏、乌夏断裂带风城组深层火山岩油藏等。由于油藏埋深超过4000m，同时具有高温、高压特点，对完井管柱、井口、举升、注水、措施管柱等采油设备，以及增产措施、井下作业中的各种工作液的耐温、耐压性能方面都有较高要求。

目前新疆油田深井作业技术应用较成熟的主要有深井联作技术、深井压裂、酸化技术，并已形成了耐高温高压的压裂液和酸液体系。深井分注、深井举升技术还需要发展和完善。

1.7.1 新疆油田超深油藏概况

(1) 莫北油田三工河组油藏。

莫北油田为受岩性、边底水等控制的岩性、构造油藏。莫116三工河组油藏中部埋藏深度为4229.04m，原始地层压力为40.75MPa，压力系数为0.97，地层温度为103.65℃，地温梯度为2.16℃/100m。油层孔隙度为12.5%，渗透率为7.7~20.1mD，为低孔隙度低渗透率储层。

(2) 石西油田石炭系油藏。

石西油田石炭系火山岩油藏属深层、低渗透、裂缝性、块状底水、挥发性未饱和油藏。中部深度为4385.7m，地层温度为121℃，原始地层压力为65.21MPa，饱和压力为32.4MPa。压力系数为1.49，属异常高压油藏。油层主要受次生孔隙、微裂缝、断层及风化壳控制，为裂缝—孔隙双重介质油藏，采取天然能量衰竭式开发。

(3) 乌夏断裂带风城组深层火山岩油藏。

随着勘探力度的加大和油气勘探技术的进步，发现的深层火山岩储层越来越多。以乌夏断裂带风城组为代表的深井油藏正逐步投入开发。以位于乌夏断裂带的夏72井区风城组油藏为例，油藏中部深度为4817m，压力系数为1.73，属于深层异常高压系统，地层温度为114℃。储层渗透率低，平均0.61mD。储层岩性为灰白色气孔状流纹质熔结凝灰岩、火山角砾凝灰岩。主要储集空间类型为原生气孔，伴有裂缝，岩性致密，抗张强度高，地应力为83~98MPa。

(4) 莫索湾地区石炭系油藏。

典型井莫深1井，完钻井深7500m。该井石炭系C(7134.0~7160.0m)，油层中深7147m，地层压力为132.932MPa，地层压力系数为1.8966，渗透率为0.02696mD。井深

7078.63m 处实测地层最高温度为 175℃。

(5) 准噶尔盆地南缘西湖背斜侏罗系油藏。

典型井西湖 1 井，为超深风险探井，完钻井深 6268m。该井在 J_3q 层(井段 5996.0~6018.0m)，地层压力为 132.271MPa，渗透率为 0.01403mD。在井深 5943.67m 处实测地层最高温度为 136.829℃。

1.7.2 深井联作工艺技术

各种射孔、压裂、转抽、测试联作技术，可以减少深井、超深井投产作业工作量，可加快油井投产时间，节省作业费用，避免油层因压井作业而导致的二次伤害，降低作业风险。目前新疆油田应用的联作管柱主要包括：射孔、压裂、转抽一体化管柱。

(1) 西湖 1 井射孔压裂联作管柱。

西湖 1 井在试油压裂时，采用射压联作工艺。考虑到在超高温高压超深井中作业，为确保安全，井下管柱及测试工具全部采用进口件，同时在射孔—压裂联作管柱中加设了丢枪接头。井下管柱组合自上而下为：136MPa 采气井口、ϕ101.6mm TN110SS 气密封油管调整短节、ϕ114.3mm B110 气密封油管、ϕ88.9mm TN110SS 气密封油管组合、ϕ73.0mm TN110SS 气密封油管组合、加强型 RD 循环阀、ϕ103.1mm RTTS 封隔器(改进型)、减振油管、机械减振器、丢枪接头、点火头、射孔枪组。

(2) 莫深 1 井射孔测试联作管柱。

莫深 1 井在试油时，考虑到测试在高温、高压超深井中作业，为确保安全，井下管柱及测试工具全部采用进口件，同时在射孔—测试联作管柱中增加设了丢枪接头。井下管柱组合自上而下为：136MPa 采气井口、ϕ101.6mm TN110SS 气密封油管+ϕ88.9mm TN110SS 气密封油管+73.0mm TN110SS 气密封油管组合、加强型 RD 安全循环阀(19K 破裂盘)、加强型 RD 循环阀(22K 破裂盘)、ϕ103.1mm RTTS 封隔器(改进型)、电压托筒、筛管、机械减震器、丢枪接头、点火头、射孔枪组。

1.7.3 深井储层改造技术

超深井的增产改造是油气藏勘探由浅层向深层发展的重要手段之一。超深井地层具有超高温、高地应力和高孔隙压力的特点，它影响岩石力学性质、孔隙度及渗透率，使得施工中具有施工泵压高、施工参数受限、施工排量难以提高、提高砂比困难以及人工排液困难等特点，因此超深井压裂难度比普通井更大，成功率更低[64]。

超深井压裂的难点主要存在以下几个方面：(1)储层渗透条件差，地层应力高，井底破裂压力高，管柱沿程摩阻高，造成井口施工泵压高。(2)施工方式选择性差，需要考虑套管保护，只能选择油管进液的单一压裂方式，为降低摩阻常选 ϕ88.9mm 油管。施工参数受限，为防止沿程摩阻过大，施工排量很难提高。(3)对压裂材料性能要求高。

目前针对高闭合应力致密储层改造，形成了以加重压裂液体系、延迟交联技术及与之配套的压裂工艺设计方案为主的高闭合应力致密储层改造技术。

1.7.3.1 压裂技术

西湖 1 井是新疆油田迄今压裂施工最深井(6139~6160m)，施工压力最高(最高施工压力118MPa)，温度最高(140℃)。

压裂策略：(1)小型酸化降低破裂压力；(2)加重压裂液(1.21g/cm^3)降低液柱压力；(3)压裂液高温耐剪切；(4)延迟交联技术(交联时间200s)降低管路摩阻；(5)多级前置段塞工艺打磨裂缝；(6)高排量、大管径油管注入。

2010年11月30日，施工用瓜尔胶液421.9m^3(瓜尔胶391.7m^3、胶联液30.2m^3)，段塞加入粒径为0.45～0.9mm的高密高强奥杰覆膜陶粒5.0m^3，主压裂加粒径为0.45～0.9mm的高密高强奥杰覆膜陶粒35.0m^3，加砂比为22.90%。

1.7.3.2　高温压裂液技术

"十一五"期间，新疆油田着力研究开发各类新型的低伤害压裂液体系，自生热增能压裂液，酸性疏水缔合物压裂液、羧甲基瓜尔胶压裂液(酸、碱体系交联)等进入现场应用，已形成了耐温140℃的高温缓交联压裂液体系。

(1) 高温缓交联压裂液。

对于深井，采用缓交联技术以防止因压裂液过早完全交联造成较高的摩擦压力和剪切降解，降低摩阻以避免过高的施工压力[65]。缓交联技术的最长交联时间可达240s。对缓交联压裂液体系进行破胶实验，在100℃的条件下，加入一定量的破胶剂，1.5h后即完全破胶，破胶液表观黏度为2.49mPa·s，表面张力为52.1mN/m，符合SY/T 6376—2008水基压裂液通用技术指标。对深井采用缓交联压裂液，可以降低管柱摩阻，从而降低施工初期破裂压力，确保储层压开，降低施工难度，保护压裂设备。表1.59给出了井深4000m，压裂管柱内径62mm，流型指数$n=0.43$，稠度系数$K=1.8\times10^3$mPa·s^{n}条件下计算出的采用不同压裂液时的管柱摩阻和井口破裂压力对比。从中可以看出，采用缓交联压裂液可以明显降低井口破裂压力。

表1.59　采用缓交联压裂液和普通压裂液管柱摩阻计算对比

排量(m^3/min)	缓交联压裂液		普通瓜尔胶压裂液	
	摩阻(MPa)	井口破裂压力(MPa)	摩阻(MPa)	井口破裂压力(MPa)
2	13.7	49.7	19.6	55.6
3	25.9	61.9	37.5	73.5
3.5	33	69	48.1	84.1
4	40.8	76.8	59.6	95.6
4.5	49.1	85.1	72.1	108.1

(2) 高温加重压裂液。

加重压裂液是在压裂液中加入盐类加重剂，通过增加液体密度来增大液柱压力，从而实现降低施工压力的目的。最高可以配制密度为1.49g/cm^{3}的加重压裂液。原液配方为：0.55%HPG+33.3%B+0.04%KNF+1%(OPR-1)+0.006%NaOH，交联剂：0.8%YGB+1.0%HT，在交联时间147s下可以挑挂，在140℃下，剪切速率设定为107s^{-1}，以HAAKEMARS旋转黏度仪测定压裂液的黏度，经过3h的剪切后保留黏度在150mPa·s以上。在不同温度下加重瓜尔胶压裂液的性能实验和破胶实验结果表明(表1.60)，其破胶液表面张力均小于28mN/m，原油与压裂液破胶液按比例混合摇匀，在140℃下未发生乳化现象。

表1.60　加重瓜尔胶压裂液性能实验结果

温度(℃)	135	140
K(mPa·s^n)(5min内)	0.6507	0.6401
n(5min内)	0.7856	0.7846
破胶时间(min)	500	690
表面张力/(mN/m)	24.3	25.7
残渣/(mg/L)	465	466

表1.61是西湖1井采用6000m×90.1mm油管在不同排量和密度下地层破裂时井口所需的施工压力。根据计算可知，不加重压裂液，在排量达到4.0m^3/min下，为保证压开地层，要求井口压力达到95.2MPa以上，而压裂液加重到1.49g/cm^{3}时，仅需72.1MPa井口压力就可以压开地层，降低了施工压力32.1MPa。由此可见，对深井采用加重工作液的方法，不但对于降低施工初期破裂压力，确保储层顺利压开，而且对于裂缝延伸降低施工难度，都有着重要意义。

表1.61　西湖1井采用不同密度压裂液时计算的井口破裂压力

密度(g/cm^3)	不同排量时的井口破裂压力(MPa)				
	2.0L/min	3.0L/min	3.5L/min	4.0L/min	4.5L/min
1.02	83.2	88.6	91.7	95.2	98.9
1.20	72.9	78.9	82.5	86.4	90.6
1.30	67.2	73.6	77.4	81.5	86
1.49	56.3	63.4	67.6	72.1	77

(3)高温缓释胶囊破胶剂。

水基压裂液冻胶注入地层后，液体大量滤失会使支撑裂缝内聚合物的浓度大大增加，在支撑裂缝壁面形成致密的滤饼，会封堵储层孔隙喉道，阻碍压裂施工后流体的径向流动，只有破胶剂用量足够大，才能使高浓度聚合物和滤饼彻底降解，减小对地层的伤害[66]。但在高温下，加大破胶剂用量会使冻胶压裂液黏度很快下降，携砂能力减弱，滤失加大，使用缓释胶囊破胶剂，可从根本上解决压裂液携砂与破胶的矛盾。

(4)酸化预处理降低破裂压力。

酸化预处理[65]就是在压裂施工前根据岩粉酸蚀实验，在地面用高压泵车，通过管柱向地层注入一定浓度的酸液体系，目的在于降低地层的破裂压力，从而为后续的加砂压裂施工降低难度。向地层注入酸液，溶解地层中的可溶物质，在微观上改变岩石的物理性质(如储层矿物成分含量、孔隙结构、胶结强度和渗透率)；酸液与矿物成分的化学反应，破坏井眼附近地层岩石结构，在宏观上改变岩石力学参数(如杨氏模量、泊松比等)，从而达到降低地层破裂压力的目的。表1.62为西湖1井岩心酸化前后地层破裂压力对比情况。

表1.62 西湖1井岩心酸化前后地层破裂压力对比情况

井深(m)	酸化前			酸化后			
	杨氏模量(GPa)	泊松比	破裂压力(MPa)	杨氏模量(GPa)	泊松比	破裂压力(MPa)	破裂压力降值(MPa)
6103.75	35.13	0.27	127.4	34.82	0.26	116.3	11.1
6145.5	32.08	0.27	127.5	29.4	0.25	108.5	19
6099.6	22.56	0.29	126.7	19.7	0.26	114.6	12.1

1.7.3.3 深井压裂管柱

目前新疆油田已具备140MPa以内的压裂施工能力。超深井的井口选择的耐压级别为70MPa，105MPa和140MPa。通常是依据假定井筒全为气柱时计算出的井口压力选择相应级别的井口，其敏感参数是油藏深度以及油藏压力。措施时的套管压力也是影响井口耐压级别选择的重要因素。以夏72井区和石西石炭系为例，石西石炭系储层采取酸化或酸压措施便可以达到改造目的，而夏72井区风城组油藏需要采取加砂压裂方式。携砂压裂风险较高，特别是对于高温、高压、多天然裂缝的深层火山岩储层。表1.63为新疆油田超深井典型油藏井口选择情况。

表1.63 新疆油田超深井典型油藏井口选择情况

区块	中部深度(m)	油藏压力(MPa)	计算井口压力(MPa)	选择井口耐压(MPa)
石西石炭系	4372	65.38	47.5	70
夏72井区风城组	4817	83.12	58	70
西湖1井	6160	132	103.35	138

压裂管柱选择时，既要考虑满足压裂施工时强度要求，又要有效降低施工摩阻、减少施工时井口压力，满足排量需求。为降低摩阻及井口施工泵压，深井压裂常选 ϕ88.9mm油管，对于更深的井，甚至要采用更高强度、更大管径的组合管柱(表1.64)。

表1.64 新疆油田超深井典型油藏压裂施工管柱优化组合情况

区块	中部深度(m)	管柱结构	排量(m^3/min)	破裂时井口泵压(MPa)
莫116	4229.04	ϕ88.9mm+ϕ73mm P110平式油管	2.5~4.0	64.2~88.2
夏72井区风城组	4817	全井段 ϕ88.9mm P110外加厚	3.5~4.0	85.2~95
西湖1井	6160	4½in×9.65mm P110+4½in×8.56mm P110+2⅞in×5.51TN-110SS	3~4.3	104

1.7.4 深井酸压工艺

新疆油田针对储层的酸压改造中存在的酸液滤失严重、高闭合应力下酸蚀裂缝易闭合、酸蚀裂缝导流能力降低快的问题，近年来着力推广交联酸酸压工艺。交联酸技术[67]通过开发酸性条件下可交联的稠化剂和交联剂，使酸液形成类似压裂液冻胶的高黏度状态，具有良好的降滤失、耐温耐剪切性能，具备优良的携砂能力。交联酸携砂压裂技术将水力压裂与酸压技术的优点相结合，能够形成比酸压更长的裂缝，压裂砂的加入使该工艺能够形成长期高导流能力的支撑裂缝，酸液又可以改善基质渗流能力，从而能够实现提高储层改造效果的目的。

新疆油田成功地将交联酸携砂压裂技术应用于石西石炭系深层、高温的裂缝型火山岩储层。SH1132 井曾先后 4 次进行酸处理，2005 年 4 月的常规酸压效果暴露出适应性已经降低，产量很不稳定，而后采用交联酸携砂压裂。措施后 ϕ3mm 油嘴日产液 12t、日产油 3t；并且截至 2007 年 11 月，采用 ϕ3mm 油嘴产液 11. 2t/d、产油 8. 1t/d 维持稳定生产。表 1. 65 为 SH1132 井酸携砂压裂施工参数。

表 1. 65　SH1132 井酸携砂压裂施工参数

井号	注入液量(m^3)				最高泵压(MPa)	排量(m^3/min)	累计加砂(m^3)
	前置压裂液	前置交联酸	携砂交联酸	顶替液			
SH1132	63. 1	28	110. 9	18. 3	83	2. 5～3. 2	15. 6

1. 7. 5　深井酸液体系

针对超深(5500m 以上)、高温(120℃以上)、裂缝—溶洞型储层的酸压改造，从酸液的缓速、降滤失性能出发，以提高酸液在缝洞型储层的穿透深度为主要目的，先后开展了胶凝酸、低摩阻乳化酸、表面活性剂缓速酸、变黏酸、冻胶酸几大类酸液体系的研究，并获得较好的应用效果。

裂缝型火山储层的酸压改造，首要是解决酸液的滤失问题[68]，对石西、北三台地区的高温、深层石炭系，还要加强酸液的缓速性能，从而提高酸液的作用距离。围绕这两点，在酸液体系方面，主要研究形成了低摩阻、降滤失、缓速性能好和低伤害的胶凝酸、表面活性缓速酸为主的酸液体系，满足了石炭系储层酸压需求。根据需要，胶凝酸的常温黏度可达到 20mPa · s 以上，表面活性缓速酸的黏度可达到 30mPa · s 以上，酸液的各项性能指标都满足裂缝型储层保护的需要。

如莫深 1 井深井酸液的三大关键是缓蚀、加重和溶蚀，其中缓蚀尤为重要，因为 180℃下酸液对井下管柱的腐蚀非常严重，而且复配酸液的腐蚀往往要高于单剂评价结果，更严重的是加重酸液也会大大加剧腐蚀。因此，综合腐蚀性能评价、加重技术和溶蚀实验的结果进行酸液配方优选。

针对莫深 1 井这类高温高压深井的酸型及酸液浓度，经研究推荐的酸液配方为：工业纯盐酸+新型酸液加重剂(密度 1. 93g/cm^3)+氯化钙溶液(密度 1. 26g/cm^3)+乙酸+6. 0%高温缓蚀及增效剂+1. 0%铁离子稳定剂+0. 02%高效降阻剂+1. 0%黏土稳定剂+1. 0%破乳剂+0. 5%助排剂。复配酸液的盐酸浓度为 7. 0%，乙酸浓度为 3. 0%，密度为 1. 36g/cm^3。

通过研究，形成了能满足莫深 1 井这类高温高压深井酸化需要的高密度耐高温酸化工作液，突破了目前酸化工作液耐温 180℃、密度 1. 3g/cm^3的极限，达到了耐温 200℃、密度 1. 5g/cm^3以上的指标，基本达到了腐蚀速度低于 100g/(m^2 · h)的要求，液流摩阻与清水摩阻之比不大于 40%。

新疆油田已形成了火山岩储层酸化酸压酸液体系，满足了新疆油田火山岩储层及碳酸盐岩含量较高储层的酸化酸压技术需求。

表 1.66　新疆油田火山岩储层酸化酸压酸液体系

酸液名称	酸液特点	适应储层类型	应用情况
胶凝酸体系	通过盐酸、土酸中添加高分子胶凝剂增加酸液黏度，从而降低酸液滤失、提高缓速性能，并具有良好的降阻性能	适用于裂缝型储层的深部酸化酸压处理	全面应用于新疆油田火山岩、云化岩储层的酸化酸压改造
表面活性酸体系	通过在盐酸、土酸中添加表面活性剂实现增黏，实现降滤失、缓速、降阻的同时，具有“零伤害”的特点	适用于敏感性强、裂缝型储层的改造。	全面应用于新疆油田火山岩、云化岩储层的酸化酸压改造
交联酸体系	盐酸体系中加入特种胶凝剂、交联剂，从而使酸液形成“冻胶”起到降滤失缓速及酸液携砂压裂的目的	适用于强滤失、碳酸盐岩含量较高储层的酸压及携砂压裂作业	在石西石炭系进行了现场试验，获得成功

1.8　出砂油藏防砂技术

目前，新疆油田各油区稀油井的防砂工艺主要采用机械防砂方法，部分油区采用了树脂砂压裂防砂技术。机械防砂对地层的适应能力强，无论是稠油还是稀油、产层厚薄、渗透率高低、夹层多少都能有效地实施。机械防砂成功率高，同时相对成本较低，目前应用十分广泛。

新疆油田目前应用的机械防砂方法有：割缝衬管、绕丝筛管、冲缝筛管或胶结成型的滤砂、双层或多层筛管、防砂管柱等多种类型；不同的类型对不同的油层具有一定的适应性。

新疆油田一般出砂的稀油井采用泵下悬挂防砂管柱技术即可满足生产需要。而疏松砂岩油藏地层胶结疏松、强度低，通常在试油阶段即表现为地层出砂，因此防砂工艺应立足于先期防砂，主要采用了绕丝筛管砾石充填防砂工艺和割缝筛管完井预防砂技术进行先期防砂完井。

树脂砂压裂防砂技术主要应用于准东采油厂出砂区块，特点是防砂范围广，有效期长。

1.8.1　疏松砂岩油藏出砂预测方法

1.8.1.1　按孔隙度预测

地层的孔隙结构与地层的胶结强度有关，胶结强度大小与储层的埋深、胶结物的种类、胶结方式、地层颗粒尺寸与形状密切相关。表示胶结强度的物理量就是地层强度。一般来说，地层埋藏越深、孔隙度越小，地层强度就越高。泥质胶结的胶结强度较差。研究表明，地层岩石孔隙度大于 30%时，极易出砂；孔隙度为 20%～30%时，地层出砂较轻，但需考虑防砂；孔隙度小于 20%时，地层基本不出砂。

1.8.1.2　按声波时差预测

根据地层声波时差(Δt_c)进行出砂预测，是目前油井出砂预测的常用方法之一。

地层声波时差越大、地层孔隙度越高，表明地层越疏松，生产中越易出砂[69]。国内外资料和现场应用经验均表明，Δt_c临界值在295μs/m左右，大于此临界值时，油井必须采取防砂措施。

1.8.1.3 按出砂指数预测

出砂指数法[70]是利用测井资料中的声速及密度等有关数据计算岩石力学参数，采用组合模量法计算地层的出砂指数，从而进行出砂预测的一种方法。地层的岩石强度与岩石的剪切模量(G)、体积模量(K)有良好的相关性，且均为测井资料中声波、密度、井径、泥质含量等参数的函数。出砂指数与岩石的组合模量关系为：

$$B=K+\frac{4}{3}G=\frac{E}{3(1-2\mu)}+\frac{\rho_r}{\Delta t_c^2} \tag{1.23}$$

式中 B——出砂指数，无量纲；

ρ_r——岩石密度，kg/m^3；

Δt_c——地层声波时差，μs/m。

B值越小表明岩石强度越低，地层越容易出砂。其判定标准为：

(1) 当出砂指数B大于2×10^4MPa时，在正常生产中油层不会出砂；

(2) 当出砂指数B大于1.4×10^4MPa但小于2×10^4MPa时，油层轻微出砂；

(3) 当出砂指数B小于1.4×10^4MPa时，油井生产过程中出砂量较大。

1.8.1.4 “C”公式法

当岩石的抗压强度小于最大切向应力时，地层岩石不稳定，将会引起岩石的破坏而出骨架砂。

“C”公式：

$$C\geqslant\sigma_{max} \tag{1.24}$$

垂直井：

$$\sigma_{max}=2\left[\frac{\upsilon}{1-\upsilon}(10^{-6}\rho gH-p_s)+(p_s-p_{wf})\right] \tag{1.25}$$

水平井：

$$\sigma_{max}=\frac{3-4\upsilon}{1-\upsilon}(10^{-6}\rho gH-p_s)+2(p_s-p_{wf}) \tag{1.26}$$

式中 C——产层岩石抗压强度，MPa；

σ_{max}——井壁岩石承受的切向应力，MPa；

υ——岩石泊松比；

ρ——上覆岩石平均密度，kg/m^3；

g——重力加速度，m/s^2；

H——产层中部深度，m；

p_s——原始油藏压力，MPa；

p_{wf}——井底生产流压，MPa。

1.8.1.5 实例

车89井区沙湾组储层胶结疏松，强度低，孔隙度平均为21.05%，渗透率平均为2092.90mD。

从表1.67中可以看出，车89井区声波时差Δt_c大于临界值295μs/m，出砂指数都在1.0×10^4MPa以下，属于严重出砂的范围。最大切应力与井斜角的关系显示，井斜角越大时，地层最大切向应力越大，地层更易出砂。

表1.67 车89井区沙湾组油藏出砂预测表

区块	井号	射孔井段(m)	层位	声波时差(μs/ft)	出砂指数(10^4MPa)	出砂预测
车89	车89	950~1100	沙湾组	90~170	0.9	出砂
	CHD8901	1050~1105	沙湾组	110~170	0.7	出砂
	CH8906	980~1050	沙湾组	90~130	1.0	出砂

1.8.2 疏松砂岩油藏防砂技术

1.8.2.1 泵下悬挂防砂管柱技术

泵下悬挂防砂管柱技术常用于一般出砂井的防、排砂，类似于防、排砂泵技术，不控制油层出砂。防砂原理基于过滤，主要用来阻止油层骨架内的浮砂大量进入泵筒，减少卡泵的可能性。广泛应用于出砂较少的稀油井及部分稠油井。

泵下悬挂的防砂管通常采用绕丝筛管、金属纤维管、割缝筛管、冲缝筛管及陶瓷滤砂管等。

该技术施工操作简单、价格低廉。但过流面积小，滤砂管容易被地层砂堵塞，不能阻止地层砂进入井筒，有效期短。该技术适用于中、粗砂岩地层(D_{50}>0.1mm)，不适用于出泥质细粉砂的出砂井和高黏出砂井。

目前新疆油田采油一厂、石西油田作业区、陆梁油田作业区、百口泉采油厂等稀油井普遍采用该技术进行油井泵前过滤防砂。

以准东采油厂抽油泵下悬挂绕丝筛管为例。绕丝筛管防砂工艺是在泵尾安装绕丝筛管。绕丝筛管的缝隙最小为0.1mm，只易防止中、粗砂岩地层($D_{50}\geqslant$0.1mm)的地层砂进入泵筒，避免造成泵被砂卡，影响油井正常的生产。

表1.68 绕丝筛管规格

公称尺寸(mm)	筛管尺寸，mm		中心管		螺纹
	外径	内径	外径		
			in	mm	
φ63	73	63	$2\frac{3}{8}$	60.3	$2\frac{3}{8}$TBC
φ74	89	74	$2\frac{7}{8}$	63	$2\frac{7}{8}$TBC
缝隙尺寸(mm)：0.1，0.15，0.2，0.25，0.30，…，3，可任意调整					
筛管直径在33~500mm，长度在1~6m					

准东采油厂在台 25 和台 47 两口井开展的泵下悬挂绕丝筛管防砂技术应用情况显示，绕丝筛管挡砂效果好，油井砂卡现象得到改变(表 1. 69)。

表 1. 69　绕丝筛管应用后油井生产情况

井号	液量(t)	含水(%)	生产状况	有效时间(d)	备注
台 25	1. 6	94	目前调关	3	3 月 16 日起抽
台 47	10. 1	48	生产正常	303	3 月 24 日起抽

1. 8. 2. 2　绕丝筛管砾石充填防砂工艺技术及应用

绕丝筛管砾石充填是指对套管射孔完成井，正对出砂地层下入绕丝筛管，然后泵入砾石砂浆于筛管和井眼环空，对井筒内的筛管与套管之间的环空进行砾石充填，利用砾石的桥堵作用来阻止地层砂运移，而充填砾石又被阻隔于筛管周围，形成多级挡砂过滤屏障，保证油流沿充填体内多孔系统经过筛管被源源不断地举升至地面，而地层砂被控制在地层内，实现油井长期生产而又不出砂或轻微出砂，达到防砂的目的。

优点：渗流面积大，多级过滤对地层、油井适应性好，有效期长。

缺点：施工费用较高，且施工后井内留有物件，油井大修时常需取出。

绕丝筛管砾石充填防砂工艺适应性强，应用广泛，由于防砂机理是基于多级过滤，对细、中、粗砂岩，直井、定向井、热采井均可应用，但不适用粉细砂岩，因极细的地层砂可能逐渐侵入充填体内造成堵塞而使防砂失效。填砂粒径及绕丝缝隙根据油层砂粒度中值确定。充填砾石粒径一般取油层砂粒度中值的 5~6 倍，绕丝缝隙取最小砾石直径的 1/3~1/2。

以车 89 井区新近系沙湾组油藏直井及定向井绕丝筛管砾石充填为例。

充填砾石选择：充填砾石的质量直接影响防砂效果及完井产能，因此，砾石的质量控制十分重要。砾石质量包括以下参数[5]：

(1) 砾石粒径，一般选取油层砂粒度中值 d_{50} 的 5~6 倍，车 89 井区选取砾石粒径为 0. 6~1. 2mm。

(2) 砾石尺寸合格程度，大于要求尺寸的砾石质量不得超过砂样的 0. 1%，小于要求尺寸的砾石质量不得超过砂样的 2%。

(3) 砾石的球度和圆度，要求都大于 0. 6。

(4) 砾石的酸溶度。在标准土酸(3%HF+12%HCl)中土酸的溶解质量不得超过 1%。

绕丝筛管缝隙尺寸的选择：绕丝筛管应能保证砾石充填层的完整。故其缝隙应小于砾石充填层中最小的砾石尺寸，一般取为最小砾石尺寸的 1/2~2/3。车 89 井区油井所选绕丝筛管缝隙为 0. 3~0. 35mm。

车 89 井区沙湾组油藏直井及定向井采用绕丝筛管砾石充填防砂工艺进行先期防砂，现场成功应用 16 口直井、4 口定向井，防砂施工一次成功率 100%，防砂有效期最长达 420 天，平均防砂有效期 316 天，目前仍正常生产。

1. 8. 2. 3　割缝筛管完井预防砂技术

割缝筛管完井预防砂技术是一种先期防砂技术，应用在储层胶结过于疏松，钻井取心判断可能严重出砂的新井。这种防砂工艺是在钻井时将防砂筛管正对油层挂接在套管上。

防砂机理是在筛管外形成防砂砂拱，阻止骨架砂的排出。由于这种完井方式操作简单、方便、成本低，在水平井中使用较普遍。

优点是割缝筛管防砂工艺井身结构简单、完井速度快、操作方便、成本低。

缺点是割缝筛管材料通常是碳素结构钢，耐腐蚀性差，尤其是缝隙尺寸易受腐蚀而变大，从而使防砂有效期缩短，且缝眼易被细纱堵塞或磨损。

该技术适用条件[71]通常有以下几点：

(1) 地质条件。割缝缝眼宽度最小为0.3～0.5mm，因此只适用于疏松中粗砂地层，不能用于细和粉细砂地层以及泥质低渗透地层，泥质含量高时易堵塞割缝缝眼。

(2) 生产条件。适用于斜井、垂直井、常规套管射孔完井和水平井裸眼完井；不适用于热采井、严重出砂井、高产井。

(3) 产出液条件。不能用于产出液黏度高和有腐蚀性的井，高黏度造成较大压力损失，影响产能。割缝尺寸易受腐蚀而变大，缩短防砂有效期。

割缝筛管缝宽通常有下列设计原则：一是基于形成砂桥来控制地层砂的割缝筛管缝宽设计原则；二是基于完全阻止地层砂移动的割缝筛管缝宽设计原则[72]。

(1) 形成砂桥的设计原则。

筛管的防砂机理是允许一定大小的，能被油气携带至地面的细小砂粒通过，而把较大的砂粒阻挡在衬管外形成“砂桥”达到防砂的目的。由于“砂桥”处流速较高，小砂粒不能停留在其中。砂粒的这种自然分选使“砂桥”具有较好的流通能力，同时又起到保护井壁骨架砂的作用。

割缝筛管防砂的关键在于确定缝口宽度。当不用砾石填充层挡砂而使用割缝筛管直接进行防砂时，割缝筛管的缝宽必须根据阻挡的地层砂大小合理选择。我国学者为了提高形成砂桥的概率，依据实验研究，选择割缝宽度为：

$$\delta \leqslant 2D_{10} \tag{1.27}$$

式中 δ——割缝筛管缝宽；

D_{10}——岩石粒度累积分布图上累积10%对应的粒径。

上述选择割缝宽度选择公式也表明，在砂桥形成以前，允许地层砂通过割缝筛管，只有当砂桥形成以后，才能有效地挡住地层砂通过割缝筛管。这就表明：占砂样总重量为90%的细小砂粒允许通过缝眼，而占砂样总重量为10%的大直径承载骨架砂不能通过，被阻挡在筛管外面形成具有较高渗透率的“砂桥”。

但是这种砂桥不稳定，随着生产参数的变化而破坏。

(2) 完全挡住某一粒径地层砂的设计原则。

对于出砂较严重的油(水、气)井，最好是采用能够完全挡住某一粒径地层砂的割缝筛管，即割缝筛管的缝宽小于或等于部分地层砂粒径：

$$\delta \leqslant D_x \tag{1.28}$$

式中，D_x为防砂开采前第一次冲出砂的砂样中某一质量百分比的地层砂粒径。一般选择粒度分布曲线D_{50}对应的粒径δ。

以车89井区沙湾组油藏水平井割缝筛管完井为例。该区地层胶结疏松，较易出砂。

根据粒度分析数据，确定割缝管参数时采用了形成砂桥的“D_{50}”原则进行参数设计。

确定水平井筛管的缝宽为 0.35mm，割缝参数如下：

基管采用 ϕ139.7mm×9.19mm 套管。割缝采用平行方向交错缝排列。

① 缝宽：0.35±0.05mm；

② 缝长：70mm；

③ 间隔：30mm；

④ 缝数：36 条/周，360 条/m；

⑤ 每根割缝管长度：9.5~11.5m；

⑥ 两端各留 300~500mm。

车 89 井区沙湾组油藏水平井主要采用割缝筛管完井预防砂技术，该技术简单实用，已在现场成功实施了 3 口水平井，取得了良好的防砂效果。

1.8.2.4 树脂砂压裂防砂技术

树脂砂压裂防砂技术是在压裂过程中先对疏松砂岩地层进行改造，加砂过程中先加入普通的石英砂进行裂缝支撑，在加砂后段用树脂砂进行封口，这样可以防止或减缓岩石结构破坏，降低流体对地层颗粒的冲刷和携带能力。该技术既能防砂又能改造油藏，达到增产的目的。

树脂砂是在筛选好的石英砂表面，涂敷一层能够耐高温的树脂粘合剂，制成常温下呈分散粒状的树脂覆膜砂。施工时在泵入石英砂后期将树脂覆膜砂尾追泵入油层，在油层温度和压力下，树脂粘合剂交联固化，在井底附近形成一个渗透率较好且具有一定强度的挡砂屏障，以达到防止地层出砂的目的[73]。

特点是渗流面积大，对油井适应性好，有效期长。但施工费用较高。

该技术由于防砂机理是基于多级过滤，对细、中、粗砂岩，直井、定向井均可应用，目前在冷采井(温度 20~120℃)应用效果良好，在热采井有待于进一步试验研究。

树脂砂粒径为 20 目~40 目。由于树脂砂价格昂贵，压裂完全使用树脂砂不经济。因此，在工程应用上必须选择石英砂与树脂砂组合比例，才能保证又经济又有相对较高的导流能力。树脂砂占的比例越大，在高闭合压力条件下导流能力液越大，而且下降的速度也越慢。要获得较高的导流能力，可以在经济范围内适当增加树脂砂的比例。通过试验对比，选用 80%石英砂+20%树脂砂时导流能力较高，维持时间也较长。

2013—2015 年间，新疆油田公司准东采油厂先后在出砂的北 10 井区、台 13 井区和吉 7 井区实施防砂压裂 125 井次，防砂施工一次成功率 100%，压后一直有效，以台 15 井为例，防砂压裂前四个月，检泵三次，防砂后防砂有效期已达 842 天。

1.9 易水窜油藏调堵水技术

调剖调驱技术在新疆油田开发过程中的研究和应用已有 50 多年的历史，大致可分为 4 个阶段：第一阶段(1959—1977 年)，油田开发初期，主要以油井堵水为主，以高强度堵剂如油基水泥、藻酸钙凝胶、环烷酸钙等为主。运用这些堵剂共进行过近 400 井次的单纯油井堵水试验，取得了一些初步的认识和经验。第二阶段(1977—1989 年)，随着油田开发的持续，产液的含水率逐步升高，除了需要对油井堵水外，还必须对水井实施调剖才能取得良好的效果。这期间油水井调堵均以高强度堵剂为主，作用机理多为物理屏障式堵塞，以调整近井地带吸水剖面及产液剖面为目的。主要研究的调剖堵水技术有活性稠油堵剂、黏土类调堵剂和泡沫调堵剂等。第三阶段(1989—1999 年)，进入 20 世纪 90 年代，随着油田进入高含水期，调剖调驱技术也进入发展的鼎盛期，由单井处理发展到以调剖调驱措施为主的区块综合治理[74]。这期间随着对调驱机理的进一步认识，提出了深部调驱的概念并得到发展。同时，随着聚合物及交联凝胶技术的广泛应用，调剖调驱体系得到极大的丰富和发展，相继出现弱凝胶、胶态分散凝胶(CDG)、耐高温凝胶体系等，在现场应用中取得了良好的效果。第四阶段(21 世纪以来)，改善水驱的理论认识及技术发展进入了一个新阶段，基于油藏工程的深部调剖改善水驱配套技术的提出，使深部调剖技术上了一个新台阶，将油藏工程技术和分析方法应用到深部调驱技术中，处理目标是整个油藏，作业规模大、时间长。调剖调驱方式呈现出大剂量调剖、组合段塞调剖及个性化调剖的特点，在彩参 2 井区和彩 9 井区、六中东克下、七中区克下及七中区八道湾等区块分别进行了深部调驱现场试验，取得了较好的效果，提高油田阶段采收率 3%~5%。

新疆油田调剖调驱技术发展经历了单纯油井堵水、配套水井浅层调剖、井组调剖和大规模深部调驱技术等阶段，在调堵体系应用方面也经历了水泥堵剂、树脂、活性稠油、聚合物凝胶等调堵体系，尤其是聚合物凝胶的使用使油田调剖调驱技术应用进入了一个新的发展阶段，调剖调驱剂品种迅速增加，现场实施井数及措施效果大幅提高，经济效益明显。通过多年室内研究与现场实践，逐步形成了几大类型的调剖调驱体系。

1.9.1　新疆油田调剖调驱主体技术

1.9.1.1　交联聚合物凝胶调剖调驱技术

交联聚合物凝胶调剖调驱体系是一种由聚合物、交联剂、促凝剂等添加剂组成的凝胶体系配方。这种体系的特点是体系适应性强，能有效进行液流改向，具有调剖和调驱的功能。其根据聚合物浓度的大小和交联剂的类型可对体系进行判别。聚合物浓度使用较高，凝胶以分子间交联为主的强凝胶适合做调剖剂；聚合浓度使用较低，交联以分子内交联为主的弱凝胶适合做调驱剂。目前油田主要使用的凝胶是以金属为交联剂的无机交联体系和以有机交联剂为主的有机交联体系，其中以铬体系、酚醛体系为主要使用类型。

技术特点：(1)体系适应能力强，可进行调剖、调驱；(2)成胶时间可控，注入性好；(3)体系要求注入水质对聚合物黏度影响小；(4)对含钙、镁较高的地层水不适应。

聚合物凝胶体系可以有效解决油藏的平面矛盾和剖面矛盾，具有广泛的适应性，是目前油田应用最多的配方体系类型。一般情况下，该凝胶体系适用于油藏温度小于 90℃以下的高、中、低渗透油藏。在大剂量调剖调驱作业中，通常将聚合物强凝胶设计为调剖段塞，对油藏高渗透大孔道进行封堵，弱凝胶为驱替段塞，在油藏深部起到液流改向作用。在调剖调驱过程中需根据生产动态反映对调剖剂强度进行微调。

1.9.1.2　胶态分散凝胶(CDG)调剖调驱技术

胶态分散凝胶(CDG)为低浓度的聚合物和交联剂形成的非三维网络结构的凝胶体系，

是由多个聚合物分子通过交联剂形成直径为200~600nm的颗粒，这些颗粒均匀分散在水中形成胶态分散凝胶。凝胶在80℃以下油藏能够保持长期稳定。CDG凝胶在未成胶前的性质与同浓度的聚合物溶液相似，成胶后的CDG凝胶颗粒在通过多孔介质时，颗粒间可发生桥堵，使孔道堵塞。压差增加时，起桥堵作用的颗粒可发生变形甚至解体，当压差变小时，变形及解体CDG凝胶的颗粒可以恢复，重新堵塞孔道，即CDG凝胶在多孔介质中的流动存在转变压力(表1.70)。具体到调剖来说，由高分子聚合物组成的CDG凝胶优先进入大孔道，近井地带压差大，CDG凝胶沿大孔道进入地层深部。远井地带地层压差减小，CDG凝胶在大孔道中逐步形成凝胶颗粒，使流动阻力增加，当地层压差小于转变压力时，CDG凝胶停留在远井地带的大孔道中。使后续的注水绕流未波及的小孔道，提高注水效率[75]。

表1.70 不同浓度CDG的不同时间的转变压力

HPAM(mg/L)	Al^{3+}(mg/L)	不同时间转变压测定(kPa)				
		3d	7d	10d	21d	30d
300	15	25	50	72	60	71
600	30	41	92	101	121	81
900	45	80	170	223	228	200

技术特点是成本低、流动性好、液流改向能力强、深部调驱效果好。不适合裂缝和大孔道；不耐高温。

主要用于非均质油藏的控水和油藏深度调剖，适合大孔小喉、隔层发育不明显、层间窜流的中低渗透油藏；适用pH值小于8的地层水或注入水。

由于CDG凝胶显示了较弱的黏弹性和使用浓度低，在调剖调驱过程中主要承担“驱”的作用，通常在较强调剖体系封堵住大孔道之后注入。适宜在中低渗透率地层进行大计量的调驱处理或伴随水驱长期注入，提高水驱效率，不适宜在高渗透率地层应用。

1.9.1.3 黄原胶调剖调驱技术

黄原胶凝胶是由黄胞胶分子中的羧钠基团与交联剂在适当的温度下结合而形成的。一般所使用的交联剂是多价金属离子。黄原胶凝胶属脆性凝胶，黏弹性较差，胶体呈分散颗粒状。由于黄原胶和交联剂在低浓度下成胶反应的速度慢，在注入大量凝胶后，使凝胶进入油层深部在技术上成为可能。同时，该体系具有剪切变稀的特性，在注入井附近，交联反应尚未发生，胶体黏度低，不会溶胀，能够优先进入高渗透层。当达到地层深部时，压差变小，流速减慢，胶体开始交联并形成凝胶，从而达到选择性封堵高渗透带的效果。

黄原胶凝胶强度与黄原胶浓度和交联剂浓度的大小有关，随黄原胶浓度和交联剂浓度的增加凝胶的强度也随着加强，黏度可以从几十毫帕秒到几百毫帕秒。现场试验可根据不同油藏特征选择不同的配方。

特点是生物聚合物，可降解，不会造成永久性地层伤害，环保；抗剪切性强，遇剪切后能自行恢复黏度，比聚丙烯酰胺类聚合物具有更好的增黏性、抗盐性；成本比聚丙烯酰胺类聚合物高。

通常应用于油藏温度70℃以下、中偏碱性水质的中、高渗透无裂缝的非均质砾岩油藏和砂岩油藏。在调剖配方体系设计中通常作为调剖主段塞对大孔道和高渗透带进行封堵。

1.9.1.4　预交联凝胶颗粒调剖调驱技术

预交联凝胶颗粒也称预交联凝胶、体膨颗粒等，是近年发展起来的一项新型深部调剖技术，是针对非均质性强、高含水、大孔道发育的油田改善水驱开发效果而研发的创新技术[74]。体膨颗粒遇油体积不变，而吸水体膨变软(但不溶解)，在外力作用下可发生变形运移到地层深部，在高渗透层或大孔道中产生流动阻力，使后续注入水分流转向，有效改变地层深部长期水驱而形成定势的压力场和流线场，达到实现深部调剖、提高波及体积、改善水驱开发效果的目的。

技术特点是体膨颗粒由地面合成、烘干、粉碎、分筛制备形成，避免了地下交联体系不成胶、抗温、抗盐性能差等弊端，具有广泛的适应性，耐温(120℃)、耐盐(不受限制)性能好；体膨颗粒粒径变化大(微米级至厘米级)、膨胀倍数高(30～200 倍)、膨胀时间快(10～80min)；体膨颗粒深部调剖施工工艺简单、灵活、无风险；膨胀时间短，无法深入地层深部；稳定性差，颗粒易破碎。

主要用于存在大孔道、高渗透带的高含水油藏深部调剖改善水驱效果。体膨颗粒可单独应用，也可与弱凝胶体系复合应用于注水开发油藏深部调剖改善水驱作业，又可用于聚合物驱前及聚合物驱过程中的深部调剖。

1.9.1.5　聚合物微球调剖调驱技术

聚合物微球是在较高温度下预先合成的微球体，其微观结构为交联聚合物网络状结构或核壳结构，机理是依靠纳米/微米级聚合物微球遇水膨胀和吸附来逐级封堵地层孔喉实现其深部调剖堵水的目的[76]。

特点是初始尺寸小(纳米/微米级)，且水相中呈稳定溶胶状态，易于进入地层深部；具有较好的弹性，在形成有效封堵的同时，在一定压力下可以发生变形而运移，而且不会被剪切，可以形成多次封堵，具有多次工作能力和长寿命的特点；可采用污水直接配制，降低施工成本。

聚合物微球可适用于高温(120℃)、高盐(矿化度 300000mg/L 以内)，中低渗透非均质和微裂缝油藏，但对于特高渗透层、大孔道及裂缝性地层封堵效果较差。

根据目标油藏岩石孔径分布特征确定合适的微球粒径。针对非均质性较强的油藏，在选择微球作为主调驱段塞时，需要考虑与其他对特大孔隙封堵能力更强的体系组合使用。

1.9.1.6　泡沫类调剖调驱技术

泡沫流体调剖工作原理是利用稳定泡沫流体在注水层中叠加的气阻效应——贾敏效应作用和地层孔隙中气泡的膨胀，使水流在岩石孔隙介质中流动阻力大大增加，改变水流的指进或窜流，调整油层吸水剖面。通常在泡沫中加入其他组分以增强调剖效果，如凝胶、膨润土、水泥浆等。

技术特点是与常规聚合物凝胶相比，泡沫中含有大量均匀分布的气泡，具有用量少、弹性好、机械强度高、滤失少和对地层伤害小等特点；抗高温，耐温超过 250℃；堵大不堵小，堵水不堵油，封堵能力随渗透率的增大而增大。缺点是起泡与稳泡技术受原油特性、储层黏土含量及水质等影响很大，使应用受到较大限制；封堵压力较低，对水窜控制能力较弱。

主要用于稠油注汽井的调剖调驱。根据油藏温度筛选合适的起泡与稳泡剂是该项技术的关键。为了加强封堵强度，通常在泡沫中加入固体粉末或凝胶形成三相泡沫体系。

1.9.1.7 高固黏土类调剖调驱技术

高固黏土堵剂是一种颗粒型堵剂，堵剂粒径为200~400目，与水按一定比例混合后产生固化作用，固化不受温度限制，从常温到高温均可固化，60℃条件下固化时间大于4h，固化后突破压力梯度大于18.8MPa/m，水驱1PV封堵率大于98%，残余阻力系数大于15%。堵剂具有较好的膨胀性(体膨率为50%~100%)和稳定性、封堵强度高，配制容易，对携带液无特殊要求。

特点是与常规黏土堵剂相比，高固黏土具有用量少、封堵强度高、耐冲刷能力强、稳定性好等特点；对温度、矿化度的适应性高；对特高渗透层、大孔道及裂缝性地层封堵效果好。但是与冻胶相比，泵注性能较差。并且堵剂运移性能较差，容易在近井地带堆积。

可用于多段塞调剖的前置段塞，形成首道堵水坝，后续黏土双液颗粒段塞在其后形成新的封堵层，促使注入水的流动改向。也可用作封口段塞，增强堵剂的耐冲刷能力。

新疆油田常用的调堵水技术的技术特点和应用条件归总列于表1.71。

表1.71 调堵水技术总表

调驱体系	技术特点	应用条件
交联聚合物凝胶	聚合物与有机或无机交联剂形成的黏弹性凝胶体，黏度大小可根据需要随意调节	适合油层温度小于90℃以下的高、中、低渗透油藏
CDG	低浓度的聚合物和交联剂形成的直径为200~600nm的颗粒分散凝胶，注入性好	适合油层温度小于80℃以下的大孔小喉、隔层发育不明显、层间窜流的中低渗透油藏
黄原胶	生物聚合物，可降解，不会造成永久性的地层伤害，具有抗剪切、抗盐、易流动等特性	适合油层温度70℃以下的中、高渗透无裂缝的非均质油藏
预交联凝胶颗粒	遇油体积不变吸水体积膨胀，耐盐耐温、施工工艺简单	油藏温度<120℃，存在大孔道和高渗透带的高含水油藏
聚合物微球	尺寸小易于注入及进入地层深部，弹性好可变形运移形成多次封堵	油层温度<120℃的中、低渗透非均质和微裂缝油藏
泡沫	用量少、弹性好、机械强度高、滤失少、对地层伤害小、耐高温超过250℃	超过250℃；主要用于稠油注汽井调剖调驱
高固黏土类	用量少、封堵强度高、耐冲刷能力强、稳定性强等特点；对温度、矿化度的适应性高；对特高渗透层、大孔道及裂缝性地层封堵效果好	水窜通道明显，裂缝、孔道发育的储层

1.9.2 实例

典型区块经验——以七中区克下组深部调驱试验区为例。

1.9.2.1　基本情况

克拉玛依油田七中区克下组油藏位于克拉玛依市白碱滩区，在克拉玛依市区以东约25km处，平均地面海拔267m。七中区克下组油藏于2006年采用200m井距五点法面积注水井网进行二次开发井网调整，深部调驱试验区为油藏中部连片的9个注采井组，共有油井20口(包括6口水平井)，注入井9口。截至2010年3月，区日产液330.3t、日产油70.3t，平均单井日产油3.5t、日注水131.3m^3，平均单井日注水14.6m^3，综合含水78.7%，累计采油30.9×10^4t，累计注水27.9×10^4m^3，采出程度40.5%。

开发中存在的主要问题：(1)随着油田进入高含水期，油井产量递减较大，储层的非均质性造成部分井水淹、水窜，高液高含水，部分井受效差，低液低能，措施有效率逐年下降。(2)由于该区储层非均质性严重，导致油层动用程度变差。(3)改善水驱开发效果措施少，砾岩油藏非均质强，注入水水淹、水窜严重，动用程度低，在中低含水阶段主要靠控制注入量和细化注水等手段防止水窜，所以油藏地层能量保持程度较低。但随着油田开发，地下的压力、剩余油分布越来越复杂，加之层间矛盾加剧，采取的压裂、酸化等增产措施并不能有效地控制含水上升速度。为了提高措施效果，必须保持较高地层能量，以便提高采液能力，但随之而来的就是含水上升，如何控制水流优势通道的注、采能力成为关键。

针对以上问题，开展以深部调驱为主要手段的提高油藏水驱采收率技术研究，并选择七中区克下组油藏中部连片的9个注采井组作为深部调驱试验区。深部调驱目的层主要为克下组$S_7{}^2$+$S_7{}^3$油层，覆盖储量46.0×10^4t。

1.9.2.2　调剖调驱体系整体设计

针对七区克下组油藏层间层内非均质严重、水流优势通道发育、水窜突出的特性，调驱配方设计指导思想是调剖剂能有效封堵层间与层内水流优势通道，调驱剂能够进入油层深部封堵次生孔道，实现深部液流转向作用。方案设计分4段塞注入：第一段塞为聚合物前置段塞，减少对中、低渗透地层的伤害；第二段塞聚合物凝胶调剖段塞，封堵地层深部大孔道；第三段塞为GPAM调驱段塞，封堵地层深部次生孔道，实现深部调驱液流改向的目的；第四段塞为强凝胶封口段塞。化学剂总用量16.67×10^4m^3，折合地层孔隙体积0.2PV。注入段塞设计见表1.72。

表1.72　七中区克下组深部调驱段塞设计表

段塞名称	时间段	配方主要组成	作用
保护段塞	第一阶段	0.3%~0.5%聚丙烯酰胺	保护中、低渗透层段不被调剖体系
调剖段塞	第二阶段	0.1%~0.2%聚丙烯酰胺+60~80mg/L交联剂+80mg/L添加剂H+100mg/L添加剂Y	对高渗透层从近井地带至远井带进行变强度封堵
		0.2%~0.3%聚丙烯酰胺+80mg/L~150mg/L交联剂+80mg/L添加剂H+100mg/L添加剂Y	
		0.3%~0.5%聚丙烯酰胺+100~200mg/L交联剂+80mg/L添加剂H+100mg/L添加剂Y	

续表

段塞名称	时间段	配方主要组成	作用
调驱段塞	第三阶段	0.1%~0.15%GPAM+80mg/L添加剂H+100mg/L添加剂Y	对中渗透层进行驱替
封口段塞	第四阶段	0.4%~0.5%聚丙烯酰胺+120~200mg/L交联剂+80mg/L添加剂H+100mg/L添加剂Y	保护调驱段塞

1.9.2.3 效果分析

(1) 改善了剖面动用，水流优势通道得到有效封堵。

经过整体调驱，试验区产吸剖面动用程度得到改善，如注水井T72135井，措施前后吸水剖面对比，S_7^{2-3}层和S_7^{3-2}层得到启动，强吸水的S_7^{2-2}层得到了有效封堵，吸水剖面得到改善，目前吸水较为均衡(图1.28)。

从试验区调驱前与调驱后所测压降曲线测试结果对比来看，调驱井压力指数和充满度(判定调剖是否充分的一个指标)明显提升，表明注水井调剖后单位时间压力下降的速度明显减缓，且调剖充分(图1.29)。一般认为调剖后充满度在0.70~0.95的范围内即认为调剖比较充分，水流优势通道得到了有效地封堵[77]。

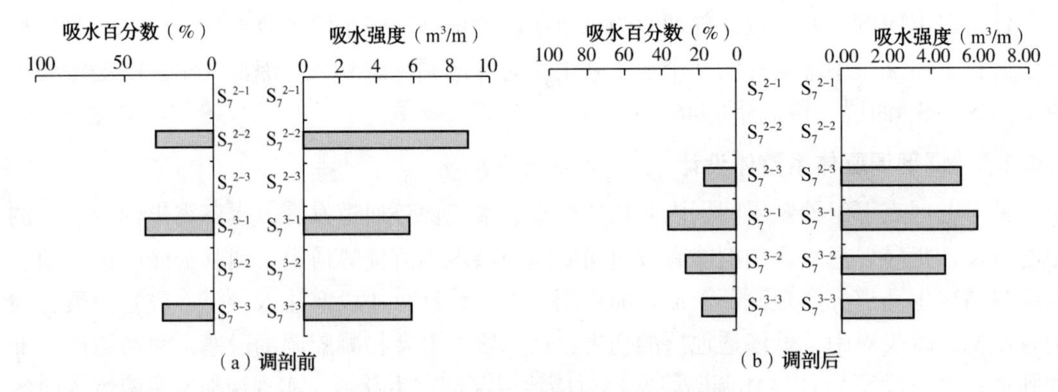

图1.28 T72135井调驱前后吸水剖面图

(2) 注水压力上升。

由调驱井注入压力变化来看，试验区单井、区块注入压力均有不同程度的上升，七中区克下组试验区注入压力由措施前的4.6MPa升至7.5MPa，升幅2.9MPa，压力保持状况良好。表1.73为七中区试验区单井注水压力统计表。

表1.73 七中区试验区单井注水压力统计表 单位：MPa

井号	措施前注入压力	目前注入压力	压力变化	调驱完工压力
7228	4.8	9	4.2	9
T72135	3.3	6.2	2.9	8.8
T72140	4.2	8.2	4	10
T72141	3.4	6.5	3.1	7.5
T7241	6.0	7.6	1.6	8

续表

井号	措施前注入压力	目前注入压力	压力变化	调驱完工压力
T72136	4.8	6.9	2.4	8.4
T72142	6.9	8.5	1.6	9.6
T72144	3.4	5.4	2.0	6.4
T72145	4.7	8.8	4.1	8.6
合计	4.6	7.5	2.9	8.5

(3) 增油降水明显。

七中区克下组深部调驱试验区实施后见效明显，至 2012 年 4 月底累计增油 2.4×10^4t，提高采收率 5.1%。试验区水驱特征曲线斜率变小，开发效果明显变好。

七区克下组试验自实施以来含水下降幅度较大，开发曲线表明试验区生产状况明显改善，试验区液量相对稳定，最大日增油 29.3t，最大降水 13.5%。目前效果保持状况良好。

1.10　水平井完井及分段作业技术

1.10.1　概述

新疆油田水平井技术发展经历了起步、缓慢发展和规模应用三个阶段。通过多年的积极探索、持续创新，水平井技术不断成熟，应用日益广泛。截至 2014 年 12 月，新疆油田有稀油水平井 391 口，为油田的稳产增效发挥了巨大作用。新疆油田复杂油藏开发条件为水平井技术发展提供了平台。经过半世纪的开发，新疆油田稀油开发由中高渗油藏转向薄层边底水油藏和特殊类型油藏等难采油藏，采用常规直井难以实现经济开采，水平井的相关技术需求越来越迫切，工程技术的进步也加快了水平井应用步伐。

1992—1994 年，在克拉玛依油田一区、七区裂缝性火山岩油藏完钻了 4 口水平井，采用裸眼、打孔管、射孔方式完井(表 1.74)。由于当时的完井工艺与储层特点不适应，后续工艺不配套，HW101 井和 HW702 井裸眼段井壁坍塌，HW701 井和 HW703 井投产后不出，无后续手段，没有达到预期的效果。

表 1.74　1992—1994 年新疆油田完钻水平井完井工艺情况

完井类型	井　　号	完井类型	井　　号
裸眼	HW101，HW702	射孔	HW703
打孔管	HW701		

1995—2003 年，在异常高压的石西石炭系、彩南三工河、莫北三工河组、石南 4 头屯河组油藏和盆 5 气田完钻了一批水平井，主体采用打孔管或割缝筛管完井，生产依赖于油藏的自然产能。这一阶段深层水平井钻井技术有所进步，但采油工艺配套技术没有实质进展。受到油藏地质条件和当时的工艺水平制约，新疆油田水平井裸眼和固井完井技术发展也处于中断状态。表 1.75 为 1995—2003 年新疆油田完钻水平井完井工艺情况。

表 1.75　1995—2003 年新疆油田完钻水平井完井工艺情况

完井类型		井号	井数(口)
裸眼		KHW801	1
打孔管/割缝筛管	打孔管	SHW01，SHW04，SHW06，SHW08，SHW10，SHW15，SHW16，SHW18	14
	割缝筛管	CHW01，CHW02，MBHW04，PHW06，SNHW803，SNHW805	
套管水泥固井/射孔		MBHW01，MBHW02	2
总计			17

“十一五”以来，通过解放思想，转变观念，组织攻关水平井钻采配套技术，稀油水平井数量实现了规模跨越式增长(图 1.29)。

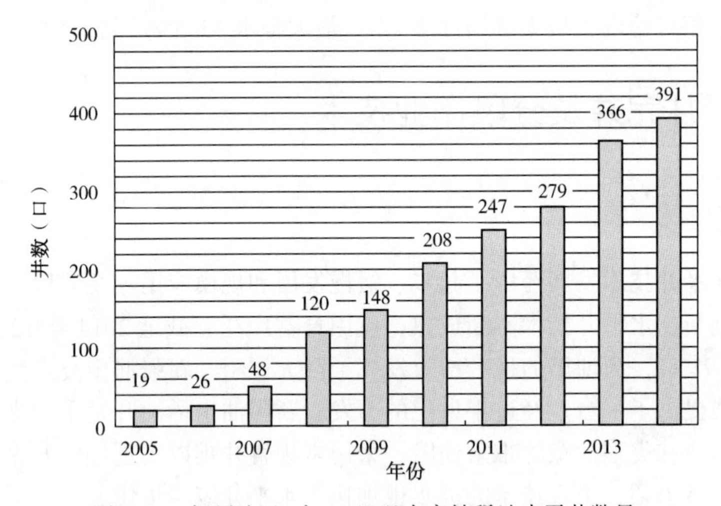

图 1.29　新疆油田“十一五”以来完钻稀油水平井数量

1.10.2　水平井完井技术

现阶段新疆油田水平井的完井方式有常规筛管完井、常规筛管+管外封隔器完井、裸眼完井以及固井完井等，涵盖了国内外多种主流方式，但总体上还是表现出常规筛管完井一支独大的局面。近年来，围绕中高渗透底水油藏的控水工作开展了常规筛管+管外封隔器等形式的选择性完井技术试验，取得了初步成功；另外，伴随低渗透和一些特殊类型油藏分段压裂工艺的兴起，与之紧密联系的水平井固井完井和裸眼完井的数量有抬头趋势。具有一定的应用规模并形成技术系列的完井技术主要包括中高渗透油藏的筛管完井、常规筛管+管外封隔器完井和低渗透油藏的裸眼完井、固井完井。

1.10.2.1　常规筛管完井

新疆油田稀油油藏主体完井方式为常规筛管完井。

技术特点是相对于固井完井方式，常规筛管完井的储层伤害因素少，井筒打开程度高，泄油面积大、压降小，在油井依靠自然产能的条件下其产量具有一定优势；相对于裸眼完井方式，常规筛管完井方式的筛管对地层岩石骨架形成有效支撑，防止坍塌和出砂；水平井段不用进行套管固井及后续射孔作业，完井成本低。

缺点是不能实施层段的分隔，因而不能避免层段之间的窜通；无法进行生产控制，不能获得可靠的生产测试资料；边底水发育的中高渗透油藏后期治水技术措施有限；能提供的储层改造技术手段有限，无法进行选择性的增产增注作业。

该完井方式后期只能实施非选择性生产，要求造斜段无复杂油、气、水关系，单一储层或不需要分段生产的储层。具有自然产能是此项工艺应用的重要条件，在不受边底水影响且无须储层改造的油藏，常规筛管完井技术成为首选技术。因此，新疆油田绝对多数的水平井分布于中高渗透稀油油藏，例如陆9井区 K_1h 组油藏。位于石南31井区 K_1q 组等少数低渗透油藏的水平井，由于水平井具有泄油面积大、压降小的优势，依靠自然产能不经过储层改造仍能取得较好的经济效益。

筛管完井工艺和设计方法简单，通过多年的现场实践其设计方法也趋于统一。

(1) 缝宽的设计要满足防砂要求，通常设计原则是缝宽不高于2倍的粒度中值，利于筛管外岩石颗粒形成砂桥防止严重出砂。

(2) 筛管提供的泄油面积不低于地层最大供液所需。

(3) 由于筛管用量大，加工参数尽可能统一，有利于降低对供货周期和成本的压力。

通过多年实践总结出稀油水平井采用以下规格可以满足多数油藏的生产要求。以陆9井区 K_1h 组油藏筛管完井设计方案为例，水平井筛管缝宽为0.35mm，基管采用 ϕ139.7mm×7.72mm 套管，割缝采用平行方向交错缝排列。

(1) 缝宽：0.35mm±0.05mm；(2) 缝长：70mm；(3) 缝间距：30mm；(4) 缝数：36条/周，360条/m；(5) 每根割缝管长度：9.5~11.5m，两端各留300~500mm。

陆9井区 K_1h 组油藏是新疆油田典型的边底水薄互层油藏，采用水平井开发相对于直井效益显著(表1.76)。

表1.76 陆9井区呼图壁河组水平井与直井生产效果对比表

油藏	井型	初期生产情况			同阶段末生产情况			同阶段累计生产情况		
		日产液(t)	日产油(t)	含水(%)	日产液(t)	日产油(t)	含水(%)	生产时间(d)	油量(t)	日均产油(t)
$K_1h_2^{6-2}$	水平井	30.2	27.9	7	19.1	9.3	51	774	13248	17.1
	直井	13.2	8.3	37	11.5	4.1	65	771	4259	5.5
	水平井/直井		3.3	-30		2.3	-14		3.1	3.1
$K_1h_1^{3-1}$	水平井	22.5	20.9	7.1	23.1	16.5	28	329	6424	19.5
	直井	16.4	10.1	38	15.1	5.6	63	342	2464	7.2
	水平井/直井		2.1	-31		2.9	-35		2.6	2.7

但薄层底水油藏水平井由于油层较薄，避水厚度小，加之水平段油层发育得不均衡，在水平段上采液强度不均，随着水平井的开采，部分的井段提前见水，目前投产的稀油水平井已有58%含水超过60%。现阶段主体采用的常规筛管完井水平井由于特殊的完井结构导致出水位置难以判断，也没有很好的控水手段。

八区 530 井区 T_2k_1 组油藏的 HW80466 水平井，于 2011 年采用筛管完井后产能不佳，而从工程技术方面唯一可选择的有效的储层改造措施就是水力喷砂多段压裂，但最终由于筛管变形工具无法顺利提出而无法实施。

新疆油田开发以来，适合非选择性的常规筛管完井的油藏类型已经为数不多，中高渗透砂砾岩油藏因为普遍存在的边底水影响，而低渗透和特殊类型油藏(以裂缝性火山岩为主)则因为需要储层改造，对水平井完井提出了不同形式的选择性完井需求。

1.10.2.2 带管外封隔器筛管完井技术

新疆油田实施了 3 井次工艺试验，包括遇油膨胀封隔器+筛管+盲管、遇油膨胀封隔器+变参数筛管以及遇油膨胀封隔器+调流控水筛管，取得了明显的控水效果，同时为后期治水提供了很好的找水与堵水基础。常规筛管+遇油膨胀管外封隔器+盲管的完井工艺以其经济优势成为今后推广的主体工艺。针对水平段实钻轨迹偏低、避水高度小、气测录井差、含油性差的部位，完井时采用管外封隔器+盲管进行有效封隔。

技术特点：(1)相比于固井完井，其完井成本要低很多；(2)水平井段不用进行套管固井，打开程度较高，与储层接触面积大；(3)依靠管外封隔器实施层段分隔，可以在一定程度上避免层段之间的窜通；(4)在一定程度上可以进行生产控制、生产检测和选择性的增产增注作业。但是对于水平井眼要求较高，管外封隔器分隔层段的有效程度直接取决于水平井眼的规则程度；封隔器的坐封、密封件的耐压及耐温等因素均会对管外封隔器分隔层段的有效厚度产生影响，进而影响后续作业。由于管串带有多个封隔器，因此存在管柱无法下入或下入不到位的风险。

带管外封隔器筛管完井技术主要应用于需要分段生产的储层，对于造斜段及油层段油、气、水关系复杂具有一定的适应性，在有气顶、底水的条件下，要求无垂直裂缝或断层。该项技术需要解决超长、大直径工具安全下入问题，其重点措施如下：

(1) 井身结构由常规的 8⅝in 通天井眼调整为 A 点以上 9⅝in+A 点以下 8⅝in 结构，井眼曲率小于 15°/30m。

(2) 控制完井管串入井速度，并且之前实施洗井、通井等措施。

设计原则是根据测井数据设计，尽可能使产液剖面均一，避免跟端和趾端的底水过早的突破。针对水平段实钻轨迹偏低、避水高度小，气测录井差、含油性差的部位，完井时采用管外封隔器+盲管进行有效封隔。以陆 9 井区 K_1h 组油藏完井设计方案为例，主要技术参数见表 1.77。图 1.30 所示为常规筛管+遇油膨胀管外封隔器+盲管完井管柱示意图，表 1.78 为 LUHW1331 井割缝筛管完井参数方案。

表 1.77 管外封隔器性能参数

参数	数据	参数	数据
基管(mm×mm)	139.7×7.72	基管材质	N80
胶筒外径(mm)	198	胶筒长度(mm)	3000
总长度(mm)	4500	耐温(℃)	≤180
耐压(MPa)	50	膨胀时间(d)	5~15
膨胀率(倍)	3	连接螺纹	LTC

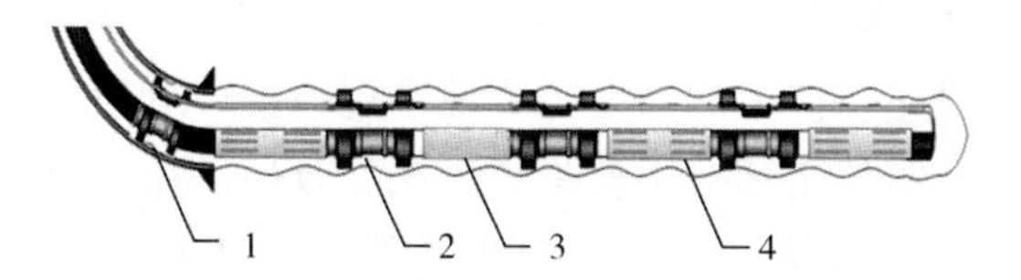

图 1.30　常规筛管+遇油膨胀管外封隔器+盲管完井管柱示意图

1—悬挂器；2—遇油膨胀管外封隔器；3—盲管；4—筛管

表 1.78　LUHW1331 井割缝筛管完井参数方案

井段(m)		长度(m)	平均缝密(条/m)	组合方式
0	50	50	300	20m 筛管+10m 套管+20m 筛管
50	70	20	0	封隔器+15m 套管
70	120	50	360	50m 筛管
120	140	20	0	封隔器+15m 套管
140	200	60	300	20m 筛管+10m 套管+30m 筛管

注：其他参数，筛管长度为 10m/根；缝长 70mm；缝间距 30mm；缝宽度 0.35mm；组缝数 1 条/组。

完井方式本身的效果主要体现在通过盲管和割缝的设计实现生产初期的控水，2010 年实施了 3 种管外封隔器+筛管选择性完井工艺(另外，实施了 1 井次的封隔器+套管滑阀 ICD)，与常规筛管完井水平井相比含水明显下降(表 1.79，图 1.31)。

表 1.79　现场试验井完井管柱下入时间及完井方式

序号	井号	完井方式	完井类型
1	LUHW1314	遇油膨胀封隔器+调流控水筛管	半智能完井
2	LUHW1331	遇油膨胀封隔器+筛管+套管	常规控水完井
3	LUHW1311	遇油膨胀封隔器+变参数筛管	常规控水完井
4	LUHW1512	遇油膨胀封隔器+套管滑阀 ICD	半智能完井

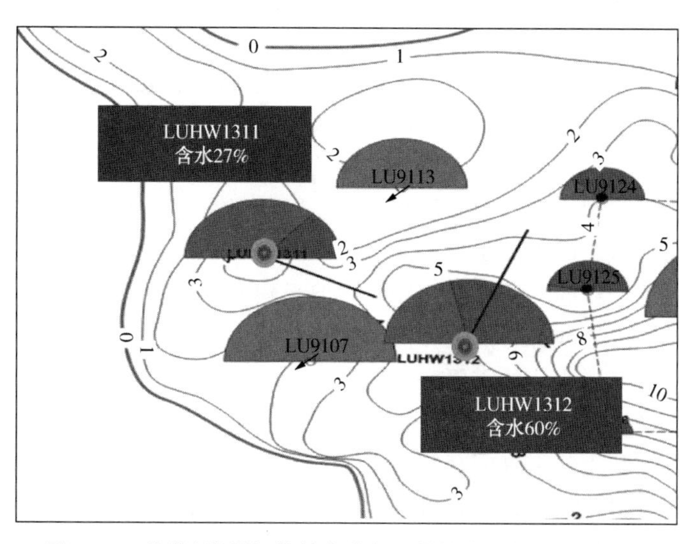

图 1.31　管外封隔器+筛管完井与全筛管完井邻井效果对比

1.10.2.3 水平井裸眼完井技术

新疆油田水平井裸眼完井技术的兴起主要源于规模推广分段压裂技术。在低渗透及特殊类型油藏应用水平井开发其瓶颈技术就是分段压裂改造。由于其共性的渗透率低、渗流阻力大、连通性差等特点，依靠自然产能无法达到工业开采价值。而根据目前的开发理念，这一类型水平井的完井方式紧密联系并直接决定于压裂改造方式。新疆油田于2012—2013年大批裸眼完钻井，其重要原因是裸眼封隔器+多段滑套压裂的技术和经济可行性在现阶段最被认可。

技术特点：(1)裸眼完井施工简单，完井成本低；(2)水平井裸眼完井技术及其配套的分段压裂技术(裸眼封隔器+多段滑套压裂)的技术性和经济可行性在现阶段最被认可；(3)对裂缝发育型油藏，该方法可以对裸眼段天然裂缝进行充分利用；(4)相对于固井完井，对于横向上地层差异较小储层，采用裸眼方式完井效果更好。但后续压裂裂缝启裂位置不明确，采用不动管柱，投球打开滑套裂缝起裂位置无法控制；由于球座尺寸和过砂量的限制，导致对压裂级数与单段压裂规模存在限制；后续无控水措施，因此不适用于油水关系复杂的储层。

裸眼完井适用于储层岩石坚硬致密、井壁稳定性好、不易坍塌的油藏，尤其适用于裂缝相对发育的油藏类型，可以充分利用裸眼段天然裂缝对产能的贡献。

新疆油田目前主要采用ϕ177.8mm技术套管固井，ϕ152.4mm井眼完井，满足后续压裂施工要求。井口及尾管结构取决于后续压裂设计。

2008—2014年，新疆油田累计实施裸眼完钻29井，为后续压裂提供了良好的措施条件，从完井本身来说其经济性是显而易见的，而主要的应用效果则要与后续的压裂工作共同体现。

1.10.2.4 水平井固井完井技术

受到固井质量的影响，新疆油田水平井固井完井一度中断。但固井完井在维系水平井长效生产方面的应用优势一直是被业内认可的，伴随固井技术的进步，发展水平井固井完井是一种现实需要。

对注水开发或者受边底水制约的油藏，固井开发可以有效维护水平井的长效生产，管外水泥的封固面要远大于管外封隔器，后期控水作业更具灵活性；在固井完井方式下可选择的压裂方式要远远多于裸眼完井方式，在能精细刻画储层水平沿展特征的情况下，固井完井能明确压裂裂缝启裂位置。但水泥浆伤害储层，同时射孔程度不完善在一定程度上会牺牲产能贡献有利区域。成本高是主要的劣势。

固井完井对各种油藏的适应性都比较强，但受到成本限制，现阶段新疆主要的应用方向是有边底水的中高渗透砂砾岩油藏和低渗透及特殊类型油藏。前者更有利于后期的控水作业；而后者则出于储层改造的需要。

(1) 边底水中高渗透油藏固井完井技术。

出于工艺成熟度和入井工具配套等因素限制，采用ϕ139.7mm的套管是目前最为常规的，新疆油田固井后射孔技术是成熟可靠的。由于常规的投棒方式受到井身结构因素的限制，中高渗透油藏水平井通常采用油管传输加压射孔方式；为了满足控制底水的需求采取定位射孔；至于射孔弹型和孔密等参数的优选与设计则主要与油藏因素相关，其方法与直井射孔一致。

以MBHW01井射孔参数设计为例，射孔器和孔密参数的设计主要受制于当时的技术发展水平，现阶段可以根据需要采用直井上广泛应用的SDP-89等系列高等级射孔器，而传输方式和相位角的设计则是考虑了水平井开发底水油藏的需要：①射孔器：YD-89；②传输方式：油管传输；③孔密：10孔/m；④相位角：180°(水平)。

(2) 低渗透及特殊类型油藏固井完井技术。

在现阶段的技术情况下，可以实现8½in井眼+5½in油层套管、6½in井眼+5in油层套管及6in井眼+4½in(或3½in)油层套管三种固井完井方式，其中，8½in井眼+5½in油层套管是相对成熟的，而且是最有利于后期作业的。

在固井完井方式下，后续的分段压裂工艺目前的技术主流是速钻桥塞工艺，射孔与压裂措施联作并且射孔参数的设计取决于压裂工艺需求。

受到成本和固井技术本身的限制，在中高渗透油藏固井完井方式没有得到广泛的推广应用，而被相对简单的筛管完井技术取而代之；而低渗透和一些特殊类型油藏采用固井完井方式，其主要的应用效果也要与后续的压裂工作共同体现。

1.10.3 水平井分段作业技术

水平井分段作业是提高水平井开发效益的重要举措，与国内其他油田一样，新疆油田近年来下大力气在中高渗透油藏的找水、控堵水和低渗透油藏(特殊类型油藏)的储层改造技术领域开展攻关。中高渗透底水油藏采用常规筛管完井的水平井，通过控制完钻井眼轨迹尽可能远离底水和制订合理的生产制度控制和减缓底水锥进，是目前行之有效的控水措施。筛管+管外封隔器+盲管分段完井先期对井眼轨迹中避水高度低的井段进行预处理也取得了不错的效果。而针对大批生产后期严重出水的常规筛管完井水平井的找水与控水技术，尽管经过多年努力探索实践，控水手段收获甚微。

目前能够归纳、集成技术系列的分段作业技术主要是近年来攻关的几项分段压裂技术，包括水力喷砂分段压裂技术、裸眼滑套分段压裂技术和水力泵入式快钻桥塞分段压裂技术。而水平井的找水与控水技术，特别是针对常规筛管完井的一批老井的找水与控水技术仍需进一步攻关。

1.10.3.1 水力喷砂分段压裂技术

水力喷砂分段压裂技术通过高速射流射开套管和地层，形成一定深度的喷孔，流体动能转化为压能，在喷口附近产生水力裂缝实现射孔压裂联作。新疆油田先后应用“水力喷砂与小直径封隔器联作拖动压裂”和“不动管柱多级滑套水力喷砂压裂”两套工艺。“水力喷砂与小直径封隔器联作拖动压裂”受到常规油管拖动带压作业因素的影响，国内外油田逐渐发展为“连续油管带底封水力喷射环空加砂压裂”，而新疆油田没有进一步发展该项技术。不动管柱多级滑套水力喷砂压裂工具主要以油管+多组滑套喷枪组合(图1.32)，采用水力喷砂射孔，压裂时油管加砂，环空补原液，投球打开滑套喷枪逐级完成射孔、压裂作业。

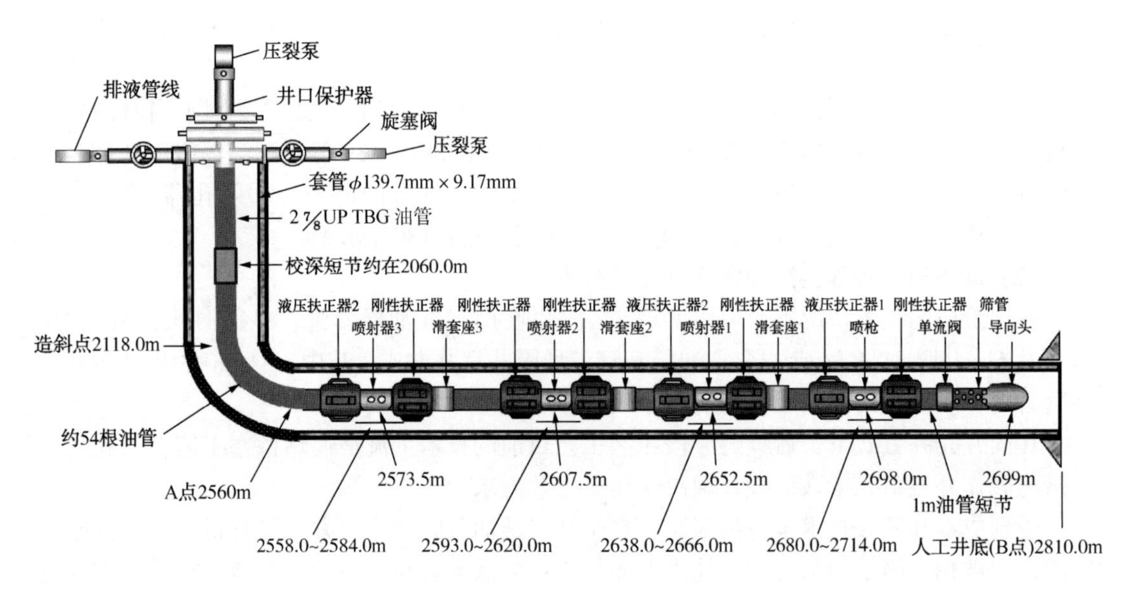

图 1.32　XHW5401 井后四级喷砂压裂管柱结构

技术特点是可实现射孔、压裂联作，喷枪射孔造缝位置准确；施工时只需下一次管柱，可解决多层射孔压裂作业，缩短施工周期；工艺适用性强，能满足不同完井方式的改造要求；喷枪可配套重力定向工具，实现水平段内定向射孔。应用储层要求相对均质，且岩石抗张强度小于 10MPa；工艺注入油管尺寸受限导致施工摩阻高于其他工艺，应用井深受限；单个喷嘴过砂能力在 5m^{3}以下，不适合大规模加砂压裂。

作为一项储层改造措施，主要用于低渗透砂、砾岩和特殊类型(火成岩)油藏，工艺管柱耐温 120℃，耐压差 70MPa。可用于新井和井筒完善度较高的老井，完井方式上可应用于裸眼完井、筛管完井和套管完井。由于现阶段实施的水力喷砂压裂井均具备一定的工艺试验性质，选井时都趋向于最稳妥的方案，也即新井投产压裂，拥有完善的井筒条件，施工风险低。完井方式以套管固井为主，裸眼完井因为具有非常高的井壁坍塌风险而没有实施。

井深、围压高是限制水力喷砂压裂工艺应用的重要因素。因该技术使用小直径的喷嘴通过节流形成高速射流导致油管内产生非常高的节流压差，大大增加了井口压力。水力喷砂压裂一般使用 6~8 只喷嘴，6~8 只直径 6mm 的喷嘴在不同排量下节流压差预测结果显示，6 只喷嘴在 2.0~2.5m^3/min 排量下喷嘴节流压力为 24.33~38.02MPa，8 只喷嘴在 2.0~2.5m^3/min 排量下喷嘴节流压力为 13.69~21.39MPa(表 1.80)。该工艺环空注液施工油管尺寸受限也导致施工摩阻高于其他工艺。现阶段新疆油田该工艺应用的井深不超过 2500m。

在不采取辅助封隔的条件下，由于水力喷砂分段压裂需要依靠射孔增压实现自封隔。在目前的工艺条件下，不考虑淹没式射流流束受到周围介质波动的影响，可实现射流增压 4~10MPa。为了实现自封隔，要求选择岩石力学性质大致相当的储层作为压裂段，相匹配的储层相对均质，且地层条件下岩石抗张强度(破裂压力-裂缝延伸压力)低于射流增压。

表1.80 不同喷嘴数量和排量下节流压差预测

排量(m^3/min)	喷嘴节流压差(MPa)	
	6只喷嘴	8只喷嘴
1.0	6.08	3.42
1.5	13.69	7.70
2.0	24.33	13.69
2.5	38.02	21.39
3.0	54.75	30.82

为了实现水力喷砂压裂裂缝启裂、延伸及自动隔离，需优化喷射参数，确定岩石形成喷孔的临界速度和裂缝自我隔离所需射流增压，同时优化施工参数，保证施工质量。

(1) 临界喷射速度。

进行水力喷砂压裂前，以试验为主要手段确定临界喷射速度。经试验及现场实践证明，通常情况下喷射速度为130~200m/s时可实现水力喷射穿孔破岩的目的，而且随排量增大，射孔深度明显增加(图1.33)。

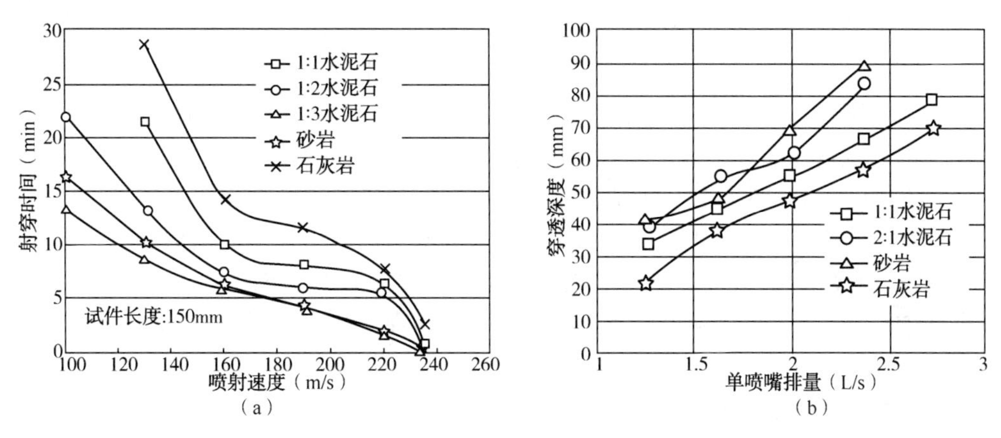

图1.33 不同流速下的破岩试验

(2) 射流增压。

水力喷射喷孔内压力要高于环境压力，其压差成为射流增压，当射流增压大于新缝破裂压力与裂缝延伸压力的差值时，喷射压裂就具有自封隔效果。射流速度是影响增压效果的关键因素，需要针对不同储层优化射流速度，使射流增压满足裂缝启裂与自动封隔需要。表1.81中是6种不同喷嘴直径的射流增压经验公式。

表1.81 不同直径喷嘴射流增压公式表

喷嘴直径(mm)	射流增压公式	喷嘴直径(mm)	射流增压公式
4.5	$\Delta p=1.1047\rho Q^2/C^2$	6	$\Delta p=0.2464\rho Q^2/C^2$
5	$\Delta p=0.8258\rho Q^2/C^2$	6.5	$\Delta p=0.1010\rho Q^2/C^2$
5.5	$\Delta p=0.2759\rho Q^2/C^2$	7	$\Delta p=0.0839\rho Q^2/C^2$

注：式中Q为排量，m^3/s；ρ为流体密度，g/cm^3；C为喷嘴流量系数，一般取0.9。

（3）油管排量。

油管排量要满足几方面要求：首先，喷嘴节流产生的附加压差与喷嘴的直径和施工排量有关系，因此，要在喷嘴数量与排量匹配关系研究上确定油管排量。喷嘴排量控制在 0.2~0.4m^3/min，喷嘴节流压力可控制在 10.0~37.4MPa，满足绝大多数油藏改造临界喷射速度和射流增压的要求。在前述基础上，结合管路摩阻与施工排量的关系，最后依据井口限压与射流速度等关系优选油管排量。

（4）环空排量。

在压裂后续段时，为使已压层段不再重新开启，必须控制裂缝套管压力。根据已知的裂缝延伸压力梯度，计算每一层需要控制的套管压力，原则是控制地面套管压力低于该层计算出的裂缝延伸压力 3~4MPa。如果没有准确的地应力资料，则根据压开最下部地层时的起裂压力，推算裂缝延伸压力梯度。而套管压力需要通过环空排量来控制，过程如下：①预测裂缝延伸压力梯度和环空摩阻。②根据裂缝延伸压力梯度和套管限压计算低于裂缝延伸压力条件下的环空最大注入排量。

2008 年，新疆油田第一口实施多级压裂的六中区石炭系 BJHW601 水平井即采用了水力喷砂分段压裂技术。截至 2013 年 9 月，该技术在新疆油田稀油水平井中累计实施 4 井次 15 段，最高单井施工 5 段（XHW5401 井）。

“不动管柱多级滑套水力喷砂压裂”工艺上采用油管和环空双注入系统，注入油管的尺寸受到相应的限制。新疆油田目前实施的不动管柱多级滑套水力喷砂压裂技术主体采用 2⅞in的油管作为施工管柱，因投球尺寸限制，现阶段可以完成 6 段压裂施工。

水力喷砂压裂工艺为筛管完井方式下的油井改造提供了一条途径，但环空压力控制难度大和筛管质量破坏导致的工具无法取出等风险因素仍然对工艺的应用形成了限制。以八区 530 井区的 HW80466 水平井为例，该水平井预期具备较高自然产能，因此采用筛管完井方式完井，但投产后的效果并不理想，因此采用筛管完井方式下唯一可用的水力喷砂压裂方式对其进行改造，但压裂后工具经大修才取出，日产液 5.4t，日产油 3.5t。

1.10.3.2 裸眼封隔器分段压裂技术

裸眼封隔器分段压裂技术是按地质和工艺的需要把水平井分为若干段，在相应位置下入水力坐封式封隔器，在需要改造的对应位置下入滑套，封隔器坐封后把水平段封隔开，依次投球打开滑套实现分段压裂作业。如图 1.34 所示为 JHW005 井裸眼封隔器分段压裂管柱。

该技术卡位准确，实现选择性分段、隔离；生产、压裂一趟管柱完成，不动管柱、不固井、不射孔，减少作业时间；投球打开滑套作业下一级，施工快捷，作业效率高，分段改造级数高。但是裂缝起裂位置无法控制；分段数受管柱及球座尺寸限制；堵塞球返排困难和遗留球座造成的井筒不畅通；发展后续维护措施的基础薄弱。

该技术主要用于低渗透砂、砾岩和特殊类型（火成岩）油藏，适用于井壁稳定性好的油藏，尤其适用于裂缝相对发育的油藏，可以充分利用裸眼段天然裂缝对产能的贡献。

新疆油田目前主要针对 7in 技术套管、水平段 6in 井眼的水平井，采用悬挂 4½in 基管完井压裂管柱结构。而在 5½in 技术套管侧钻水平段 4⅝in 井眼的水平井，采用悬挂 3½in 基管完井的压裂管柱结构。工艺管柱耐温 150℃，耐压差 70MPa。

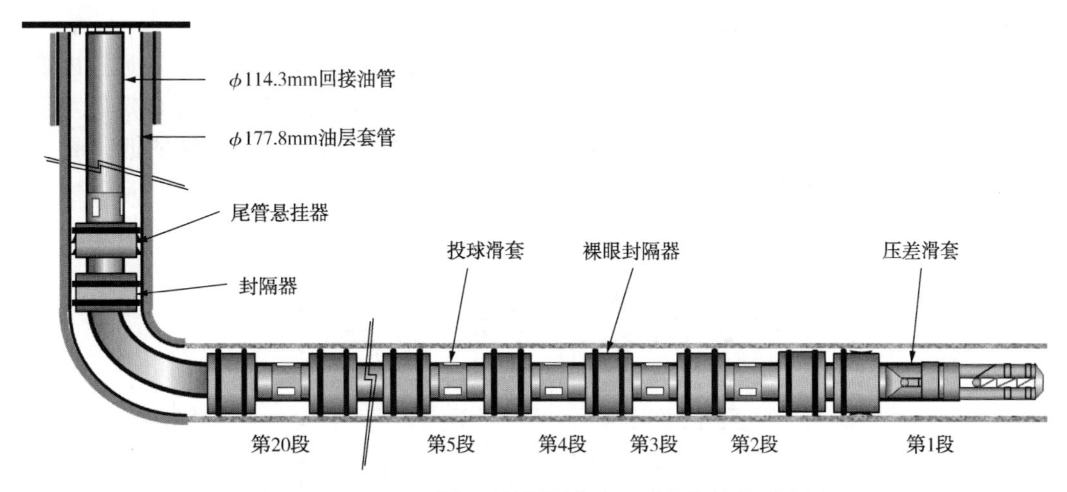

图 1.34　JHW005 井裸眼封隔器分段压裂管柱结构示意图

该技术受深度限制相对较小，特别是相对于水力喷砂分段压裂工艺，由于水平段裸眼完井方式，同时油套环空不作为施工进液通道，施工管柱尺寸的选择空间大，流体入井的管柱摩阻相对可控。新疆油田目前采用的回接管柱尺寸最高达到 ϕ139.7mm（夏 92_H），水平段则主体采用尺寸为 ϕ114.3mm 的尾管。

对工艺应用潜力形成较大影响的参数是分段数，也因此影响该工艺在长水平段水平井上应用（2013 年底，新疆油田应用裸眼滑套分段压裂井最大水平段长 1300m）。以昌吉致密油水平段长为 1300m 水平井为例，受尾管通径的限制，兼顾考虑间隙需求，尺寸为 ϕ114.3mm 的尾管可选的最大球直径为 ϕ88.9mm（3½in），受到节流压差限制，若采用⅛in级差最多只能实现 17 段分段压裂；若采用$\frac{1}{16}$in 级差滑套，最多能实现 33 段分段压裂。由于受到改造排量和砂液冲蚀的限制，据前期试验区工具服务公司 Schlumberger 公司提供的数据，在通过球座的流体速度小于 76.2m/s，且球座节流压差小于 10MPa 的情况下，球座的磨损不影响正常施工。现阶段主体采用的 1/8in 级差最多只能实现 16 段分段压裂，配合采用双孔或三孔球座（图 1.35）和单孔球座组合可实现最多 24 段压裂。

图 1.35　多孔球座外观图

裸眼封隔器分段压裂技术利用多级球座结合管外封隔器实现分段压裂，会带来节流摩阻、球座冲蚀等系列问题，对施工排量以及井口限压的设计都形成影响。

(1) 井口施工压力预测计算方法。

压裂液从泵出口经地面管线、井筒管柱和射孔孔眼进入裂缝，在每个流动通道内都会因为摩阻而产生压力损失，计算这些压力损失并分析其影响因素，对准确地确定施工压力和成功压裂都是十分重要的。施工压力的合理预测也为施工设备选型提供依据。图 1.36 所示为井口施工压力构成图。

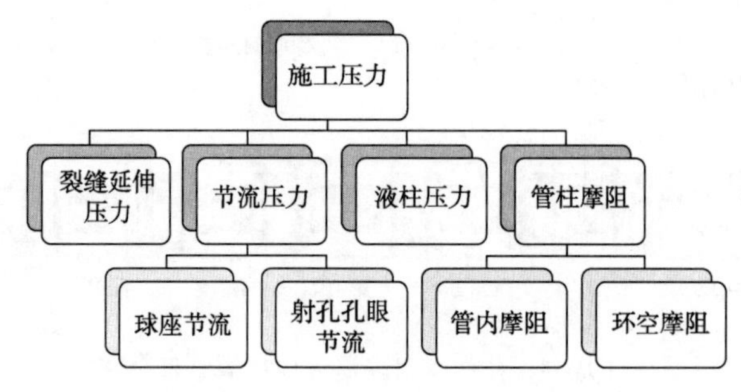

图 1.36　井口施工压力构成图

井口施工压力计算公式为：

$$p_{井口}=p_{延伸}+p_{摩阻}+p_{节流}-p_{液柱} \tag{1.29}$$

① 节流压差。球座孔节流与射孔孔眼节流的原理一致，计算公式如下：

$$p_{pf}=\frac{8Q^2\rho}{\pi^2 n^2 d^4 C^2} \tag{1.30}$$

式中　p_{pf}——节流压差，MPa；

Q——压裂液注入流量，m^3/min；

ρ——压裂液混合密度，g/cm^3；

d——球孔或射孔孔眼直径，mm；

n——球座或射孔孔眼数；

C——孔眼流量系数。

压裂液混合密度计算公式为：

$$\rho=\frac{\rho_i+\rho_t c}{1+\frac{\rho_t c}{\rho_s}} \tag{1.31}$$

式中　ρ_i——压裂液基液密度，g/cm^3；

ρ_t——支撑剂密度，g/cm^3；

ρ_s——支撑剂视密度，g/cm^3；

c——支撑剂体积浓度(砂比)。

当泵入携砂液并以高压通过孔眼时，支撑剂冲蚀射孔孔眼，使孔眼变得光滑，孔眼流量系数 C 和孔眼直径 d 增加，引起孔眼摩阻下降。试验数据表明，孔眼流量系数 C 从 0.56 变化到 0.89，能够造成孔眼摩阻降低 2.5 倍。通过对试验数据的分析和拟合得出孔

眼流量系数 C 和流过孔眼的支撑剂总质量之间有如下线性关系：

$$\begin{cases} C = 0.56 + 3.6376 \times 10^{-4} M = 0.56 + 3.6376 \times 10^{-4} \rho_t \int_0^t q(\tau) c(\tau) \mathrm{d}\tau \\ C \leqslant 0.89 \end{cases} \tag{1.32}$$

式中　M——流过孔眼的支撑剂总质量，kg；

Q——流过孔眼的携砂液流量，m^3/min；

t——携砂液冲蚀孔眼的时间，min。

结合以上计算公式，可实现对不同排量、不同孔眼直径情况下节流压差的准确计算。

② 管柱摩阻。采用降阻比法[78]计算管柱沿程摩阻，即：

$$\sigma = \frac{\Delta p_{G,p}}{\Delta p_0} \tag{1.33}$$

式中　σ——降阻比；

Δp_0——清水的管柱沿程摩阻，Pa；

$\Delta p_{G,p}$——压裂液的管柱沿程摩阻，Pa。

清水的管柱沿程摩阻采用经典流体力学公式计算：

$$\Delta p_0 = \lambda \frac{\rho u^2 L}{2\tilde{D}} = 2f \frac{\rho u^2 L}{2\tilde{D}} \tag{1.34}$$

式中　λ——Darcy 摩阻系数；

f——范宁摩阻系数；

u——管柱内流体的流速，m/s；

$\tilde{D}$——管柱内径，m；

L——管长，m。

采用 Blasius 公式描述紊流的雷诺数与范宁摩阻系数关系，即：

$$f = 0.046\, Re^{-0.2} \tag{1.35}$$

$$Re = \frac{\rho u \tilde{D}}{\mu} \tag{1.36}$$

$$u = 1.2732 \frac{\tilde{Q}}{\tilde{D}^2} \tag{1.37}$$

式中　Re——流体雷诺数；

μ——流体黏度，Pa·s；

$\tilde{Q}$——流体排量，m^3/s。

把式(1.31)代入式(1.30)并转换单位得到：

$$\Delta p_0 = 1.3866 \times 10^{12} D^{-4.8} Q^{1.8} L \tag{1.38}$$

式中 D——管柱的内径，mm；

Q——流体排量，m^3/min。

结合管柱摩阻和节流压差计算方法，可实现对不同排量、不同管柱组合情况下井口施工压力的准确计算(图 1.37)，对优化施工排量起到指导作用。

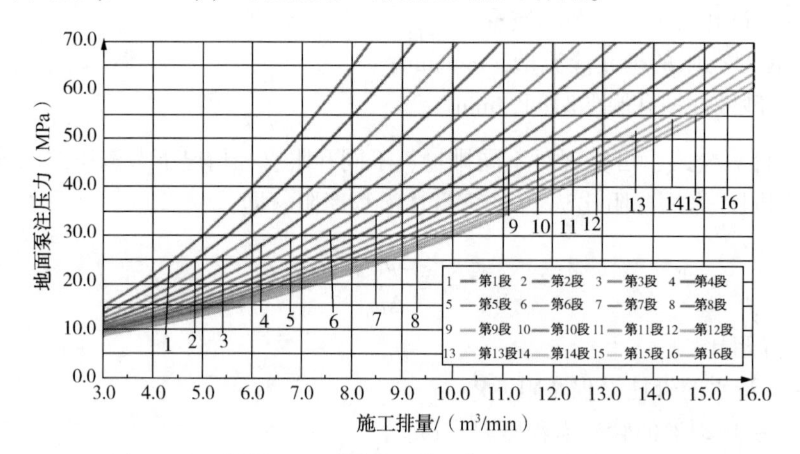

图 1.37 不同位置、不同施工排量与施工压力的对应关系

压裂施工管柱强度校核主要包括两部分：

一是对于固井完井和裸眼完井压裂，均需要校核的是压裂管柱本体的强度。其实现方法是，计算在最大施工排量时，正常施工和砂堵情况下的井口施工压力和井底压力，并由此校核压裂管柱抗内压(安全系数大于 1.1)和抗拉强度(安全系数大于 1.8)是否满足安全要求。正常施工时管柱的受力情况及安全系数如图 1.38 所示。

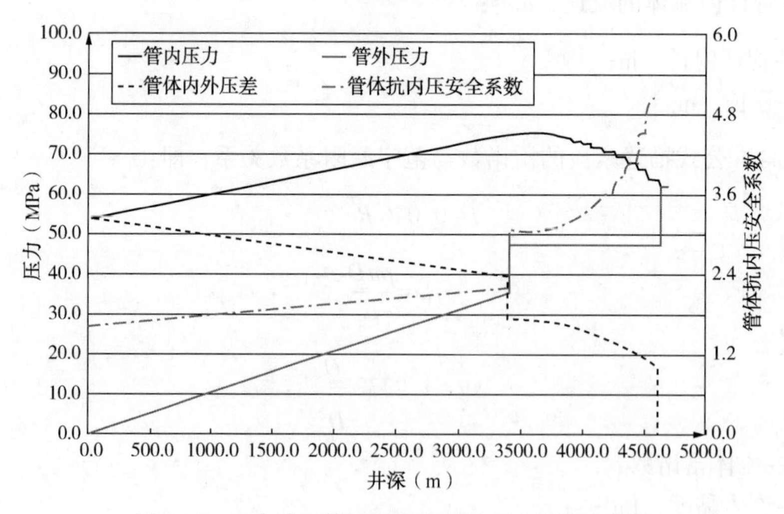

图 1.38 正常施工管柱受力情况及安全系数示意图

二是对于裸眼完井压裂，需要额外校核的是管外封隔器的安全性。对管外封隔器的安全性校核显示，封隔器实际为整个压裂管柱的最薄弱点，在不同砂浓度加砂阶段，封隔器可承受最大地面压力也不同，因此，需要结合选取的压裂井口限压要求，计算在不同加砂

强度时封隔器的承压情况，从而保证施工安全。例如玛 131 井区水平井管柱设计过程中（表 1.82），当砂浓度为 720kg/m³砂堵时，封隔器能承受的地面最大施工限压为 64MPa，由此可见采用 70MPa 井口，施工限压设置为 64MPa，可以保证压裂管柱安全可靠。

表 1.82 不同加砂浓度砂堵时井口部位套管安全系数计算表

支撑剂密度(g/cm³)		压裂液密度(g/cm³)	套管抗内压(MPa)	封隔器耐压(MPa)
视密度	体积密度			
3.339	1.789	1.04	85.56	70
单位体积携砂液所携带的砂量(质量)(kg/m³)	携砂液密度(kg/m³)	砂堵时管柱液柱压力(MPa)	封隔器可承受最大地面压力(MPa)	砂堵时井口套管安全系数
120	1120	39.80	75	1.14
240	1194	42.44	72.5	1.17
360	1264	44.91	70	1.21
480	1329	47.23	68	1.26
600	1390	49.41	66	1.29
720	1448	51.46	64	1.33

注：(1)封隔器强度校核(以玛 133 $T_1b_2{}^1$ 为例)：封隔器可承受最大井底压力 = 70+35.97 = 105.97MPa；
正常施工时安全系数 = 70÷(51.92−35.97) = 4.39；
砂浓度为 720kg/m³砂堵时，封隔器能承受的地面最大施工限压为 64MPa。
(2)套管强度校核：正常施工时井底套管安全系数 85.56÷(51.92−35.97) = 5.36；
砂堵时非当前压裂段套管承受压差 70MPa；
砂堵时井底套管安全系数 85.56÷70 = 1.22。

目前，由于可溶球的应用堵塞球返排困难的问题得到有效解决，遗留球座造成的井筒不顺畅也可以从连续油管钻磨球座技术的应用上寻求解决途径。该工艺今后发展的最大瓶颈就是实施重复压裂等后续措施的基础是最薄弱的，从现阶段的技术发展水平看，高投入完钻的水平井很难得到长期、高效的维护。

1.10.3.3 水力泵入式快钻桥塞分段压裂技术

快钻桥塞分段压裂技术采用电缆传输与射孔联作工艺，实现水平段的下段封隔、上段射孔和压裂作业，完成多段分压施工后通过连续油管钻磨桥塞，达到分段压裂作业和多段合采的目的。桥塞与射孔枪的下入主要分为两个阶段，直井段工具串依靠自重下入，在水平段采用泵送方式将带射孔枪的桥塞泵入指定封隔位置；通过分级点火装置，实现桥塞坐封，并上提射孔枪到达射孔位置进行射孔。第一级通常选用连续油管传输带射孔，后续作业采用泵入式电缆传输射孔。图 1.39 所示为夏 92_H 水平井快钻桥塞分段压裂井身结构示意图。

该技术封隔可靠性高，造缝位置准确，可进行大排量作业；压裂级数不受限制；采用“分段多簇”射孔，多簇一起压裂模式，利用缝间干扰，产生复杂缝网，进而提高人工裂缝的连通性，达到提高产能的目的[28]。压后井筒完善程度高，便于后续作业。但水平段长度受连续油管允许下深限制。施工周期相对较长、成本较高。

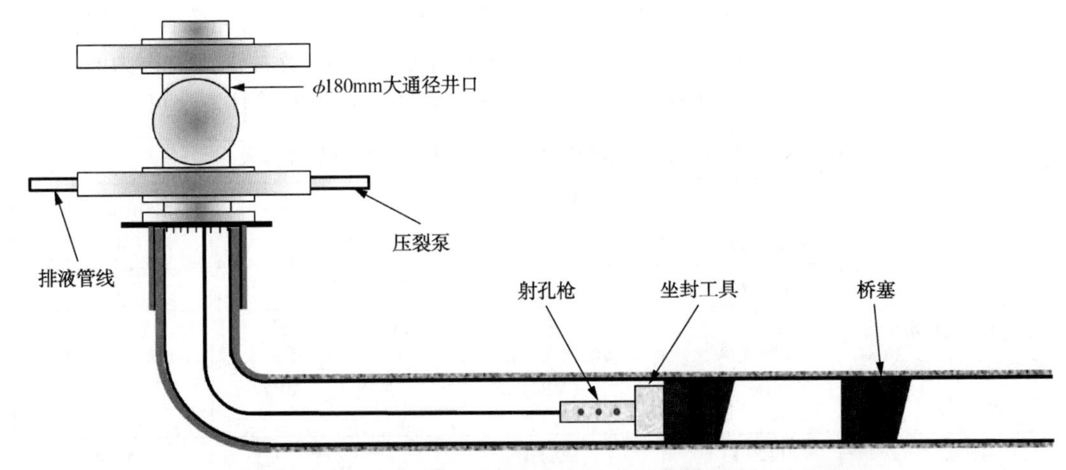

图 1.39　夏 92_H 水平井快钻桥塞分段压裂井身结构示意图

快钻桥塞分段压裂技术主要用于低渗透砂、砾岩和特殊类型(火成岩)油藏，相对于裸眼封隔器分段压裂，该技术更适用于相对致密且天然裂缝不发育、自然产能低的储层，在实现多裂缝间相互干扰造复杂缝方面更具优势。一方面，可以配合相应的暂堵工艺，期望在段内压裂过程中获得多条裂缝，从而实现对储层的细分切割，增加改造波及范围；另一方面，可以通过复合压裂工艺+大排量施工，构建复杂缝网，增加改造波及范围。

为提高套管的承压能力，该技术要求全井段固井。同时，采用泵注式下桥塞，要求全井段套管大小一致。现阶段的完井形式主要有三种，8½in 井眼固 5½in 尾管、6½in 井眼固 5in 尾管和 6in 井眼固 4½in 尾管，前两种管柱将是今后的主流发展方向。工艺管柱耐温 177℃、耐压差 70MPa。

施工过程中，需多次采用连续油管进行通井、射孔、钻塞作业，水平井测深或者说水平段长度受连续油管允许下深限制。新疆油田工程技术公司连续油管装置最大工作能力 5000m。该工艺在深层长水平段水平井施工时需要引进连续油管装置，造成施工成本高，从而对于施工长度形成限制。

射孔是此项技术相对于其他技术的主要不同点。射孔工艺通常第一级使用连续油管传输带射孔，后续作业采用泵入式电缆传输射孔。射孔参数设计主要考虑以下几个因素：依据完井管柱大小及能通过的最小直径的限制，选择尺寸合适的射孔枪，同时需要考虑压裂砂粒大小对孔眼大小的复合要求(图 1.40)。射孔弹的选择方面，深穿透射孔弹将使地层更容易压开，而大孔径则更容易满足压裂加砂要求。

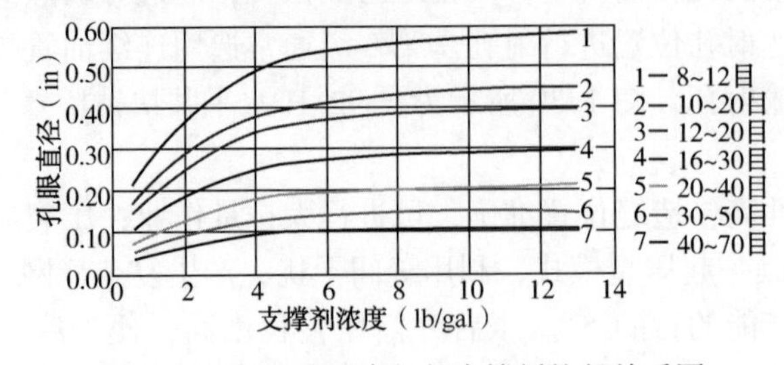

图 1.40　射孔孔眼直径与支撑剂粒径关系图

根据地层条件，可以通过采用“分段多簇”射孔，多簇一起压裂模式，利用缝间干扰，产生复杂缝网，进而提高人工裂缝的连通性，达到提高产能的目的。首先通过储层特征及力学分析，定量确定储层平面存在的应力非均质性。为了确保施工时同一段内的所有孔眼全部吸液，必须使射孔孔眼间的破裂压力差大于储层平面应力差。对于射孔设计来说，即是要使有效射孔孔眼摩阻大于储层平面应力差。采用孔眼摩阻计算公式可以完成分簇参数设计，一般每个压裂段长度为 100~150m，两簇之间距离为 20~30m，每簇跨度为 0.45~0.77m。

2013 年，新疆油田在位于玛北斜坡区的夏 92_H 井成功实施了套管固井快钻桥塞分段压裂工艺。全井分 13 段压裂，用液量 6695.7m^3，加砂量 658.8m^3。采用外径 89mm 的射孔枪和 BH42RDX28-2 深穿透大孔径射孔弹(穿深 540mm、孔径 14.7mm)。压裂后采用连续油管钻磨桥塞从而实现井筒畅通，压裂施工用时 8 天。昌吉致密油 JHW017 井和 JHW020 井也于 2014 年实施了套管固井快钻桥塞分段大规模压裂改造(表 1.83)。

表 1.83 昌吉致密油水平井应用套管固井快钻桥塞分段压裂情况

井号	水平段长(m)	压裂工艺	工具类型	压裂段数	压裂数据			
					总裂液(m^3)	总砂量(m^3)	排量(m^3/min)	泵压(MPa)
JHW017	1800	复合 Hiway	固井桥塞	24	25417.7	1361.8	5-10	55-81
JHW020	1305	大规模体积压裂	固井桥塞	17	23992.3	1288.34	4-11.5	50-81

从现阶段的工艺应用情况来看，套管固井快钻桥塞分段压裂工艺主要的技术应用优势在于大幅度提高了施工排量，从而满足利用高排量作用于地层形成复杂缝网提高改造体积的目的。该技术今后攻关的主要方向是通过技术本土化和提高作业效率降低作业成本，实现技术的有效推广。

第 2 章　稠油油藏采油工艺技术

新疆油田稠油油藏常规热采方式主要包括蒸汽吞吐或蒸汽吞吐+蒸汽驱。自 1984 年投入规模开发以来，通过多年的攻关研究与现场应用，在用常规热采方式开发浅层稠油方面，直井采油工艺主体技术及配套工艺技术已趋成熟完善。对于开采浅层普通稠油(50℃原油黏度 2×10^4mPa·s 以内的稠油)，已有一套基本成熟的主体采油工艺和配套工艺技术，包括高效注汽、举升、防排砂、降黏、化学剂辅助蒸汽吞吐、稠油水平井双管注汽、举升工艺等工艺技术。目前这套浅层稠油采油工艺及配套技术已能满足新疆油田普通稠油生产需要，能将浅层稠油从吞吐到汽驱经济有效地开采出来。对于 50℃原油黏度 2×10^4mPa·s 以上的超稠油油藏，通过技术研究，目前也已进入工业化推广应用阶段。

2.1　储层保护技术

稠油油藏在注蒸汽开发过程中，由于注入的是高温、高 pH 值蒸汽，在水岩作用及原油乳化作用下，储层物性、孔隙结构和原油性质等均会发生不同程度的变化。

2.1.1　储层伤害因素分析

(1) 储层物性变化。对注汽后的密闭取心资料的研究表明，注汽后矿物溶解、转化现象较明显，其中尤以高岭石含量的变化最为突出，其含量在注蒸汽后增加了 12%~14%。高岭石在高温、高压下有转化为丝管状埃洛石的可能，丝管状埃洛石将会堵塞部分孔隙和通道，水岩作用使得离子交换连续不断。溶解与沉淀长期发生，造成孔隙内被充填物充填、堵塞。同时发生的井底出砂现象虽可以使近井地层的物性得到改善，但远井地带在颗粒运移过程中只能造成堵塞孔隙，降低储层渗透性；注汽前后储层物性对比分析表明，注汽后孔隙度比注汽前降低了 1.5%~2%，水平渗透率比注汽前降低 3~5 倍，蒸汽的作用使储层物性、孔隙结构变差。

(2) 孔隙结构变化。储层孔隙结构的变化主要是水化作用的结果。注汽前，孔隙组合方式以粒间孔—粒间溶孔—粒内孔为主要组合类型。注汽后主要为粒间溶孔，使得孔隙空间变小；颗粒胶结方式在注汽后也发生一些变化，注汽前，颗粒多以点状接触或少量的胶结物接触，注汽后，这些颗粒接触点在水岩作用下，将发生溶解与沉淀，使原来的点接触转变为线面接触，最终使储层孔隙度、渗透率降低。

(3) 原油性质变化。原油黏度随着开采阶段的延长而升高，一般情况下原油黏度可升高 2~3 倍。另外在开采过程中，原油乳化也是一种常见的现象，由于原油中含有一定量的天然乳化剂，长期在高温作用下使地层流体和井筒流体形成了复杂的油水乳化体系[79]，一般表现为在前一二周期表现为含水低，原油的乳化含水率也低，原油在地层中的流动性相对要好，产量也较高；到了后期，由于乳化含水率升高，使地层中的原油流动性变得更差。

2.1.2　储层保护要求

（1）完井过程中保护油层的要求及措施：

① 完井作业中的储层保护需严格按照《钻井工程方案》中油气层保护相关要求执行。

② 射孔时选择对油层伤害少、配伍性好的射孔液，建议采用稠油脱油污水。

（2）修井作业中保护油层的要求及措施：

① 修井作业时应尽可能降低入井液中固体微粒侵入，尽可能降低入井液造成地层冷却，压井液建议使用稠油脱油污水。

② 修井作业过程中，要求入井工具干净，采用近平衡压井并及时返排，减少对油层伤害。对于入井工具，要求采用措施冲洗干净后才能入井。

③ 对于采用稠油脱油污水冲砂不彻底的井，建议采用携砂液进行冲砂。

（3）采油作业中保护油层的要求及措施：

制订合理的注采制度。应严格按照油藏工程方案的要求控制注汽压力和注、排速度，以防止汽窜以及猛注、猛喷造成出砂而破坏油层。

2.2　直井完井工艺技术

新疆油田已投入开发的普通稠油油藏埋深浅，直井完钻井深在 170~600m，工艺上采用 7in 油层套管注双凝水泥施加预应力固井完井、注加砂水泥固井地锚施加预应力完井、配套热采井专用套管头进行注加砂水泥固井地锚预应力完井。

2.2.1　完井方式

目前，在新疆油田投入开发的浅层普通稠油油藏中，已完钻的常规开发直井的完井方式采用套管注加砂水泥预应力固井、射孔方式完井（1995 年以后九$_1$—九$_5$ 区大约 400 口井，其他区块 64 口井没有施加预应力固井）。

2.2.1.1　注加砂水泥固井

新疆油田浅层普通稠油油藏埋深浅。已投入开发的油藏，一般油层埋深 140~600m，原始油藏温度 19~24.2℃。

新疆油田耐温加砂油井水泥室内试验和现场应用表明，在热采井固井中，在油井水泥中掺入 30%~40%的无机质的、强度稳定的石英砂或石英粉，粒度小于 40 μm、SiO_2 含量占 90%以上，可以提高水泥的耐热性，其根本原因在于 SiO_2 能和水泥熟料中 C_5S，C_2S 和 C_4AF 等的水化物相互作用，在注蒸汽高温作用下进行水热合成反应，形成新的水化物[80]。新的水化物是能赋予水泥石以高强度的低碱性水化硅酸钙—CSH(B)、雪硅钙石($C_4S_5H_5$)和硬硅钙石(C_5S_6H)。

在稠油热采井的开发中，为了避免层间蒸汽窜通，要求水泥石的渗透率小于 0.1mD。通过对比，在高温注汽时，如采用普通水泥固井，水泥强度和渗透率都不能满足要求。因此，为满足稠油油藏注蒸汽热采要求，在新疆油田浅层稠油油藏注蒸汽热采井中，普遍应用注加砂水泥固井技术。

2.2.1.2 预应力完井技术

新疆油田在浅层普通稠油油藏开发过程中，给套管施加预应力的方法有双凝水泥法和地锚法。

(1) 双凝水泥法施加预应力完井技术。该方法是在固井时，先后注入两种凝固时间不同的水泥——缓凝水泥和速凝水泥。速凝水泥位于套管底部，缓凝水泥位于速凝水泥之上。当速凝水泥已经凝固而缓凝水泥尚未初凝时，在井口用千斤顶拔套管施加预应力；然后固井、候凝完井。现场实施800余井次。其优点是作业简便、成本低，但该技术存在的主要问题是预应力井段不易控制准确，会出现井口抬升。现场采用环空补挤水泥、重新焊接环行钢板等措施处理。该技术只在20世纪90年代以前新疆油田浅层普通稠油油藏中使用，目前已不再使用。

(2) 地锚法提拉预应力完井技术。地锚型号为DM-Ⅱ型(图2.1)。将地锚接在油层套管下部下到井底，要求能按技术规程活动套管和进行常规固井作业。固完井后，通过胶塞憋压推动地锚连杆撑开锚爪，保持管内压力，上提套管将锚爪嵌入井壁地层，继续上提套管柱，施加轴向拉伸应力，上提拉力达到设计值后，固定井口套管，套管柱保存拉伸预应力。该方法于20世纪90年代中期开始在新疆油田全部的浅层稠油热采井中使用，解决了采用双凝水泥施加预应力无法满足设计预应力的现场施工要求，目前仍然在新疆浅层普通稠油油藏中普遍应用。

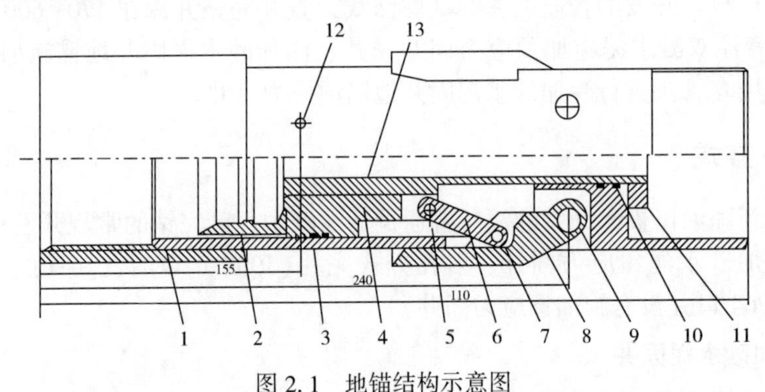

图2.1 地锚结构示意图

1—本体；2—胶塞锁座；3，10—O形密封圈；4—中心滑块；5—长轴销；6—连杆；7—锚爪上销轴；8—锚爪；9—锚爪下销轴；11—挡圈；12—剪切销钉；13—中心杆

(3) 采用RT10×7-21稠油热采井专用套管头(图2.2)的地锚法提拉预应力完井技术。2000年开始，新疆油田在稠油热采井中全面使用了热采井专用套管头，这在国内是首家。热采套管头是一种适用于稠油热采井快速固井和悬挂套管的新型井口装置。采用该技术在后期采油作业中基本上杜绝了由于井口抬升造成原油及蒸汽外泄引起环境污染及井口作业人员的安全问题，解决了预应力施工的主要技术难题和矛盾。

此外，从新疆油田浅层稠油油藏更经济开发的角度考虑，对于井深小于300m的生产井，如九$_1$—九$_5$区于1997年投产加密井759口，按照方案的设计，有近400口井没有实施预应力固井，吞吐2~3轮，没有发现套管损坏的情况。因此，在配套采用热采套管头

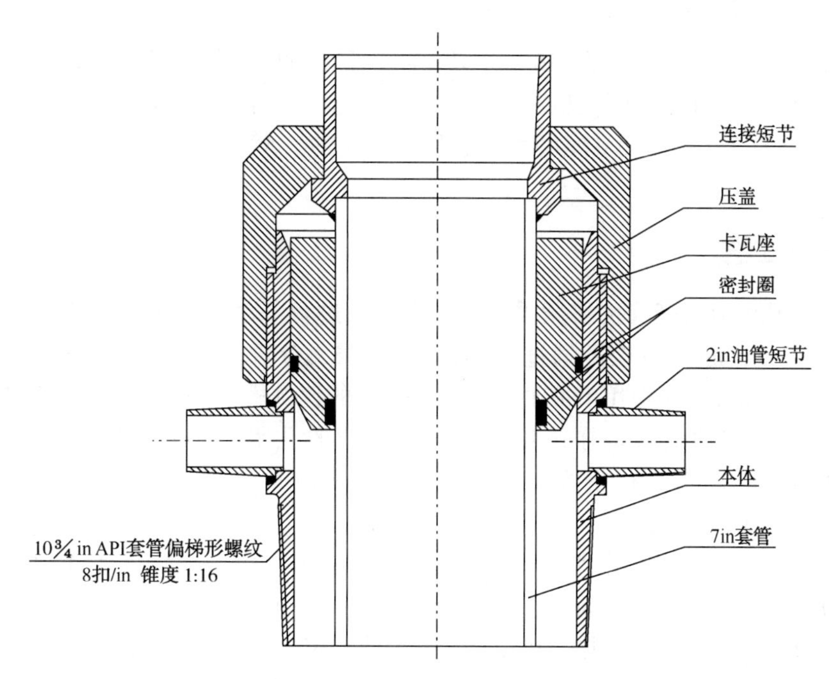

图2.2　热采套管头结构示意图

的条件下，对不施加预应力的完井方式的可行性也进行了分析。

目前井深300m左右的稠油井注汽压力普遍不高(表2.1)，主要在5MPa以内，个别区块的部分井的注汽压力稍高。

表2.1　井深300m以内稠油区块注汽压力参数分布表

区块	九$_1$—九$_5$区(J_3q)	红浅(J_3q)	风城(J_3q)
平均井深(m)	200~300	300	200
注汽压力(MPa)	3~5	6~8	3~5

按照蒸汽的热力学性质，所对应的温度值普遍在套管自身的屈服强度(256℃)以下(表2.2)。根据现场的热采生产证明，在保证固井质量和使用热采套管头的情况下，没有出现套管的明显伸长和套管热应力损坏。

表2.2　饱和蒸汽热力性质

压力(MPa)	3.4	4	4.5	6	8	10	12
温度(℃)	240.8	250.3	257.4	275.5	294.9	310.9	324.65

计算在300m深的井需实施的预应力和套管耐温能力结果见表2.3。

表2.3　套管预应力计算结果

井深(m)	套管最大热应力(MPa)	高温下套管屈服强度(MPa)	施加预应力(MPa)	套管自重(kN)	井口拉力(kN)	套管拉伸长度(m)	预应力下套管最大耐温能力(℃)
300	461.8	418.8	43.0	100	400	0.1	316

由表2.3可以看出，井深300m时只需将套管拉伸10cm，就可将套管的耐温能力由300℃提高到316℃，但套管在注汽时的实际温度只有275.5℃左右。因此，对于井深≤300m、注汽压力≤6MPa(对应注汽温度≤275.5℃)的浅井，不实施预应力是可行的。

2.2.2 射孔工艺

国外在射孔参数对套管抗挤压强度的影响方面进行了深入的研究。20世纪80年代，Amoco公司和Schlumberger公司通过室内模拟和有限元分析，研究了高密度射孔对抗挤压强度的影响。Amoco公司曾用L80油管按1∶3.33的比例模拟7in套管，研究各种射孔参数对套管的侧向和轴向抗挤压强度的影响。油管的孔眼用钻床加工，模拟参数孔径9.4mm，19mm和23mm，孔密为13~118孔/m，相位角分别为0°，60°，90°，120°和180°，试验采用线性载荷。

模拟试验结果表明：在孔密为13~26孔/m(4~8孔/ft)时，射孔对套管强度的影响很小(图2.3)，即使在射孔密度为38~51孔/m(12~16孔/ft)时，只要采用60°相位角，对套管抗挤压强度的影响也十分有限(图2.4)。但当孔密超过51孔/m(16孔/ft)后，射孔对套管抗挤压强度有较大的影响。如果射孔密度为77孔/m(24孔/ft)和116孔/m(36孔/ft)时，套管抗轴向载荷的能力将下降20%以上。

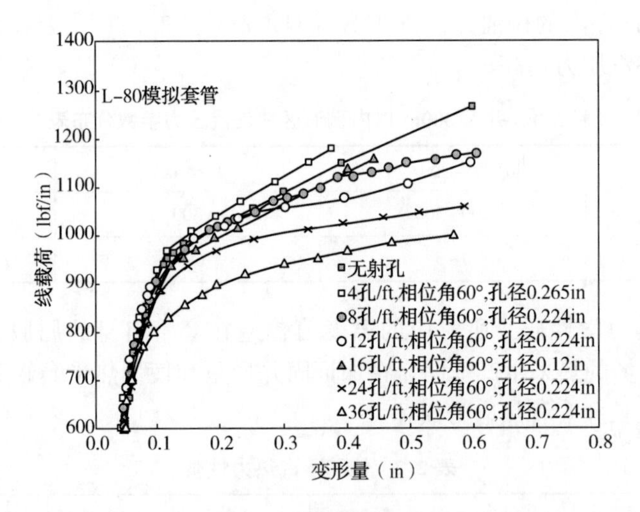

图2.3 不同孔密下L80模拟套管变形与载荷的关系

模拟试验结果还表明，在套管的抗挤压强度的降低程度方面，在孔密和孔径相同的条件下，采用60°相位角射孔的要比0°，120°，90°和180°相位角射孔时的小得多，证明60°相位角是维持套管抗挤压强度的最有利的射孔相位角。

根据模拟试验得出的结论，Amoco公司用26lbf/ft的N80套管和32lbf/ft的P110套管进行试验，射孔采用聚能射孔枪，套管壁厚12.8mm(0.5in)，孔密38~51孔/m(12~16孔/ft)，射孔相位角为60°，试验表明，射孔后套管的抗挤压强度与未射孔的套管强度差别很小(图2.5)。因此，国外已普遍采用高密度射孔，孔密达到30~40孔/m。

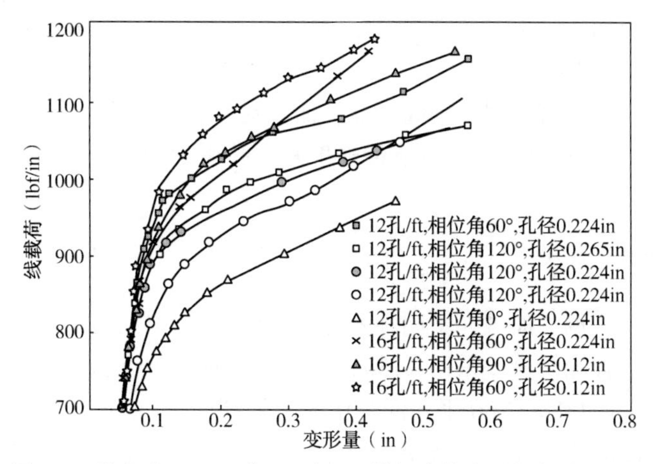

图 2.4 孔密为 38~51 孔/m 时 L80 模拟套管变形与载荷的关系

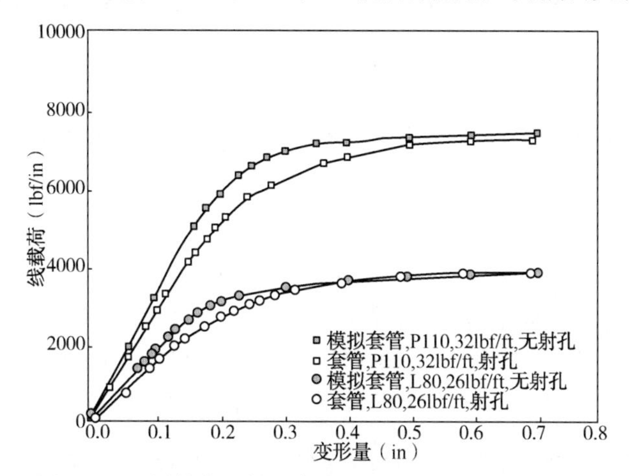

图 2.5 不同载荷下射孔套管与未射孔套管的变形情况

新疆油田稠油井射孔一般采用 YD-89 射孔弹、孔密为 20 孔/m、螺旋式布孔、60°射孔相位、射孔液为稠油脱油热水。

2004 年试验大孔径、高孔密射孔弹(型号：BH54RDX-3，孔径：23mm，射孔密度：40 孔/m)射孔 25 口井，射孔后下入螺杆泵冷采，但由于供液不足，发生螺杆泵干磨现象，造成螺杆泵损坏情况比较严重，后陆续转为热采。

从大孔径、高孔密射孔井的两种不同生产方式看，大多数井的冷采生产效果不好，而其第 1 轮热采生产效果比同期常规射孔(YD-89 射孔弹)热采井好(表 2.4)。因此，从热采初期生产效果看，大孔径高孔密射孔有助于提高注蒸汽热采油井的产能。

表 2.4 大孔径高孔密射孔井与常规射孔井(DP-89 射孔器)热采效果对比

射孔弹	统计井数(口)	总射开厚度(m)	累计产油(t)	累计产水(t)	累计生产时间(d)	平均日产液(t)	平均日产油(t)	米产油(t/m)
BH54RDX-3	12	102.5	5208	8300	2219.2	6.09	2.34	50.8
DP-89	13	75.5	3143	7588	2022.1	5.31	1.55	41.6

在新疆浅层普通稠油油藏开发过程中，实施现有射孔工艺(20 孔/m 或大孔径、高孔密射孔)后未出见套损现象。

综上所述，较高的孔密有利于提高产能，而且对套管影响小。新疆油田已投入开发的浅层稠油油藏采用 DP-89 射孔器、电缆传输射孔、孔密 20 孔/m、射孔相位角 60°的射孔工艺技术满足开发要求。

2.2.3 注采管柱

新疆油田浅层普通稠油油藏在不同开发方式下的注采管柱为：

(1) 注蒸汽热采吞吐阶段：采用 ϕ73mm(2⅞in) N80 平式油管作为注采管柱；动态监测井一般采用 ϕ62mm(2⅜in) N80 平式油管作为注采管柱。

(2) 蒸汽驱阶段的注汽井：在新疆油田浅层稠油油藏区块中，有 800 多个井组转入蒸汽驱。大部分井采用了隔热油管或隔热油管+封隔器作为注汽管柱，小部分井采用了平式油管作为注汽管柱。

目前，对于不同开发方式下的管柱，一般通过运用“注蒸汽井筒及地面管线热损失计算软件”进行井筒热损分析，结合油藏工程确定的不同稠油油藏开发时要求达到的井底蒸汽干度来优选。

2.2.3.1 蒸汽吞吐方式下的注采生产管柱

按照油藏工程的设计要求，对不同类型的稠油油藏，蒸汽吞吐阶段的注汽速度(表 2.5)和有效加热半径达到 30m 时，普通稠油井底干度需大于 50%，特稠油井底干度需大于 60%，超稠油井底干度必须大于 70%(图 2.6)。对已采用的几种管柱，按照实际井深范围(140~560m)和注汽参数统计结果进行有关井筒热损失计算(图 2.7 和图 2.8)。

表 2.5 吞吐阶段油藏工程对不同类型油藏注汽速度和井底干度要求

油藏类型	砂岩普通稠油 (ϕ>27%) (K>800mD)	砂砾岩普通稠油 (19%<ϕ<27%) (200mD<K<800mD)	砂岩特稠油 (ϕ>27%) (K>800mD)	砂砾岩特稠油 (19%<ϕ<27%) (200mD<K<800mD)
吞吐注汽速度(t/d)	140~160	100~120	140~160	100~120
井底蒸汽干度(%)	>50	>50	>60	>60

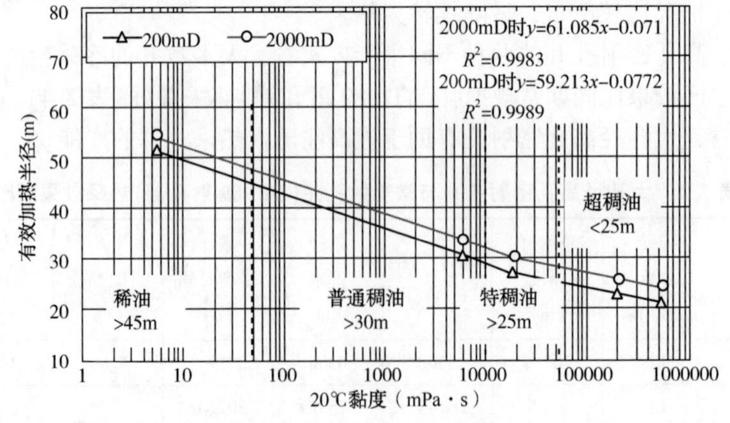

图 2.6 吞吐阶段油藏工程设计不同类型油藏注汽速度和井底干度图

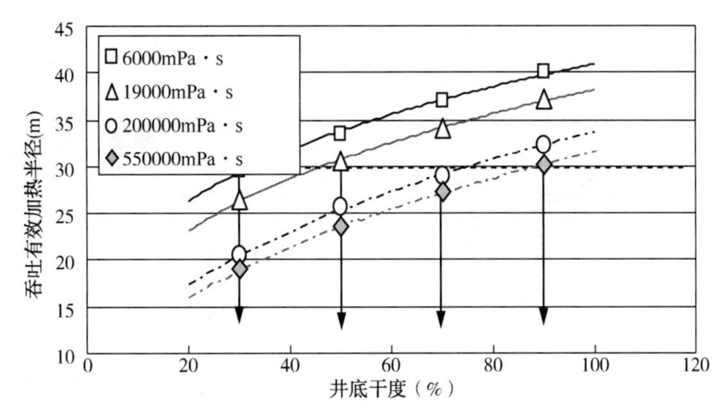

图 2.6　吞吐阶段油藏工程设计不同类型油藏注汽速度和井底干度图(续)

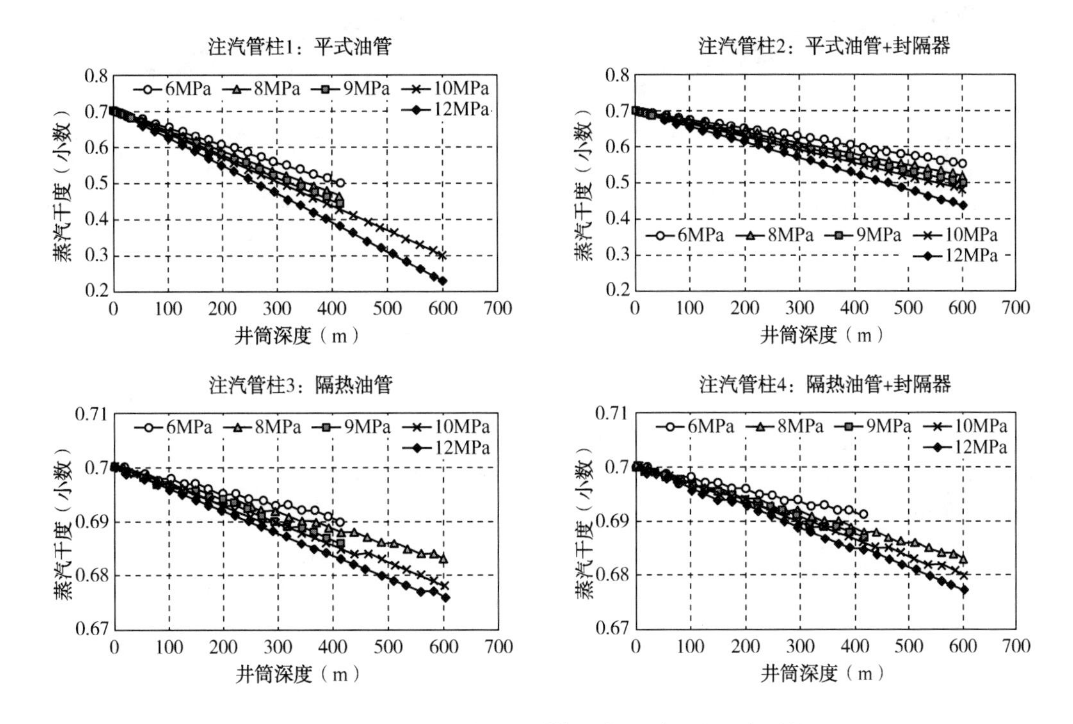

图 2.7　蒸汽吞吐阶段不同管柱在不同注汽压力时的
井筒干度变化(注汽速度 120t/d、井口干度 70%)

据图 2.7，取井口干度 70%、注汽速度 120t/d，可以从理论上分析新疆油田浅层普通稠油油藏已采用管柱在注蒸汽吞吐阶段的适应性：

(1) 井深不大于 400m 的井，现场生产过程中井口注汽压力不超过 6MPa，采用 ϕ73mm(2⅞in) N80 平式油管可以满足油藏工程对井底干度不低于 50%的要求，因此，ϕ73mm(2⅞in) N80 平式油管是适合在注蒸汽吞吐阶段作为注采管柱的。

(2) 井深大于 400m 的浅层稠油生产井，现场井口注汽压力不超过 10MPa，采用 ϕ73mm (2⅞in) N80 平式油管+耐热封隔器可以满足油藏工程对井底干度不低于 50%的要求。如果现场井口注汽压力超过 10MPa，蒸汽吞吐注汽管柱需要采用隔热油管才可以满足要求。

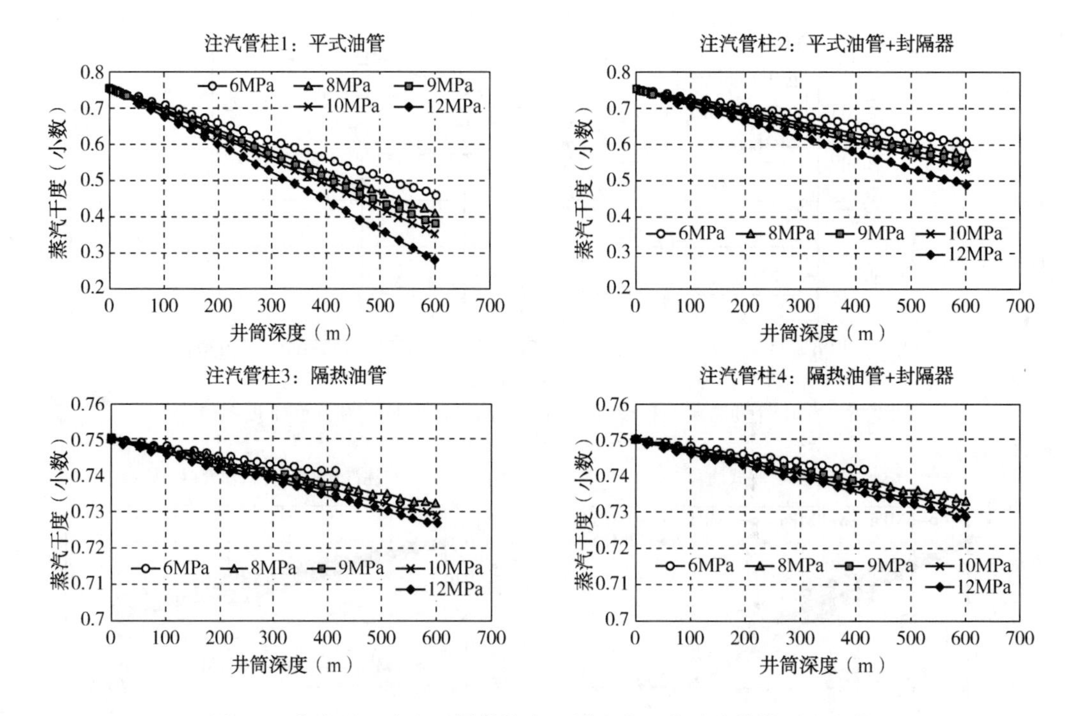

图 2.8　蒸汽吞吐阶段不同管柱在不同注汽压力时的井筒干度变化
（注汽速度 120t/d、井口干度 75%）

据图 2.8，当井口干度 75%、注汽速度 120t/d 时，可以从理论上作出如下分析：

（1）井深不大于 400m 的井，现场生产过程中井口注汽压力不超过 9MPa，采用 ϕ73mm（2⅞in）N80 平式油管可以满足油藏工程对井底干度不低于 50% 的要求，因此，ϕ73mm（2⅞in）N80 平式油管是适合在注蒸汽吞吐阶段作为注采管柱的；

（2）井深大于 400m 的浅层稠油生产井，现场井口注汽压力不超过 12MPa，采用 ϕ73mm（2⅞in）N80 平式油管+耐热封隔器能够满足油藏工程对井底干度不低于 50% 的要求。

在新疆油田浅层普通稠油油藏的注蒸汽吞吐的实际生产过程中，在设计方案中要求注蒸汽吞吐采用隔热措施的井，由于成本、现场操作、产品质量等各种因素的影响，实际上在现场未实施。从生产效果方面无法对蒸汽吞吐阶段注汽管柱结构的适应性做进一步对比。

在蒸汽吞吐开发方式下，对于井深超过 600m 的普通稠油油藏，理论分析和现场实际应用情况表明，目前采用 ϕ73mm（2⅞in）N80 平式油管的注采生产管柱可以适应开发的要求；同时为了增加过汽通道，一般在泵筒上面增加一根 ϕ88.9mm N80 平式油管。

2.2.3.2　蒸汽驱开发方式下的注采生产管柱

蒸汽驱开发阶段，新疆油田浅层普通稠油油藏汽驱注汽井的现场注汽速度一般不超过 50t/d。运用“注蒸汽井筒及地面管线热损失计算软件”，在井口蒸汽干度 75%、注汽速度 50t/d 的条件下，按不同井深对应注汽压力（600m—8MPa；400m—4MPa；250m—3MPa），对新疆油田采用的不同注汽管柱进行理论计算和分析，如图 2.9 和图 2.10 及表 2.6 所示。

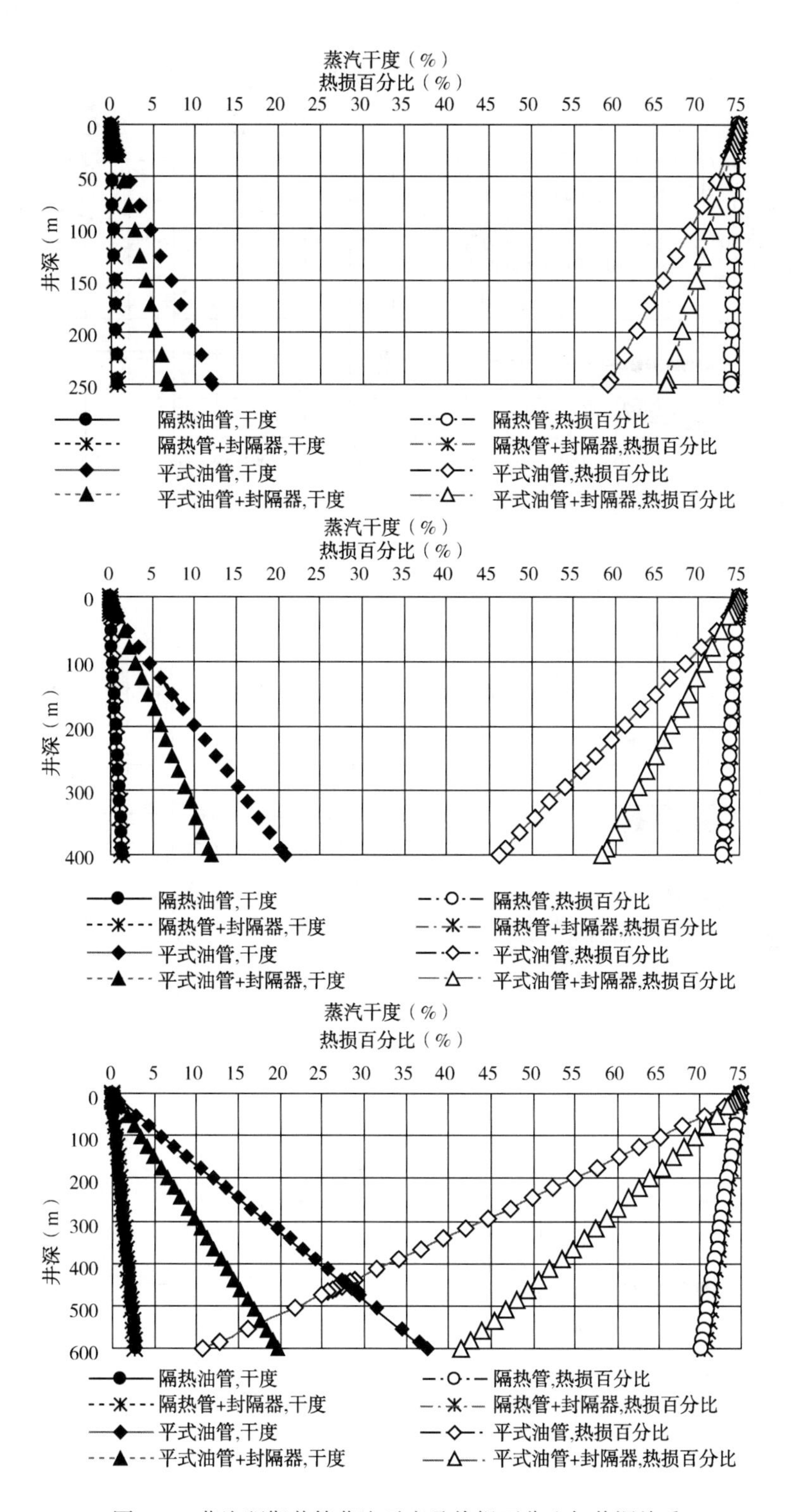

图2.9　蒸汽驱期井筒蒸汽干度及热损百分比与井深关系

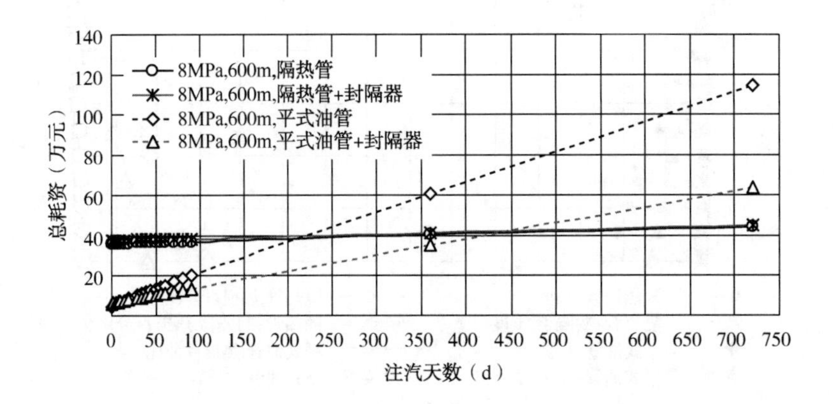

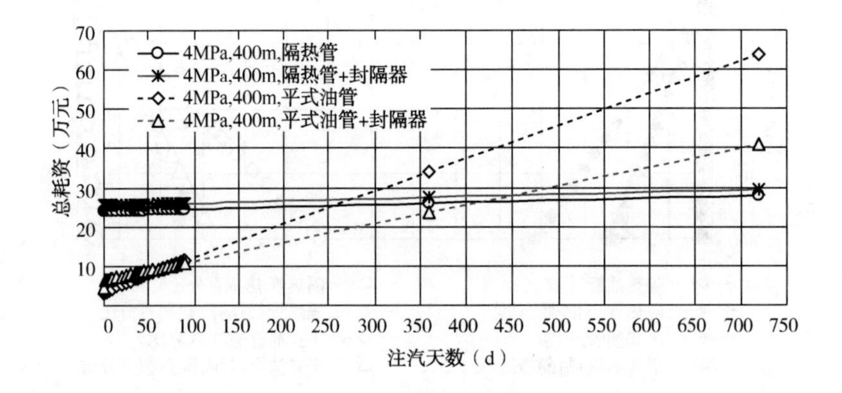

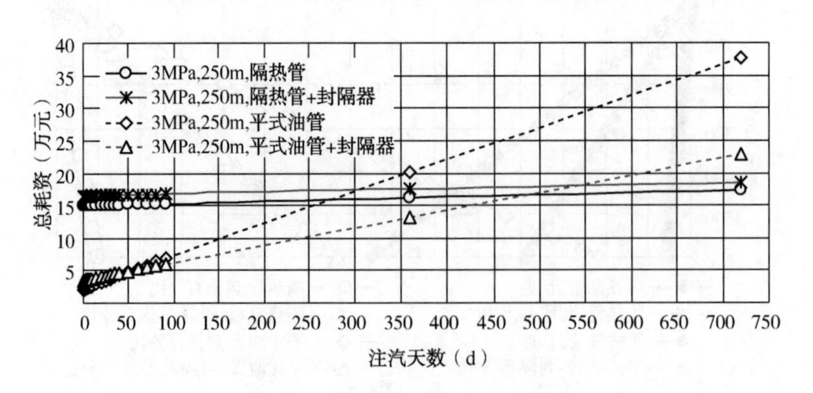

图 2.10　蒸汽驱期不同井身结构总耗资对比
（注汽速度 50t/d、井口干度 75%）

表 2.6 蒸汽驱阶段井筒热损失数模总耗资分析表

井筒结构		φ114mm×62mm 隔热油管			φ114mm×62mm 隔热油管+封隔器			$2\frac{7}{8}$inN80 平式油管			$2\frac{7}{8}$inN80 平式油管+封隔器			设定条件
井深(m)		250	400	600	250	400	600	250	400	600	250	400	600	
井口压力(MPa)		3	4	8	3	4	8	3	4	8	3	4	8	(1)热采方式:蒸汽驱; (2)隔热油管视导热系数 $W/(m^2 \cdot ℃)$:φ114mm×62mm 取 0.03; (3)有封隔器时环空为空气; (4)无封隔器时环空为水; (5)注汽速度:50t/d; (6)注汽时间:90d、1a、2a; (7)井口干度:75%
井口热量(MJ/d)		117750	118640	119890	117750	118640	119890	117750	118640	119890	117750	118640	119890	
井底温度(℃)		233.7	250.9	297.5	233.7	250.9	297.5	233.9	251.5	300.3	233.8	251.2	298.4	
井底干度(%)		74	73	70.2	74	73.1	70.5	59.1	46.1	10.7	66.2	58.4	41.5	
井底热量(MJ/d)		116810	116930	116435	116870	117025	116665	103495	93990	74835	109830	104500	96200	
损失热量(MJ/d)		940	1710	3455	880	1615	3225	14255	24650	45055	7920	14140	23690	
热损百分比(%)		0.8	1.44	2.88	0.75	1.36	2.69	12.7	20.77	37.58	6.72	11.92	19.76	
损失蒸汽(t/d)		0.4	0.72	1.45	0.38	0.7	1.36	6.73	11.5	20.95	3.51	6.24	10.34	
固定投资(万元)		15	24	36	16.5	25.5	37.5	2	3.2	4.8	3.5	4.7	6.3	
热损耗资(万元)	90d	0.288	0.516	1.05	0.272	0.504	0.98	4.85	8.28	15.09	2.53	4.49	7.45	
	1a	1.152	2.028	4.18	1.028	2.016	3.89	18.02	30.74	55.70	9.77	17.35	28.83	
	2a	2.304	4.044	8.35	2.036	4.032	7.78	35.59	60.69	109.84	19.41	34.48	57.34	
总耗资(万元)	90d	15.29	24.516	37.05	16.77	26.004	38.48	6.85	11.48	19.89	6.03	10.79	13.75	
	1a	16.15	26.028	40.18	17.53	27.516	41.39	20.02	33.94	60.50	13.27	23.65	35.13	
	2a	17.3	28.044	44.35	18.54	29.532	45.28	37.59	63.89	114.64	22.91	40.78	63.64	
成本费用		蒸汽 80 元/t,隔热油管 600 元/m,耐热封隔器 15000 元/套,修井费用 15000 元/井,$2\frac{7}{8}$inN80 平式油管 80 元/m												

计算连续汽驱 2 年的井筒总热损和热损百分比见图 2. 11 和表 2. 7。

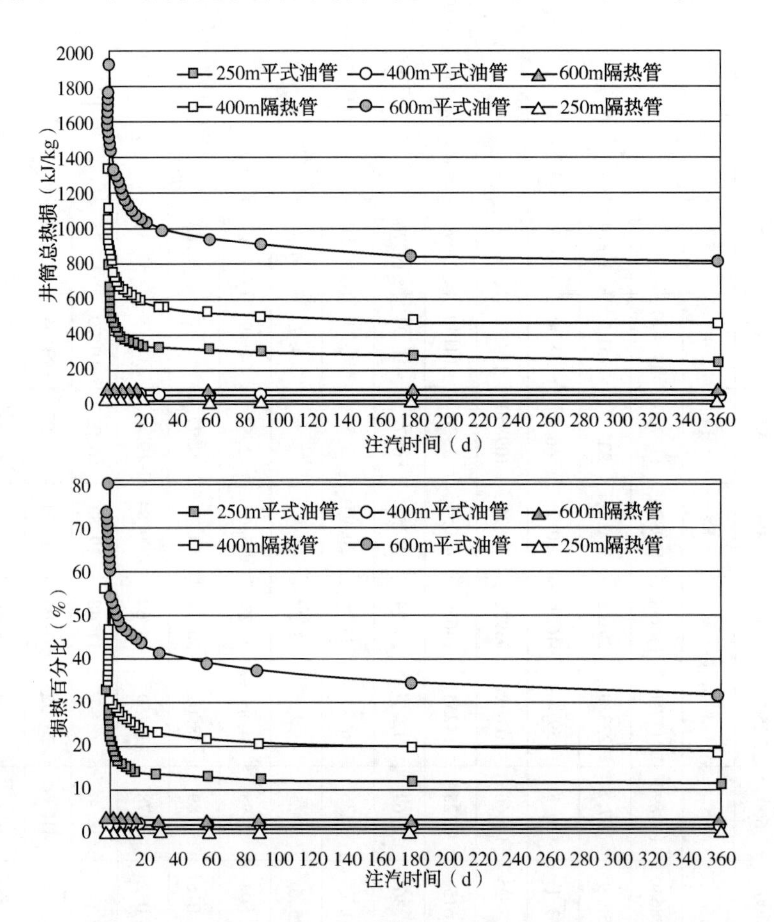

图 2. 11 不同注汽管柱蒸汽驱时热损失随注蒸汽时间变化

表 2. 7 不同注汽管柱蒸汽驱时热损失随注蒸汽时间变化

井深（m）	隔热油管			平式油管	
	时间（d）	井筒总热损（kJ/kg）	热损百分比（%）	井筒总热损（kJ/kg）	热损百分比（%）
600	0	73. 1	3	1924. 06	80. 2
	20	69. 94	2. 9	1053. 05	43. 9
	90	69. 05	2. 9	901. 14	37. 6
	360	69. 05	2. 9	809	31. 8
400	0	35. 98	1. 5	1344. 53	56. 7
	20	34. 55	1. 5	574. 52	24. 2
	90	34. 15	1. 4	492. 97	20. 8
	360	34. 15	1. 4	455	18. 8

续表

井深(m)	隔热油管			平式油管	
	时间(d)	井筒总热损(kJ/kg)	热损百分比(%)	井筒总热损(kJ/kg)	热损百分比(%)
250	0	19.81	0.8	782.21	33.2
	20	19.02	0.8	333.96	14.2
	90	18.8	0.8	286.55	12.2
	360	18.8	0.8	235	11.5

蒸汽驱阶段，在综合考虑热损百分比、蒸汽干度、总耗资(热损耗资和管柱耗资)的情况下：

(1) 井深≤250m 的浅层普通稠油井，当注汽压力为 3MPa 时：在蒸汽驱时间不超过 350 天的条件下，可以采用隔热油管或平式油管加封隔器的注汽管柱；在蒸汽驱时间超过 350 天的情况下，采用隔热油管或隔热油管+封隔器作为注汽管柱的总耗资相对低。

(2) 井深≤400m 的浅层普通稠油井，当注汽压力为 4MPa 时：在蒸汽驱时间不超过 350 天的条件下，可以采用隔热油管或平式油管+封隔器的注汽管柱，但采用平式油管+封隔器的井筒结构时，其热损百分比超过 10%；在蒸汽驱时间超过 350 天的条件下，采用隔热油管或隔热油管+封隔器作为注汽管柱是经济合算的。

(3) 对于 400m<井深≤600m 的浅层普通稠油井，当注汽压力 8MPa 时，井筒结构采用平式油管+封隔器的热损百分比将超过 20%，只有采用隔热油管或隔热油管+封隔器作为注汽管柱才是适宜的。

(4) 连续蒸汽驱 2 年的井筒总热损和热损百分比随时间变化：隔热油管注蒸汽变化不大；平式油管注蒸汽初期变化剧烈，汽驱至 90 天以后逐渐平稳。初期热损百分比：井深 600m 时可达 80%；250m 井深时初期热损百分比达 33%。

从新疆油田浅层普通稠油油藏蒸汽驱的实际情况看，汽驱时间一般都超过 350 天。因此，新疆浅层普通稠油油藏蒸汽驱阶段的注汽管柱选择隔热油管或隔热油管+封隔器是最适宜的(其中隔热管柱满足井深≤1600m)。有关隔热油管的技术参数见表 2.8。

表 2.8　不同隔热油管技术参数表

参数	规格					
	ϕ139mm×101mm	ϕ139mm×88mm	ϕ114mm×76mm	ϕ114mm×62mm	ϕ88mm×50mm	ϕ73mm×40mm
单位重量(kg/m)	42.04	40.7	32	28	21	15
内管内径(mm)	101.6	88	76	62	50.6	40.9
连接螺纹	Feb-51	Feb-51	4½ BCSG		3½ USS	2⅞ USS
	BCSG	BCSG				2⅞ TBG
外管外径(mm)	139.7	139.7	114.3		88.9	73

续表

<table>
<tr><td rowspan="2">参数</td><td colspan="6">规格</td></tr>
<tr><td>ϕ139mm×101mm</td><td>ϕ139mm×88mm</td><td>ϕ114mm×76mm</td><td>ϕ114mm×62mm</td><td>ϕ88mm×50mm</td><td>ϕ73mm×40mm</td></tr>
<tr><td>接箍外径(mm)</td><td>154</td><td>154</td><td colspan="2">132</td><td>108</td><td>88.9</td></tr>
<tr><td>隔热等级</td><td colspan="2">D，E</td><td colspan="2">C，D，E</td><td colspan="2">B，C，D，E</td></tr>
<tr><td>长度范围(m)</td><td colspan="6">9.0~10.0</td></tr>
<tr><td>下井深度(m)</td><td colspan="6">1600</td></tr>
<tr><td colspan="7">隔热等级数值</td></tr>
<tr><td>隔热等级</td><td>B</td><td>C</td><td>D</td><td>E</td></tr>
<tr><td>视导热系数 λ [W/(m·℃)]</td><td>$0.04 \leqslant \lambda < 0.06$</td><td>$0.02 \leqslant \lambda < 0.04$</td><td>$0.006 \leqslant \lambda < 0.02$</td><td>$0.002 \leqslant \lambda < 0.06$</td></tr>
</table>

2.2.4 油层套管

在新疆油田浅层普通稠油油藏中，现场注汽温度不超过320℃，蒸汽吞吐和蒸汽吞吐+蒸汽驱方式下，直井普遍采用的ϕ177.8mm(7in)N80油层套管能够满足注蒸汽温度下的强度要求。

目前已投入开发的浅层普通稠油油藏都采用ϕ177.8mm(7in)×8.05mm(9.19mm)套管，钻井钻至目的层以下，留足30m的沉砂口袋。对油藏出砂严重，开发后期易引起套管损坏问题的区域，采用非油藏段ϕ177.8mm(7in)×8.05mm TP90，油藏段采用ϕ177.8mm(7in)×9.19mm TP90套管组合的完井方式。

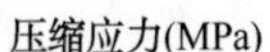
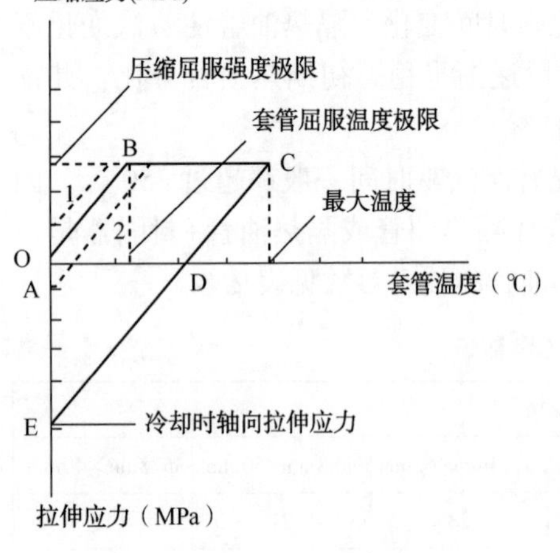

图2.12 套管应力变化

新疆油田浅层普通稠油热采井套管选型时，除考虑常规的抗拉、抗挤和抗内压载荷的影响外，最重要的是要考虑高温对套管的影响。在采用光油管注汽的条件下，高温对套管的影响主要有两方面：一是高温使套管的屈服强度降低；二是高温会使套管产生热膨胀塑性变形。但由于套管外表与地层之间是由水泥固结在一起的，因此套管的变形并不是自由的，而是受约束的，这种约束会使套管在受热时产生压缩应力。但研究表明，受热套管并不是在产生了压缩应力的情况下破坏的，而是在产生拉伸应力情况下破坏的，并且套管柱随着吞吐周期中温度的反复变化，将产生应力循环周期变化(图2.12)。

2.2.5 井口装置

在新疆油田普通稠油油藏开发中，采用的热采井口装置已配套成系列，能够满足不同开发方式下的注汽压力要求。

对于浅层普通稠油竖直井，单管井采用 KR14－337－65 型井口，双管监测井采用 SKR14-337-52 ×52 型井口。井口耐温 337℃、耐压 14MPa。

2.2.5.1　生产井井口装置

新疆油田浅层普通稠油油藏中，生产井大部分采用 KR14-337-65 热力采油井口装置（图 2.13）。该井口装置工作安全可靠、使用与维护方便，主要承压件和密封元件均采用热敏性低的合金钢或复合材料制成，因而具备了耐高温、抗腐蚀和适用于热力采油工况条件的特殊性能。

$九_1$—$九_5$ 区齐古组油藏、红浅区八道湾组油藏、克浅 109 井区齐古组油藏、$四_2$ 区稠油油藏和六区稠油油藏的现场注汽压力分布范围为 3～10MPa，注蒸汽温度分布范围为 200～300℃，所用井口装置能满足热采注蒸汽要求，在浅层稠油油藏的开发中有很好的适应性。

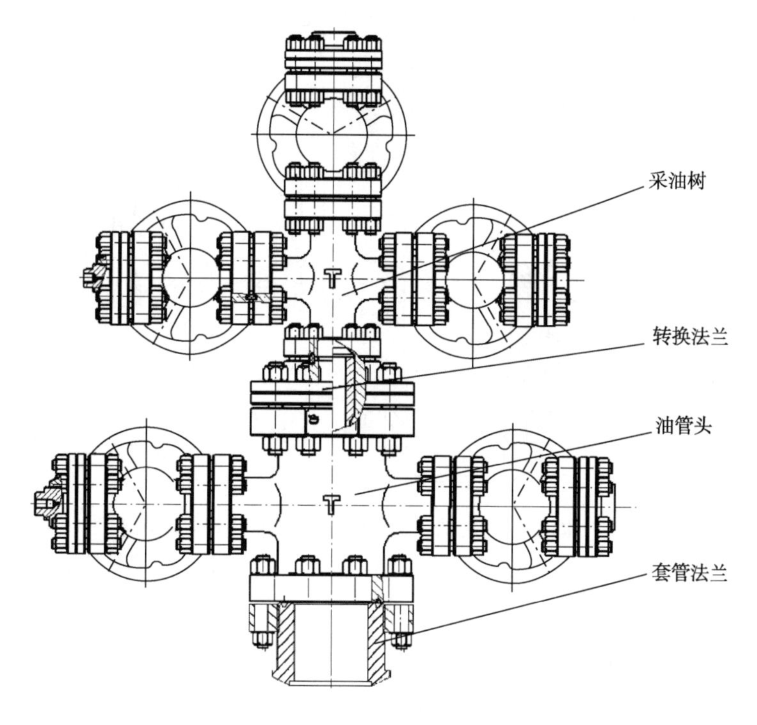

图 2.13　KR14-337-65 热力采油井口装置

KR14-337-65 热力采油井口装置不仅保持了常温采油井口装置造型美观、结构与功能配置合理、工作安全可靠、使用与维护方便的特点，同时由于其主要承压件和密封元件均采用热敏性低的合金钢或复合材料制成，因而亦具备了耐高温、抗腐蚀和适用于热力采油工况条件的特殊性能。

KR14-337B 热力采油井口装置为 4 阀结构，是在 KR14-337 热力采油井口装置的基础上研制开发的新一代产品，通过优化结构和功能配置，进一步适应了油田各项生产作业的要求，具备了操作更简便、安全性更高及制造与使用成本低的显著特点。

2.2.5.2 动态监测井井口装置

动态监测井采用双油管管柱结构，因此井口主要采用 SKR14-337-52×52 耐温双管井口(图 2.14)。该井口额定工作压力 21MPa，热工况最高工作压力 14MPa，工作温度 337℃，主通径和副通径均为 52mm。满足稠油开发过程中的抽油、测试、伴热等作业。

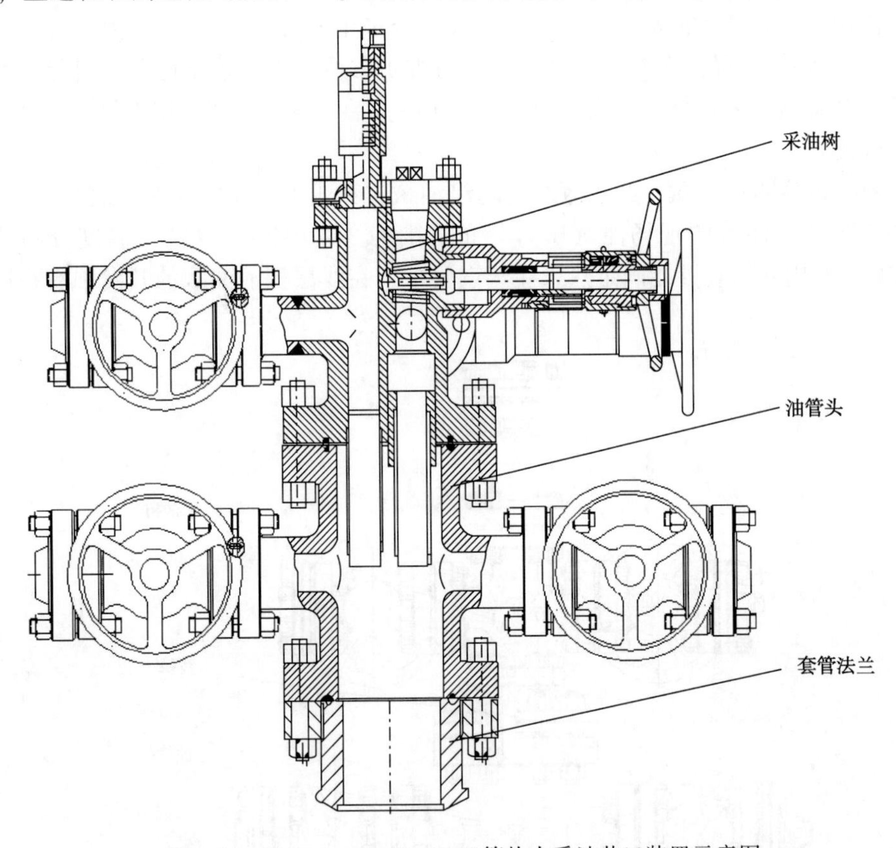

图 2.14 SKR14-337-52×52 双管热力采油井口装置示意图

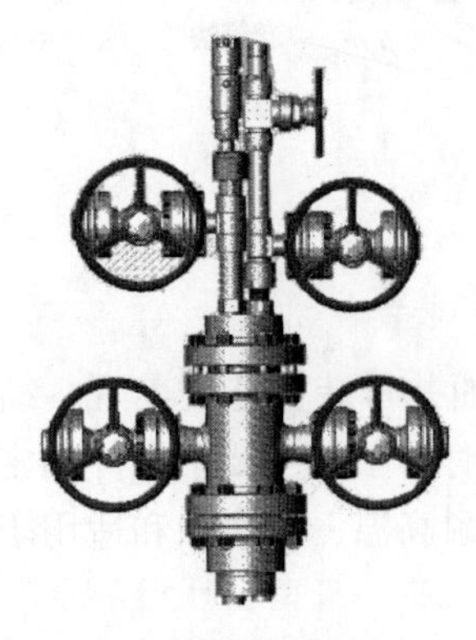

图 2.15 SKR14-337-62×43.5 双管热力采油井口装置

在浅层普通稠油油藏的 4 口竖直动态监测井中使用了 SKR14-337-62×43.5 双管热力采油井口装置(图 2.15)。现场使用情况表明，该井口满足热采井注汽、自喷、抽油及测试等工艺技术要求。该井口采用空间五阀配置，生产闸阀、测试闸阀及注汽闸阀成 T 形排列。主要有双管主体、套管法兰、套管闸阀、生产闸阀、大四通、主/副油管挂及双管热采递进式光杆密封器等组成。技术指标如下：

(1) 工作压力：14MPa；

(2) 工作温度：337℃；

(3) 主、副管通径：62mm×40mm；

(4) 连接油管螺纹：2⅞in TBG×1.900TBG(2⅜in 内

接箍油管）；

（5）连接套管螺纹：7in LCSG；

（6）工作介质：原油、饱和水蒸气及油井产出液；

（7）井口装置设计及爆破试验符合 SY/T 5328—2019《石油天然气钻采设备　热采井口装置》标准要求。

目前，在新疆普通稠油油藏开发中，采用的热采井口装置已配套成系列，能够满足不同开发方式下的注汽压力要求。

2.3　举升工艺技术

目前，新疆油田浅层普通稠油的开发方式为注蒸汽热采（蒸汽吞吐、蒸汽吞吐+蒸汽驱）。注蒸汽生产从吞吐到汽驱整个过程中，有 95%以上时间属抽油生产，举升工艺采用有杆泵抽油。

2.3.1　抽油机选择

新疆油田浅层普通稠油油藏竖直井的抽油机使用经历了由传统的游梁式抽油机向节能型抽油机转变的过程。

在新疆油田浅层普通稠油油藏注蒸汽开发过程中，抽油机的选型沿用常规技术。在油藏埋藏浅、原油黏度低的普通稠油区块多使用 3 型抽油机和 5 型抽油机。近年来，随着抽油机设备的改进和型号的增加，4 型抽油机、5 型节能型抽油机也在被大量使用，特别是 4 型抽油机，在较深的普通稠油油藏开发中代替了 5 型抽油机。自 2003 年以来，新疆油田浅层稠油油藏抽油机的使用也由常规游梁式抽油机向节能型抽油机转变。普遍采用节能型抽油机及三速电动机，节能机型主要为下偏杠铃复合平衡抽油机、双驴头抽油机。这些新机型节能显著，和常规游梁式抽油机相比，节能 30%以上。

稠油区块中，抽油机设备能力的利用率以冲程利用率最高，基本都在 90%以上，其次是电动机功率利用率，多在 70%以上，而抽油机的扭矩利用率是比较低的。

直井机型大小与井深基本对应：井深≤300m；采用 3 型抽油机；300m<井深≤400m，采用 4 型抽油机；400m<井深≤550m，采用 5 型抽油机；550m<井深≤650m，采用 6 型抽油机。

2.3.2　抽油泵选择

新疆油田在浅层普通稠油区块使用的抽油泵初期主要是普通管式泵，泵径主要为 ϕ38mm，ϕ44mm 和 ϕ56mm。后来发展了多种类型的注采两用泵，其中主要的有反馈泵、长柱塞泵。注采两用泵从注汽到转抽无须动管柱，注汽后直接转抽，提高吞吐效果，并可减少作业。注采两用泵已经成为新疆油田普通稠油生产井主要的泵型，在稠油各区块都有应用。为了增加沉没度，提高泵效，现场抽油泵一般下到油层中下部。考虑油层出砂等因素，也有部分抽油泵下到油层中上部。在风城油田超稠油油藏中，为减少油井因出砂造成卡泵井次，采用泵挂位置提高到油层顶界以上，斜尖位于油层中下部的完井结构。

在九区、克浅 10 井区稠油油藏使用的注采两用泵有反馈泵、长柱塞泵、双进油重球泵，主要采用泵径 ϕ56mm。2012 年累计下两用泵 1251 台，两用泵推广使用目标值由 2011 年的 16. 2%上升至 2012 年的 33. 5%。

注采两用泵普遍应用，可以不动管柱地实施注汽到抽油作业，减少了井下作业次数，在节约修井费用的同时可以提高蒸汽的热利用率，满足了蒸汽吞吐开发要求。

2. 3. 3 抽油杆选择

目前，新疆油田浅层普通稠油区块直井使用的抽油杆为 ϕ19mm(¾in)D 级抽油杆，在原油黏度较高的区域，配备 ϕ38mm 的加重杆；定向井抽油杆主体建议使用 ϕ19mm D 级嵌入式加背帽的双螺母防脱抽油杆柱，配套扶正器和防脱器。

2. 4 降黏/防砂配套技术

2. 4. 1 降黏工艺

新疆油田浅层普通稠油油藏开采中采用了蒸汽伴热降黏和化学降黏方式降黏。井筒中主要采用蒸汽伴热方式进行降黏。化学降黏工艺在不同稠油油藏区块应用效果不一，化学降黏剂需要针对不同油藏的不同油品进行筛选。

2. 4. 2 防砂工艺

新疆油田浅层普通稠油油藏在用的砂控技术包括机械防砂(先期和后期)和化学固砂防砂。机械防砂又包括先期防砂和后期防砂。

2. 4. 2. 1 先期防砂工艺

2005 年以来，新疆浅层普通稠油油藏在超稠油区块九$_7$—九$_8$ 区(50℃的平均黏度为 956mPa · s 区域)竖直井试验 7in 筛管先期完井防砂 21 口井。统计 17 口竖直井 1 年多的生产情况，并与周围同期投产的射孔井进行了生产及出砂情况对比(表 2. 9)。结果表明，筛管完井不仅生产效果好，而且，防砂效果更显著。17 口筛管完井的只有一口出泥砂，而邻近的 26 口采用射孔完井的井却有 11 口 18 井次的出砂纪录。

表 2. 9 九$_7$—九$_8$ 区筛管完井与邻井生产情况对比(截至 2006 年 10 月 30 日)

对比项目	统计井数(口)	平均累计产油量(t)	平均累计产水量(t)	平均累计生产时间(d)	平均日产油(t)	平均日产水(t)	出砂井数(口)
筛管完井	17	1297	2301	395	3. 24	5. 74	1
邻井	26	1186	2276	375	3. 10	5. 90	11

2. 4. 2. 2 套管内防砂工艺

对于采用射孔方式的生产井，如果在生产过程中出砂严重，则采用套管内悬挂绕丝筛管防砂。

该工艺属成熟工艺，采用耐热悬挂器将防砂筛管悬挂固定在油层部位，将流体中的砂粒阻挡在防砂筛管外，在防砂筛管和套管壁之间形成由粗砂到细砂的滤砂层，从而达到防砂的目的[81]。该工艺作业简单、成功率高、成本低，适用于粒径中值在 0.25mm 以上的出砂井。新疆油田已试验采用过不同筛管，如绕丝筛管、割缝筛管、金属烧结管等。在克拉玛依六区和九区施工 107 口井，防砂有效率在 88%以上，有效期大都已有三年以上。据对 38 口严重出砂井的统计，采用套管内悬挂绕丝筛管防砂后，检泵周期由平均不到 40 天延长到 150 天。这是目前针对严重出砂无法正常生产油井的一种最有效的机械方法。该技术对于细粉砂的防治效果差，成本相当于同直径割缝衬管的 2~3 倍。

2.4.2.3　泵挂筛管防砂

对一般出砂井，采用缝宽 0.20~0.35mm 的激光割缝筛管悬挂于泵下进行管内防砂的常规技术。泵挂筛管防砂技术属于常规配套技术，用于防止泵卡。适用于一般出砂井，结合检泵冲砂作业维持油井正常生产。具有施工简单、成本低的优点；缺点是过流面积小、有效期短。

2.4.2.4　螺杆泵排砂工艺

风城重 32 井区于 2012 年共实施 20 台螺杆泵排砂采油工艺。通过现场实施配套温度自控装置，实现了油井汽窜后自动停机，防止螺杆泵定子因高温造成损坏，进一步提高了其在稠油井的适用性。但目前因带泵注汽工艺尚在试验过程中，受橡胶定子耐温性影响，转轮注汽前必须修井提泵，自喷完后下入泵生产，修井时压井作业使井筒近井地带温度降低，影响了生产效果。该工艺还有待进一步改进。

2.4.2.5　化学固砂防砂工艺

在新疆油田浅层普通稠油油藏开发过程中，应用的化学防砂技术主要有 CMAS 人造井壁防砂技术、羟基铝前期预处理防砂技术、覆膜砂防砂技术、高温固砂剂防砂技术、有机硅高温固砂技术。

（1）CMAS 人造井壁防砂技术。

2001—2003 年，现场针对出粉细砂长期不能正常生产、出砂严重、有实体亏空、油层射开厚度在 5~20m、原油黏度低于 10000mPa·s 的油井，实施 CMAS 人造井壁防砂 30 井次，措施有效率 92%。统计到 2004 年 1 月 31 日，2001—2002 年实施的 15 口防砂井累计增油 9279.0t，吨油价格按 535 元计算，产出效益为 496.43 万元。该防砂技术单井投入 12.0 万元，15 口井共投入 180.0 万元，投入产出比为 1∶2.76。防砂效果见表 2.10。

CMAS 人造井壁防砂能够用于浅层稠油高温蒸汽吞吐井的防砂，能够用于浅层稠油细粉砂的防治。CMAS 人造井壁防砂技术形成的防砂层渗透性好，孔道分布均匀，能阻隔粒径大于 0.06mm 的砂粒；使用的防砂材料在大于 40℃的水环境即可固结，强度大，耐高温性能好，可用于高温蒸汽吞吐普通浅层稠油井的防砂；使用的防砂材料用清水或回注污水携带到地层中，不需配制专用携带液，施工简单、无污染；CMAS 人造井壁防砂技术措施井有效率高，有效期长，投入产出比高，经济效益明显。在同类油井中具有良好的推广应用价值。

表 2.10　2001—2003 年 CMAS 人造井壁防砂井效果统计表

年度	措施井数（口）	有效井数（口）	措施有效率（%）	平均单井				
				有效期（d）	生产时间（d）	生产时率（%）	累计产液（t）	累计增油（t）
2001	2	2	100	764.0	743.5	97	5614.0	653.0
2002	13	12	92	490.2	431.5	88	4169.2	613.3
2003	15	14	93	128.0	119.0	93	1330	214.5

(2) 羟基铝前期预处理防砂、覆膜砂防砂、高温固砂剂防砂技术。

羟基铝是一种具有较好稳定性的黏土稳定剂，主要用于新井投产之前的预防砂。该工艺投入费用适中，施工简单。在克拉玛依六区和九区 249 口井上采用，平均有效期为 100 天左右，有效率 75%。经分析，该工艺对于油层黏土含量大于 3%的油井，黏土稳定效果较佳。

覆膜砂是石英砂外涂一层有机树脂的塑料预包砂，在挤入地层后树脂层发生胶连、固化反应形成防砂层。虽然它也能用于细粉砂的防治，但是它的外涂层有机树脂耐高温性能差，在油井高温注汽后易老化，强度大幅度下降，防砂层强度低导致防砂井效果差。

高温固砂剂是一种具有固砂作用的硅化物，是利用两种或两种以上的化学剂在地面混合，注入地层后使地层中的沉积砂粒胶结、固结在一起，形成具有一定孔隙度和渗透率的固砂层。注汽后将固砂剂挤入井内，用于预处理出粉砂、出砂程度不严重的井。现场用于出砂不严重、出细粉砂且能正常生产的油井 57 口，有效井 46 口，有效率 81%。由于地层砂粒度范围大，其中的细粉砂以及黏土矿物也同时被固化，使得防砂层渗透率明显降低，对于出砂严重的油井，有效期短。

羟基铝前期预处理防砂技术、覆膜砂防砂技术和高温固砂剂防砂技术是稠油开发早期的砂技术，现已淘汰。

(3) 有机硅高温固砂技术。

有机硅高温固砂技术可适用于特定出砂油藏(不同黏土含量、地层流体、稠油性质的油藏)的前期固砂；蒸汽吞吐造成的砂粒移动，导致的地层细砂堵塞油管，对生产带来严重影响的后期固砂井[82]。在六区—九区齐古组稠油油藏共实施 10 井次，有效率 80%。

2.5　稠油水平井采油技术

2.5.1　完井技术

2.5.1.1　完井方式

新疆浅层普通稠油油藏已完钻的水平井都采用 9⅝in 技术套管+悬挂 7in(或 6⅝in)筛管完井管柱，直井段和斜井段采用注加砂水泥固井、水平段采用筛管的完井方式。

自 2005 年至今，已完钻常规热采水平井 927 口，采用 9⅝in 技术套管+ 7in 割缝筛管

(或 6⅝in 冲缝筛管)的先期防砂的完井方式，抽油注汽管柱可以采用双管结构。主管采用 3½in N80×6.45mm 平式油管；副管采用 2⅜in N80×4.83mm 内接箍油管。主管可以下入 ϕ70mm 注抽泵，用于自喷、抽油生产；副管用来实现注汽、井下测试、降黏等。还可利用副管进行冲砂洗井，如果副管遇阻冲不动，则可利用主管进行冲砂解卡。对注采管柱及配套工艺的适用性进行分析列于表 2.11。

表 2.11　注抽管柱及配套工艺适应性分析表

油层套管结构	注采管柱适应性	生产适应性	配套工艺适应性	备注
9⅝in 技术套管+7in (或 6⅝in)筛管	可以采用双管结构。主管采用 3½in N80×6.45mm 平式油管；副管采用 2⅜in N80×4.83mm 内接箍油管	主管可以下入 ϕ70mm 抽油泵，用于自喷、抽油生产；副管用来实现注汽、井下测试、降黏等	利用副管可以进行冲砂洗井，如果副管遇阻冲不动，则可利用主管进行冲砂解卡	钻井投资较高

新疆油田已投产常规热采稠油水平井采用吞吐生产方式，从水平段的温度测试结果(图 2.16)可以看出，采用主、副管同时注汽，会对水平井段的均匀吸汽和降低注汽压力有所帮助，从而更好地满足开发对注汽的要求。

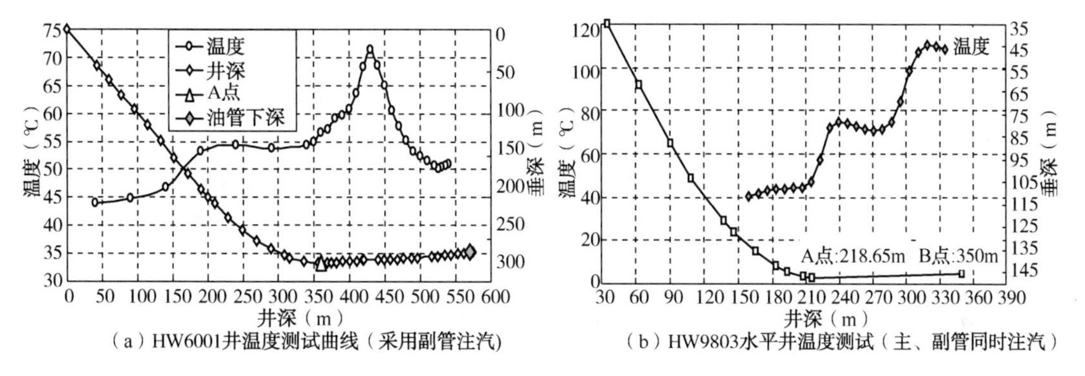

(a) HW6001井温度测试曲线(采用副管注汽)　(b) HW9803水平井温度测试(主、副管同时注汽)

图 2.16　采用单管注汽和采用双管同时注汽水平井水平段温度测试结果对比

分析认为，在新疆油田浅层普通稠油油藏开发中，水平井完井采用 9⅝in 技术套管+7in(6⅝in)筛管先期防砂的完井方式，能满足稠油油藏采用蒸汽吞吐开发的要求。

2.5.1.2　注采管柱

注采管柱采用双管结构。主管采用 ϕ88.9mm(3½in)×6.45mm N80 平式油管、副管采用 ϕ60.3mm(2⅜in)×4.83mm N80 内接箍油管。

2.5.1.3　注采井口

自 2005 年以来，随着水平井在稠油开发中的大量应用，新疆油田研制了用于稠油水平井热采的双管井口装置：KRS14-337-78×52 活动式双管热采井口(图 2.17)。

KRS14-337-78×52 活动式双管热采井口主要由双管主体、大四通、密封填料盒、主管油管挂、副管活动油管挂、滑套、生产闸阀、测试闸阀、套管闸阀等组成。闸阀采用明杆式楔型热采闸阀。外组件一律采用法兰连接和钢圈密封。井口配件主要有：9⅝in 双管冲砂洗井自封封井器、9⅝in 冲砂洗井自封封井器、保护套、3½in×2⅜in(轻便式)双管吊

图 2.17 KRS14-337-78×52 活动式双管热采井口图

卡、提下工具等。

该井口装置特点：(1)满足稠油井直井、水平井等热采井进行注汽、自喷、抽油、伴热、测试等一系列生产工艺技术要求；(2)在不动井口装置，只卸下测试闸阀，安装 9⅝in 双管冲砂洗井自封封井器后，即可实现提出或加深副管管柱，进行边活动管柱，边冲砂、洗井作业，利于冲砂、洗井彻底；(3)副管油管挂设计为副管活动式油管挂和上部加一滑套的结构，滑套的设计可防止在注蒸汽高温、高压状态下，油管及油管挂上窜，确保正常生产；(4)可实现不动管柱而进行注汽、自喷、抽油、伴热、测试等连续作业的目的；(5)主管接 3½in 油管，可连接斜抽泵采油，副管接 2⅜in 油管，可通过副管进行测试、冲砂、降黏等作业。

主要技术指标为工作压力≤14MPa；工作温度≤337℃；公称通径(主管×副管)：78mm×50mm；主管管柱连接螺纹×副管管柱连接螺纹：3½in TBG×2⅜in TBG；连接套管螺纹：9⅝inLCSG。

新疆油田浅层稠油常规热采水平井都使用 KRS14-337-78×52 活动式双管热采井口装置。浅层稠油油藏常规热采水平井的注汽压力最大 12.5MPa，能满足水平井注采生产要求。

用于 9⅝in 井眼的 3½in×2 ⅜in 双管热采井口能够满足新疆油田浅层普通稠油、特超稠油区块水平井自喷、注汽、抽油及测试等生产工艺要求。该井口装置现已获得了国家专利，相应的企业标准已得到批准并实施。

2.5.2 举升工艺

随着水平井钻井技术的发展，新疆油田浅层稠油水平井快速发展。截至 2014 年 12 月底，新疆油田在浅层稠油油藏区块先后完钻常规热采水平井 927 口，其举升工艺采用有杆泵举升方式(图 2.18)。抽油泵采用 ϕ70mm 泵，一般下至井斜 55°~65°处；抽油机一般采用 3m 冲程的 5 型抽油机和 6 型抽油机；抽油杆主体使用 ϕ19mm D 级嵌入式加背帽的双螺母防脱抽油杆柱，配 ϕ38mmD 级嵌入式防脱加重杆，配套抽油杆扶正器、抽油杆防脱器。

目前，在新疆油田浅层稠油区块已完钻投产的常规热采水平井，抽油机一般采用 3m 冲程的 5 型抽油机和 6 型抽油机(除九$_1$—九$_5$ 区 4 口井外)，抽油机型号有 CYJ5-3-18HPF，CYJS5-3-18HY，CYJ6-3-26HY 和 CYJS6-3-26HY。适应稠油水平井抽油生产长冲程、慢冲次、高排液量的要求。

机型选择与井深基本对应：井深≤500m，采用 3m 冲程 5 型抽油机；500m<井深≤650m，采用 3m 冲程 6 型抽油机。

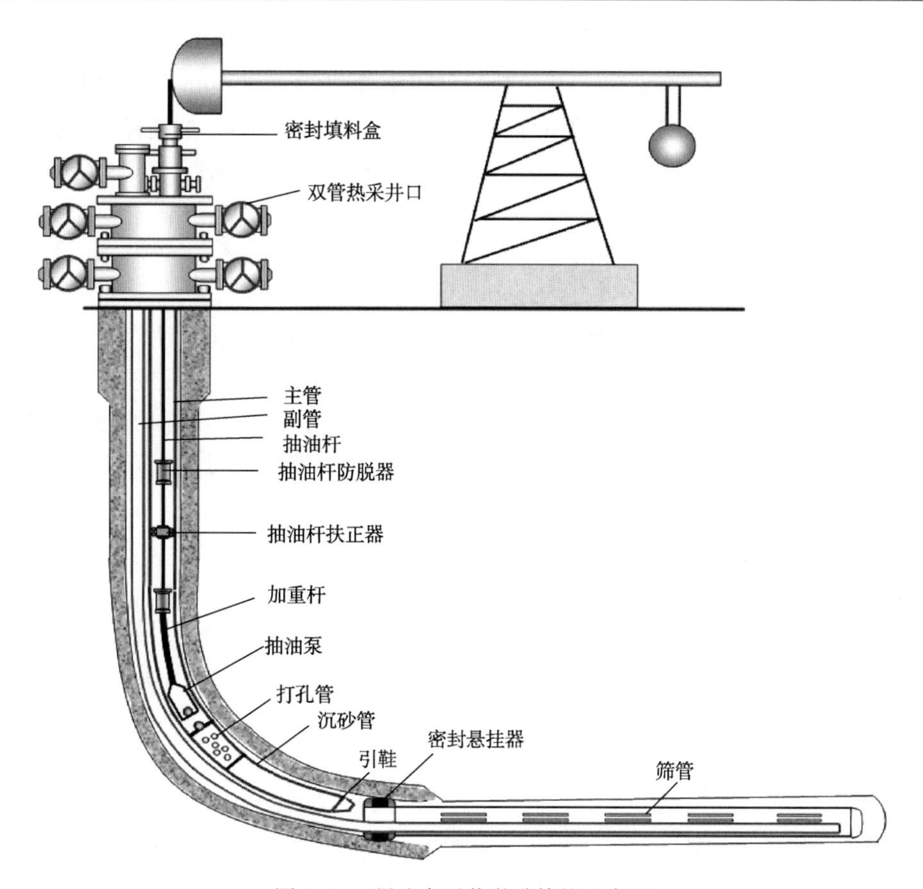

图 2.18 稠油水平井举升管柱示意图

抽油泵采用 ϕ70mm 的管式泵、多功能长柱塞泵及反馈泵，一般下至井斜 55°~65°处。从目前油藏配产和实际现场生产情况来看，采用 ϕ70mm 的抽油泵满足生产要求(表 2.12)。鉴于稠油油藏的特点，需要进一步完善可以将泵置于水平段的抽油泵工艺。

表 2.12 抽油泵排量计算表

冲次 (次/min)	冲程 (m)	ϕ56mm		ϕ70mm	
		理论排量 (m^3/d)	泵效 50%时排量 (m^3/d)	理论排量 (m^3/d)	泵效 50%时排量 (m^3/d)
4	3	42.56	21.28	66.50	33.25
6	3	63.84	31.92	99.75	49.88

在水平井开发初期，抽油杆使用 ϕ19mm(¾in)D 级嵌入式防脱抽油杆，光杆选用 ϕ25mm 光杆。考虑杆柱断脱等原因，抽油杆主体使用 ϕ19mm D 级嵌入式加背帽的双螺母防脱抽油杆柱，防脱加重杆接头等配套杆柱工具，配 ϕ38mm D 级嵌入式防脱加重杆，配套抽油杆扶正器、抽油杆防脱器。

在新疆油田浅层特稠油油藏的百重七井区，水平井也有采用 ϕ19mm D 级抽油杆+ϕ38mm 加重杆的杆柱组合。综合考虑，对于采用常规热采蒸汽吞吐方式的水平井，主体使用 ϕ19mm 带背帽的嵌入式 D 级抽油杆，光杆选用 ϕ25mm 光杆，抽油杆底部接带背帽的嵌入式 ϕ38mm D 级加重杆 80m；增加嵌入式扶正器和嵌入式防脱器，实现全井段抽油杆柱扶正、防脱。

2.5.3 注汽及降黏工艺

水平井注汽时采用主、副油管同时注汽。注汽管柱结构为双管：注汽时，先将蒸汽从副管注入，由主管返出，预热井筒 6~8h 后转入主、副管同时注汽。注完蒸汽焖井 5~7 天(以开井不见喷蒸汽为准)，开井自喷期结束后，转抽生产。从九区和风城已实施井的测试情况看，采用双管两点注汽方式，可以较好改善水平井的吸汽均匀性。应用副管可以方便地实施伴热降黏措施。

2.5.4 清砂解卡工艺

2008 年开始在稠油水平井中实施同心管射流负压冲砂工艺。现场已在九区和风城超稠油油藏实施。风城稠油水平井先后实施了 41 井次，均取得成功，施工成功率 100%。该工艺地层漏失量少，冲砂彻底，冲砂液采用热水(通常用原油处理站排出的含油热水)或 SC 清砂液。

同心管射流负压冲砂工艺采用普通油管组装的同心管柱连接射流负压喷射泵、同心管循环阀，应用喷射泵的原理抽吸沉砂(图 2.19)。

稠油水平井同心管射流负压冲砂工艺具有以下优点[83]：

(1) 解决了浅层稠油水平井井筒因地层低压、高渗透而不易建立循环的问题。冲砂喷嘴产生的射流可冲散沉砂床和高黏稠油，举升系统将冲起的泥砂带至地面。

(2) 同心管用普通油管制成，连接、拆卸方式与普通油管相似，操作简单、方便。

(3) 冲砂在同心管内反循环进行，冲砂液在环空内流量高，携砂液在内管流速快，携砂彻底，不易砂堵。

(4) 同心管在井口通过同心管转向器与冲砂液、携砂液管线连接，方便、快捷。

目前，水平井同心管射流负压冲砂工艺技术逐渐成熟，已成为新疆油田浅层普通稠油油藏水平井现场冲砂解卡的主要工艺技术。

新疆油田针对油井砂埋严重，副管不能正常提出及出大颗粒(d>1.5mm)油井，积极开展氮气泡沫冲砂，冲砂后再提出油井内剩余的管柱结构，成功弥补了同心管不能解决的冲砂难题。

氮气泡沫流体冲砂工艺就是利用泡沫流体黏度高、密度小、携带性能好的特点[84]，将泡沫流体作为携带液或压井液，在油管和环空中循环，使井底建立相对于油层的负压，在此负压差的作用下，既能依靠泡沫流体冲散井内积砂，达到冲砂的目的，还可以使近井地带的积水回吐，随泡沫液返出地面，从而清洗近井地带和筛管外壁，提高其导流能力；清除近井地带的积水还能使再次注入的蒸汽的热能更多作用在稠油上，提高注汽效率。

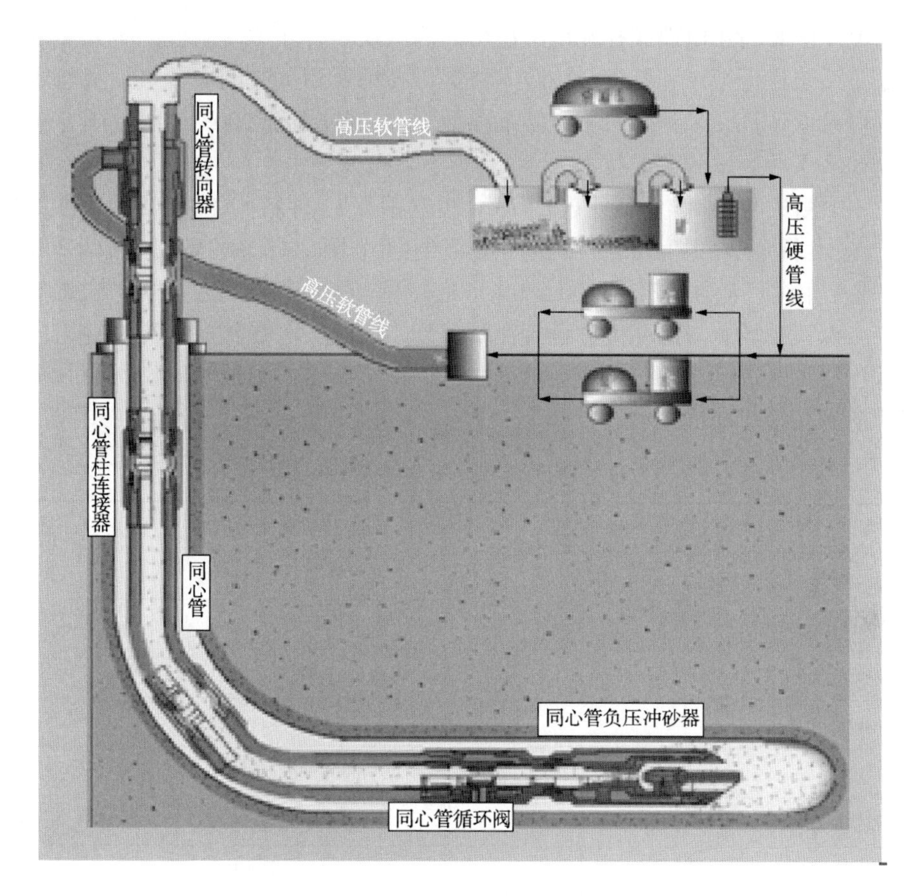

图 2.19　稠油水平井同心双管负压冲砂管柱示意图

2.5.5　井下测试工艺

目前，新疆油田试验、完成了两种稠油水平井测试技术：一种是 2008 年以前采用的主体技术，即利用抽油杆将井下电子压力计送入水平井副管不同测试层位，实现温度、压力的测试；另一种是于 2008 年以后采用的主要测试工艺，即连续钢铠式电缆测试技术。

（1）利用抽油杆进行水平井地层温度、压力测试工艺技术。

新疆油田浅层普通稠油水平井抽油阶段的温度、压力测试是采用抽油杆送测试仪器进入水平井段进行的。现场累积测试 20 多井次，已测试井中最大斜深为 970m，最高测试温度为 143℃。测试结果直观反映了浅层稠油水平井段温度分布状况。抽油杆送测试仪器法适用水平井斜深≤1500m，温度≤158℃，压力≤30MPa。但测试时需要停抽，已逐渐被连续钢铠式电缆测试技术取代。

（2）连续钢铠式电缆测试技术。

2007 年 11 月至 2008 年 8 月，在克拉玛依浅层稠油油藏九$_{7+8}$区，采用 HTWS-I 型设备实施连续钢铠式电缆测试技术 6 井次。

连续钢铠式电缆测试技术主要通过特制的耐温 320℃、耐压 10MPa 的油封式防喷器实现连续钢铠式电缆测试。采用专用配电箱驱动液压系统，通过滚筒和驱缆器驱动电缆上、下移动，电缆内置的热电偶或挂在电缆尾部的测试仪器将井下的温度、压力信号传入计算机信号采集系统进行记录和处理。该技术可提供高精度测试井剖面资料，实现热采稠油水平井全井段录取注汽、采油阶段多点温度参数[85]。该技术于2008年以后成为新疆油田浅层普通稠油水平井测试的主要技术。

HTWS-I测试仪技术参数见表2.13。外铠钢管的材料为SS316L，弯曲半径600~1600mm，最大抗压强度1200kgf/m；内电缆绝缘电阻大于300MΩ，耐温370℃，耐压40MPa，整个钢缆可盘在直径为200~300cm的转盘上。电缆内置热电偶，通过对标准热电偶的标定，保证现场测量的精度并确定测试速度。电缆头为导锥式外壳设计，内部按照K型热电偶连接方式进行组装，填充导热硅脂，保证了温度传导的及时性，同时确保电缆在下放过程遇到接箍时能够顺利通过。

表2.13 HTWS-Ⅰ测试仪技术参数

技术参数	数据	技术参数	数据
型号	HTWS-Ⅰ	最大提升能力(kgf)	3300
设备外形尺寸(mm×mm×mm)	8800×2250×4500	驱缆器牵引力(kN)	40
仪器精度误差(%)	0.5	最大轴向压力(kgf)	2000
钢缆外径(mm)	12	电缆材质	316L
钢缆壁厚(mm)	2	测井深度(m)	2200
钢缆抗拉强度(MPa)	481	适应油井温度(℃)	370
钢缆屈服强度(MPa)	177	适应油井压力(MPa)	40
泊松比	0.3	最大测速(m/h)	900
弹性模量(GPa)	186.1	额定输出功率(kW)	3.75

2.6 超稠油双水平井SAGD技术

2.6.1 概述

SAGD即Steam Assisted Gravity Drainage，中文意译为蒸汽辅助重力泄油。该理论首先由加拿大R. M. Butler(巴特勒)博士于1978年提出。其生产机理是从注汽井注入高干度蒸汽，与冷油区接触，释放汽化潜热加热原油。被加热的原油黏度降低，和蒸汽冷凝水一起在重力作用下向下流动，从水平生产井中采出，蒸汽腔在生产过程中持续扩展，占据产出原油空间。

与其他稠油开采技术相比，蒸汽辅助重力泄油技术适用于油层原油黏度很高的超稠油或特稠油油藏。这种油藏在初始条件下原油无流动性，吸汽能力很差，利用水平井进行蒸汽吞吐或蒸汽驱也很难获得好的开采效果，而采用蒸汽辅助重力泄油技术能够经济有效地开采这类油藏。

该技术的优点是利用重力作为驱动原油的主要动力；利用水平井通过重力作用获得较高的采油速度；采收率高，可达 50%以上；对油藏非均质性敏感弱。

自 2008 年起，新疆油田在风城超稠油油藏开展 SAGD 先导试验，截至 2013 年底，已建成重 32 SAGD 先导试验区、重 37 SAGD 先导试验区、重 32 SAGD 产能区、重 1 SAGD 产能区、重 18 SAGD 产能区、重 18 薄层 SAGD 试验区、重 45 高黏 SAGD 试验区，实施 120 对井组。

重 32 SAGD 先导试验区于 2008 年实施，部署 SAGD 水平井井组 4 对（8 口水平井），观察井 13 口，总井数 21 口，动用含油面积 0.2km^2，地质储量 132×10^4t。2009 年 1 月，该试验区投入运行，双水平井开始循环预热，2009 年 5 月至 9 月相继转抽生产，目前已生产 52~56 个月，累积采注比 0.96，累积油汽比 0.32，累积产油量 18.8×10^4t，试验区日均产油 121.1t，单井组日均产油量 22.5~38.2t。

重 37 SAGD 先导试验区于 2009 年实施，部署双 SAGD 水平井 7 对、单井 SAGD 水平井 1 口，观察井 24 口，共计 41 口，动用含油面积 0.51km^2，地质储量 279×10^4t。该试验区 2009 年 12 月投入运行，已生产 39~49 个月，累积采注比 0.89，累积油汽比 0.21，累计产油量 17.3×10^4t，试验区日均产油 145.2t，单井组日均产油量 10.3~30.3t。

2012 年在风城实施 3 个 SAGD 开发区（重 32 井区、重 1 井区、重 18 井区）、1 个薄层 SAGD 试验区（重 18 井区），部署 SAGD 水平井 52 对，建产能 45.3×10^4t。

2013 年重 1 井区、重 18 井区南部实施 50 井组双水平井 SAGD，其中重 1 井区 28 井组，投产 16 对，重 18 井区南部 22 井组，投产 20 对。

2013 年同时开展了重 45 高黏 SAGD 试验区的试验，部署水平段长度为 600m 的 SAGD 双水平井 4 井组，水平段长度为 800m 的 SAGD 双水平井 1 井组，共 5 井组，控制井 12 口，钻井总进尺 1.76×10^4m，建产能 5.55×10^4t。该试验区 50℃ 地面脱气原油黏度为 90000~448000mPa·s，平均为 188233mPa·s。2013 年完钻 4 对井组，于 2013 年 10 月 26 日投产 3 对井组。风城 SAGD 井组实施概况见表 2.14。

表 2.14 风城 SAGD 井组实施概况

时间	区块	井数	现状
2008 年	重 32 SAGD 试验区	4 对	转抽生产
2009 年	重 37 SAGD 试验区	7 对+1 口单 SAGD 井	转抽生产
2012 年	重 32	22 对	转抽生产
	重 1	14 对	转抽生产
	重 18	16 对	转抽 2 对，14 对循环预热
2013 年	重 18	22 对	完钻，16 对循环预热
	重 1	28 对	完钻，20 对循环预热
	重 45 SAGD 试验区	5 对	4 对井完钻，3 对循环预热
	合计	118 对井+1 口单井	49 对生产，53 对循环预热

2.6.2 完井工艺

2.6.2.1 完井轨迹

生产水平井：采用“直—增—稳—增—平”五段制轨迹，保证稳斜段20m，位于井斜角60°处，井眼曲率小于3°/30m，距水平段垂深20~35m；第一段增斜段井眼曲率小于12°/30m，第二段井眼曲率小于13°/30m。

注汽水平井：按常规水平井轨迹即可，井眼曲率小于13°/30m。

2.6.2.2 完井套管

SAGD水平井斜直井段采用ϕ244.8mm套管注加砂水泥固井，固井水泥返高至地面；水平段悬挂ϕ177.8mm割缝筛管完井。

该完井工艺满足SAGD各阶段管柱下入要求，同时满足了大排量有杆泵举升及防砂要求。但完井套管尺寸较小，可采用的油管尺寸受限。

从2008年至2013年12月，已完钻120对SAGD井组，修井过程中未见井筒积砂；在现有井身轨迹中，SAGD大排量有杆泵系统下入及运行正常。SAGD水平井完井工艺满足管柱下入、大排量有杆泵举升及防砂要求。

2.6.2.3 SAGD井口装置

注汽水平井已研制两种SAGD注汽水平井井口装置，前期采用平行双管热采井口装置SKR14-337-78×52，耐压14MPa，耐温337℃，可满足预热循环、注汽、测试要求，但该种井口无法实施带压作业，修井过程中存在井控风险(图2.20)。针对这种井口装置无法实施带压作业的缺陷，研制了新型SAGD同心管井口。新研制的同心管井口耐压14MPa，耐温337℃，可配套实现带压作业(图2.21)。

图2.20 SAGD注汽水平井平行双管热采井口

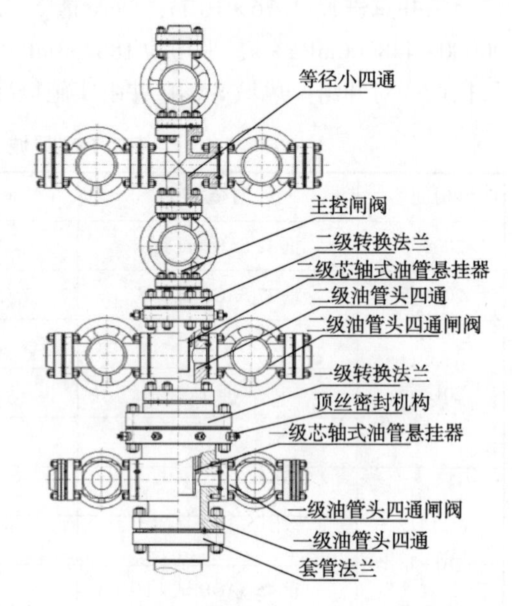

图2.21 SAGD注汽水平井同心管井口示意图

生产水平井主体采用SAGD专用双管井口装置SKR14-337-150×50(图2.22)。这种装置能满足预热循环、生产、测试的要求。同时,为解决SAGD测试管独立问题,研制了SAGD三管注采井口装置及配套三管管柱结构(图2.23)。

(1)注汽水平井平行双管井口装置SKR14-337-78×52能够满足循环预热及注汽要求,但修井作业过程中存在井控风险,而且不能实施带压作业;

(2)注汽水平井SAGD同心管井口可实现带压作业,修井过程中可安装配套井控安全调备;

图2.22　SAGD生产水平井SAGD专用双管井口

(3)生产水平井SAGD专用双管井口装置SKR14-337-150×50悬挂独立双油管结构,能够满足SAGD生产井循环预热、举升及测试要求,主、副管均可下入测试系统;

(4)SAGD三管注采井口装置能够实施SAGD测试管独立,避免测试管在注汽管中长期使用过程及转抽提下过程的损坏,但配套需采用三管管柱结构,下入作业复杂。

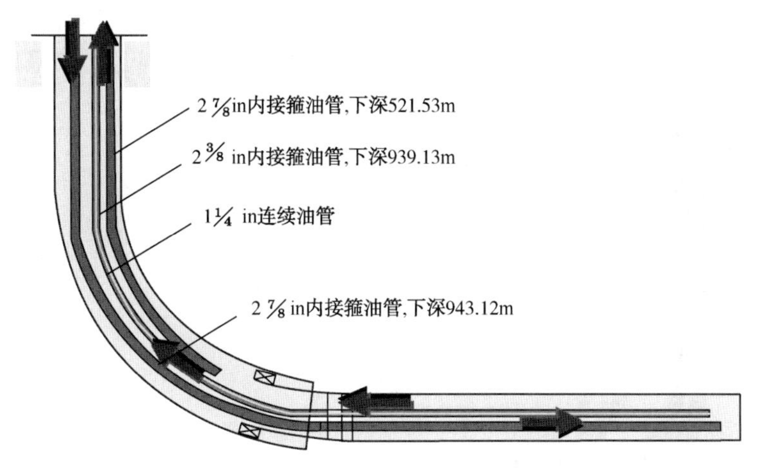

图2.23　SAGD三管管柱结构示意图

2.6.3　循环预热工艺

2.6.3.1　单管预热工艺

2009年重32井区SAGD试验区采用单管预热工艺,管柱结构为ϕ114mm×76mm隔热油管+ϕ73mm平式油管,循环预热时由油管注入,油套环空返出(图2.24)。

该工艺管柱结构简单,作业简单可靠;斜直井段采用隔热油管,注入蒸汽与返出液在斜直井段无换热现象。但返出液由油套环空返出,因油套环空面积大,返出液气体滑脱明显,热效率低。

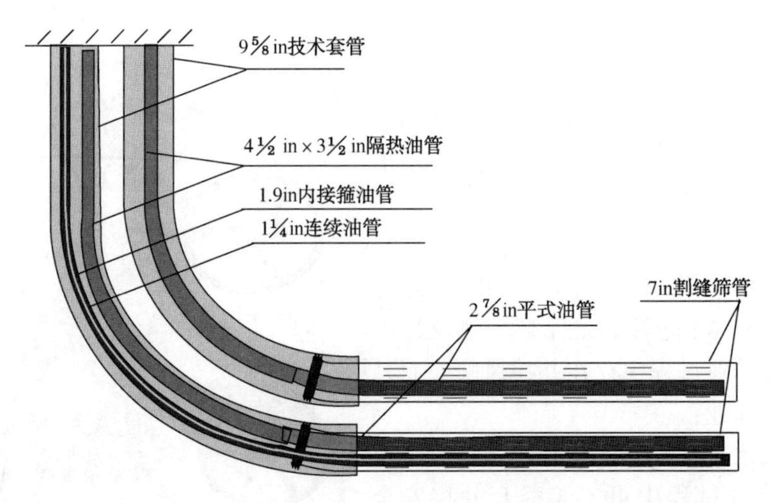

图 2.24 重 32 井区 SAGD 试验区单管循环预热管柱结构示意图

2.6.3.2 平行双管预热工艺

2009 年，重 37 井区 SAGD 试验区采用平行双管预热工艺，长管注汽，短管返出(图 2.25)。

注汽水平井长管采用 ϕ114mm×76mm 隔热油管+ϕ88.9mm 内接箍油管，短管采用 ϕ62mm 内接箍油管；为实现 SAGD 生产阶段均匀注汽，注汽井水平段后半端加有均匀配汽短节。

生产水平井长管采用 ϕ88.9mm 内接箍油管+ ϕ73mm 平式油管，短管采用 ϕ73mm 平式油管。

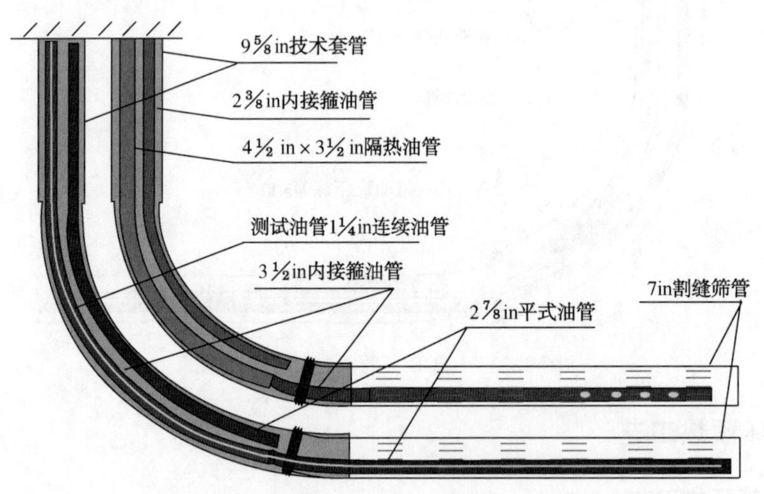

图 2.25 重 37 井区平行双管循环预热管柱

特点是排液效率高，转生产阶段注汽水平井不动管柱，可实现两点注汽，利于调控。但在现场应用过程中发现，采用该种管柱，仍不能避免水平井间 A 点处易出现局部汽窜；生产水平井未采用隔热油管，循环预热阶段注汽管与返液短管间存在热交换，热量损失较大。

2.6.3.3 优化后的平行双管预热工艺

经分析计算及现场应用，综合考虑多种因素，兼顾多种功能要求，优化了SAGD平行双管预热工艺。

优化后，注汽水平井采用平行双管结构(图2.26)，长管采用ϕ114mm×76mm隔热油管+ϕ73mm内接箍油管，短管采用ϕ60.3mm内接箍油管，短管下至A点后100m，与生产井返液短管位置错开，避免预热阶段脚跟位置发生汽窜，同时转生产阶段可双管同注或分注，提高注汽均匀性。

生产水平井采用平行双管结构，长管采用ϕ114mm×76mm隔热油管+ϕ73mm内接箍油管，短管采用ϕ60.3mm内接箍油管，下至A点。

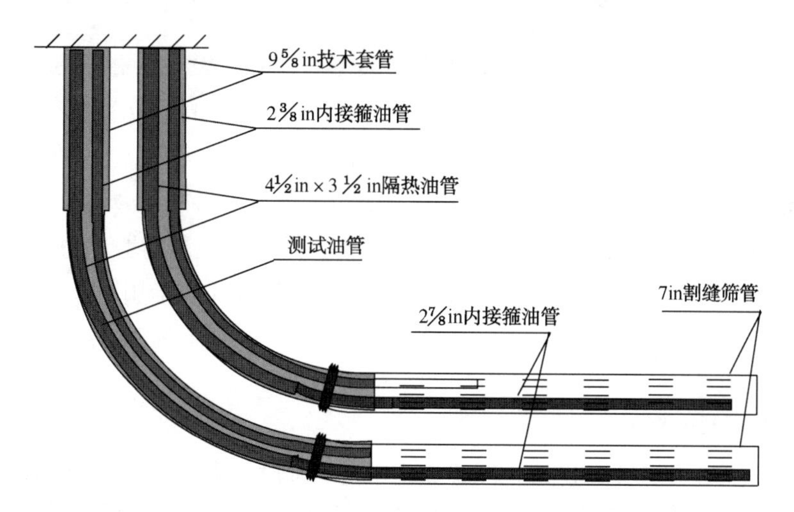

图2.26 优化后的SAGD水平井组循环预热管柱结构示意图

优点是排液效率高，转生产阶段注汽水平井不动管柱，可实现两点注汽，利于调控；采用隔热油管，能够提高热效率，缓解SAGD循环预热阶段二次换热引起产出液温度高，地面处理难度增大的问题；注汽井短管入水平段A点后100m，能够避免循环预热阶段与生产井发生A点汽窜，同时提高生产阶段注汽井注汽均匀性，利于生产控制。但是注汽井短管入水平段100m，与长管间隙较小，下入困难，并存在砂埋砂堵风险。

2.6.3.4 注汽井同心双管预热工艺

采用优化后的平行双管预热工艺，较为适应现场SAGD井组要求，但平行双管结构要与平行双管井口相配套，为满足注汽水平井带压作业要求，已研制同心双管配套井口，因此，注汽水平井需改为同心双管结构(图2.27)。注汽水平井循环预热管柱结构满足循环预热阶段注汽、返液要求，排液效率高，热效率高，长、短管柱结构均满足生产阶段峰值注汽量要求，同时长管中能够下入测试管，且摩阻较低。

注汽水平井管柱结构如下：长管ϕ114mm×76mm隔热油管+ϕ73mm内接箍油管；短管ϕ177.8mm套管+ϕ114.3mm平式油管，ϕ177.8mm套管下至距筛管悬挂器约10m，ϕ114.3mm平式油管下至A点后100m，ϕ114.3mm平式油管要求接箍倒角。生产水平井仍采用平行双管结构。

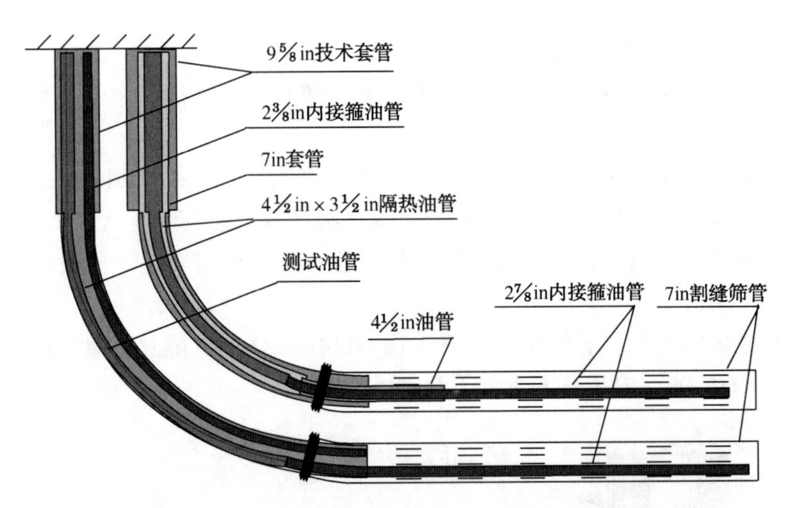

图 2.27 SAGD 水平井循环预热结构示意图(注汽井同心双管)

于 2013 年投产的 41 对 SAGD 产能井组普遍采用优化后的平行双管预热工艺，只需 1~4 天尾端即可见汽，比光油管见汽时间明显缩短，显著提高了热效率，在一定程度上缓解 SAGD 循环预热阶段二次换热引起产出液温度高，地面处理难度增大的问题。

2013 年，同心管井口研制成功后，在油砂矿 FHW21018I 井采用同心管结构已投产。

2.6.4 举升工艺

2.6.4.1 有杆泵举升管柱

2009 年，重 32 井区 SAGD 试验区转 SAGD 生产阶段，生产水平井分别采用自喷方式、有杆泵举升，还试验气举工艺 1 井次。2009 年，重 37 井区 SAGD 试验区转 SAGD，初期采用循环预热管柱自喷生产；2011 年 11 月，重 32 井区和重 37 井区 SAGD 试验区整体转为有杆泵举升生产。2012 年，SAGD 产能井循环预热结束后均直接转为有杆泵举升生产，转抽 SAGD 井组 50 对。

SAGD 生产井大排量有杆泵举升生产均采用双管结构，主管为 ϕ114.3mm 平式油管，连接抽油泵下至稳斜段，副管采用 ϕ60.3mm 内接箍油管，下至水平段末端，在其内下入井下动态监测系统(图 2.28)。

SAGD 生产水平井采用人工举升方式，井下压力、井口出液稳定，有利于井间均匀动用，能够显著提高产液量，并能保持稳定的 sub-cool(当前井底压力下对应的饱和水蒸气温度与井底流体实际温度的差值)，满足浅层大曲率井眼下 SAGD 井长期高温、大排量举升需求。

风城重 32 和重 37 SAGD 试验区双水平井组中，从 2009 年至 2011 年的生产状况来看，FHW103P 井和 FHW106P 井采用泵抽与自喷相结合的方式生产，其余生产水平井采用自喷方式生产。自喷生产产出液温度高，含汽量大，对井口设施、称重计量、含水分析等带来诸多问题；而且井下需要高压实现自喷，在长时间的自喷生产下，即使采用双管自喷，生产水平井产液量、产油量也没有明显改变，水平段单点突破现象非常普遍，水平段动用程度没有得到改善。改用有杆泵举升方式以后，试验区产液量、产油量显著上升，并保持稳

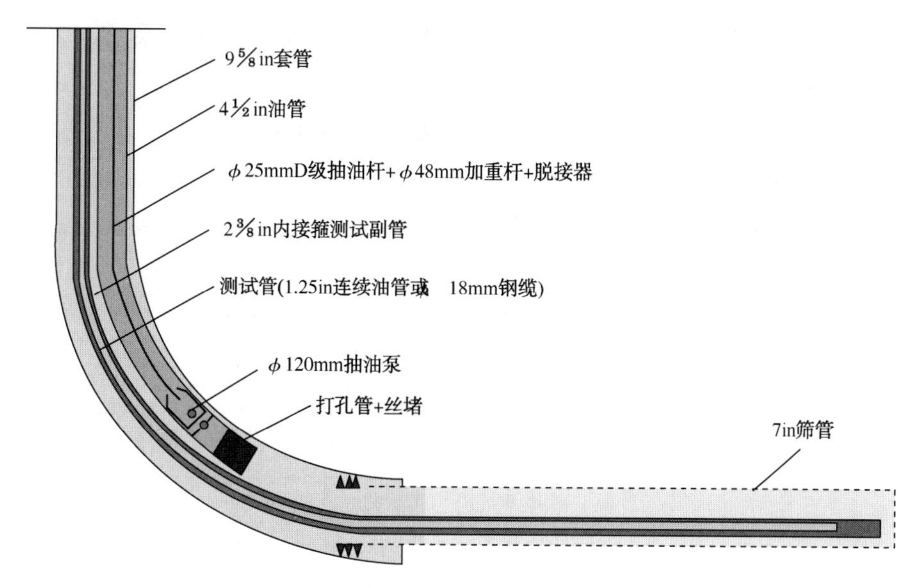

图2.28 SAGD生产井大排量有杆泵管柱结构示意图

定生产水平。

2.6.4.2 举升设备

2.6.4.2.1 立式抽油机

为满足SAGD水平井排液量及长冲程、大泵径抽油的需要，选用了大型长冲程抽油机，在重32SAGD试验区应用了两种型号抽油机，塔架抽油机故障率高，皮带式抽油机应用可靠。根据风城需求，试验改进形成了8型皮带式抽油机RT500-8-8-13型，该型号抽油机为目前主体应用机型，满足SAGD水平井大排量有杆泵举升要求，冲程长，冲次变频可调。

技术参数为悬点最大载荷8tf；减速箱最大扭矩13kN·m；冲程8m；冲次最高0.5~4次/min，变频可调；电动机功率18.5kW。

从现场使用情况来看，选用8m冲程的皮带式抽油机，冲次变频可调，可以满足生产要求。在重32井区和重37井区SAGD试验区已连续应用5年多，整机运行平稳，满足生产调控要求。

2.6.4.2.2 嵌入式防断脱抽油杆柱系统

SAGD生产水平井抽油杆柱系统采用ϕ25mm嵌入式抽油杆和ϕ48mm加重杆，由于抽油泵下在斜井段，需配套下入抽油杆扶正器、抽油杆防脱器。从造斜点至泵挂位置，每根抽油杆加一个抽油杆扶正器；单井配备5个防脱器，包括光杆下端1个、造斜点位置1个、泵上1个，另外2个防脱器位置根据单井实际井眼轨迹数据确定。防脱器、扶正器均采用嵌入式结构，实现抽油杆柱系统整体防断脱。

新疆风城油田SAGD先导试验区、产能井组普遍采用该种抽油杆柱系统，无杆柱断脱。

2.6.4.2.3 抽油泵

新疆风城油田SAGD生产井普遍选用8m冲程ϕ95mm泵或ϕ120mm泵，表2.15给出了不同条件下泵的理论排量计算结果。从表2.15中可以看出，ϕ95mm泵或ϕ120mm泵8m冲程条件下产液量可以达到170~270m^3/d，能够满足SAGD水平井组生产需求。

表2.15 SAGD大排量抽油泵排量表

泵径(mm)	冲次(次/min)	冲程(m)	理论排量(m^3/d)	泵效50%排量(m^3/d)	泵效60%排量(m^3/d)	泵效70%排量(m^3/d)	泵效80%排量(m^3/d)
95	1	8	81.65	40.83	48.99	57.16	65.32
	1.5		122.48	61.24	73.49	85.74	97.98
	2		163.31	81.65	97.98	114.31	130.64
	2.5		204.13	102.07	122.48	142.89	163.31
	3		244.96	122.48	146.97	171.47	195.97
120	1	8	130.23	65.11	78.14	91.16	104.18
	1.5		195.34	97.67	117.20	136.74	156.27
	2		260.45	130.23	156.27	182.32	208.36
	2.5		325.56	162.78	195.34	227.89	260.45
	3		390.68	195.34	234.41	273.47	312.54

为保证泵的正常运行，泵筒位置不产生弯曲变形，要求泵必须在稳斜段工作，表2.16中计算了不同井眼曲率下允许泵正常工作的泵筒长度极限值。

表2.16 泵筒长度分析计算表

造斜率[(°)/30m]	曲率半径(mm)	套管外径(mm)	套管壁厚(mm)	套管内径(mm)	副管外径(mm)	泵筒外径(mm)	允许泵长(mm)
3	572957.80	224.5	10.03	224.4	60.3	111	15600.68
	572957.80	224.5	10.03	224.4	60.3	136	11348.91
3.5	491105.29	224.5	10.03	224.4	60.3	111	14443.35
	491105.29	224.5	10.03	224.4	60.3	136	10507.01
4	429719.43	224.5	10.03	224.4	60.3	111	13510.50
	429719.43	224.5	10.03	224.4	60.3	136	9828.42
5	343774.00	224.5	10.03	224.4	60.3	111	12084.04
	343774.00	224.5	10.03	224.4	60.3	136	8790.75

从表2.16中可以看出，ϕ120mm泵泵筒长度11mm，泵筒外径136mm，为保证泵筒不发生变形，在井筒中有ϕ60.3mm副管的情况下，稳斜段井眼曲率必须小于3.5°/30m；ϕ95mm泵泵筒长度9.96m，泵筒外径111mm，能够适应较大的井眼曲率。

ϕ95mm抽油泵能够满足峰值产液量170m^3/d以下要求，ϕ95mm抽油泵泵筒外径较小，泵筒长度较短，能够适应较大井眼曲率。

ϕ120mm 抽油泵与 ϕ114.3mm 生产油管配套应用时，需采用脱接器，将柱塞提前与油管一同下入，然后抽油杆下部连接脱接器，抽油杆下入后用脱接器与柱塞连接，实现举升；ϕ120mm 抽油泵泵筒外径大，泵筒长，对完井轨迹要求较高，在井筒中下有 ϕ60.3mm 内接箍油管的条件下，稳斜段井眼曲率必须小于 3.5°/30m。

ϕ95mm 抽油泵现场应用 42 井次，ϕ120mm 抽油泵在现场应用 8 井次，单井最长泵抽时间达 1770 天，抽油泵最长运行时间 1016 天。大排量有杆泵举升系统满足了风城 SAGD 举升要求，已在产能区全面应用。

2.6.4.3 水平段均衡产液控制技术

SAGD 生产阶段，采用有杆泵举升生产一段时间后，对于水平段较长的井及水平段后段温度下降影响生产的井，可采用水平段均衡控液管柱工艺，改善水平段动用程度，提高井组产量。该技术包括两种工艺管柱结构，适应不同井况要求。

2.6.4.3.1 水平段加入衬管结构

水平段加入衬管结构是在 SAGD 生产水平井段下入衬管(图 2.29)。衬管用衬管悬挂器悬挂，自筛管悬挂器前一直进入水平段，促使 SAGD 水平段产出液绕流至水平段后端由衬管中采出。水平段加入衬管后可用于单点泵抽时水平段前端发生汽窜的情况，通过产出液在水平段的绕流，可以加热水平段后段，使井筒热量分布均匀，利于水平段整体动用；同时由于产出液绕流过程中温度的下降，可增加井下 sub-cool，利于生产控制。

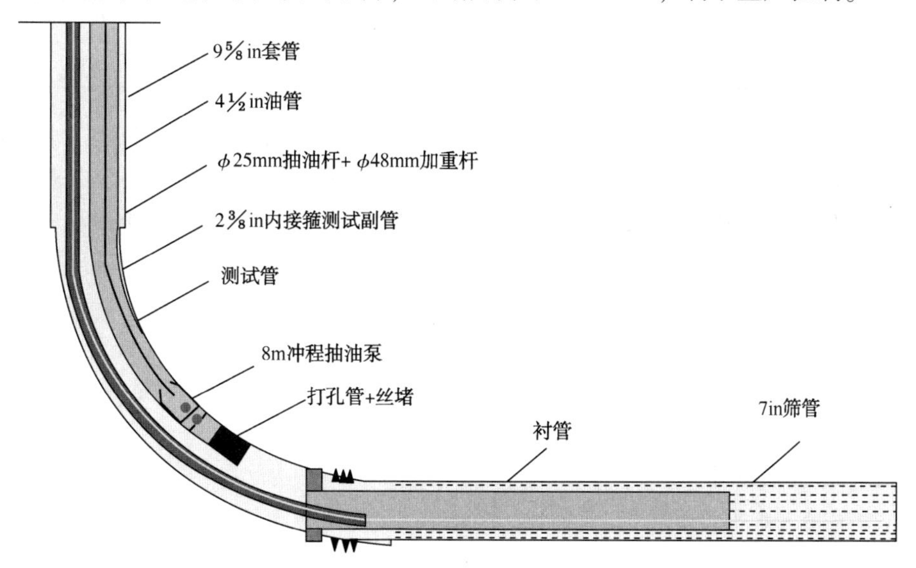

图 2.29 SAGD 生产水平井水平段下入衬管管柱结构示意图

采用该管柱结构后，测试副管不再下至水平段末端，下至悬挂器后即可，测试连续油管或钢缆由测试副管中下入，下至水平段末端。

在水平段中下入衬管，可以根据井况设定衬管长度，衬管可以下入较长，从而改变生产井水平段压力、温度分布，迫使水平段两端的流体向衬管进液点处流动，达到调整生产井压力剖面和产液剖面的目的。但需下入大直径衬管悬挂器，管柱结构相对复杂，作业复杂；有可能存在井筒积砂，造成衬管砂埋。若出现砂埋情况，可下入连续油管冲砂或射孔解堵。

水平段下入衬管工艺管柱应用4井次，见表2.17和表2.18。

表2.17 SAGD生产水平井下入衬管管柱应用统计

井号	施工日期	应用工艺	A点(m)	B点(m)	水平段长度(m)	衬管悬挂器位置(m)	衬管长度(m)	距A点距离(m)
FHW202P	2011.10.12	水平段悬挂衬管	366	816	450	318	230	182
FHW104P	2011.10.18	水平段悬挂衬管	305	705	400	297	298	290
FHW105P	2011.10.22	水平段悬挂衬管	307	710	403	297	233	223
FHW203P	2012.4.16	水平段悬挂衬管	362	662	300	290	328	256

表2.18 SAGD生产水平井下入衬管控液管柱应用效果统计

井号	转抽前				转抽后				水平段长度(m)
	注汽量(t/d)	产液量(t/d)	产油量(t/d)	油汽比	注汽量(t/d)	产液量(t/d)	产油量(t/d)	油汽比	
FHW104P	70	81	15	0.21	90	68	30	0.33	400
FHW105P	96	89	19	0.20	116	124	56	0.48	403
FHW202P	103	77	11	0.11	62	54	11	0.18	450
FHW203P	95	68	12	0.13	84	70	18	0.21	300

从表2.17和表2.18中可以看出，FHW105P井衬管下至水平井段2/3处，水平井段前端局部汽窜得到有效控制，实施前，注汽速度96t/d，产液速度89t/d，产油速度19t/d，采注比0.95，油汽比0.20，实施后水平段动用程度提高，注汽速度116t/d，产液速度124t/d，产油速度56t/d，采注比1.07，油汽比0.48，产量大幅度提升，取得了显著效果；FHW104P为典型前端汽窜井组，常规机抽阶段570m处温度约50℃，下衬管控液后，575m和615m处温度分别提升到208℃和152℃，日产油由措施前的15t提升到30t，水平井段动用程度显著提高；表明控液管柱工艺发挥了良好作用，产量得到显著提高。FHW202P和FHW203P受吞吐试验影响，产量提升幅度有限。

2.6.4.3.2 泵下接尾管入水平段结构

泵下接尾管入水平段结构即将抽油泵下端连接尾管下入水平段，一般下入水平段A点后100m。

管柱结构相对简单，管柱下入可靠(图2.30)。但尾管进入水平段长度有限，对改善水平段动用程度所起效果有限，而且在泵后直接加尾管，流体在尾管内易产生压降，降低入泵处流体的Sub-Cool，易发生闪蒸，影响泵效[86]。尾管在水平段易出现砂埋情况，因此要求在尾管与泵的连接处下入安全丢手接头，在尾管砂埋不能提出的情况下，从安全丢手接头处脱开，使生产油管及泵能够提出。由于注汽水平井短管下至A点后100m，因此采用该种管柱结构时，应注意设计生产水平井尾管下入深度，或者调整注汽水平井注汽点，避免注汽位置与进液位置过近，造成窜通。

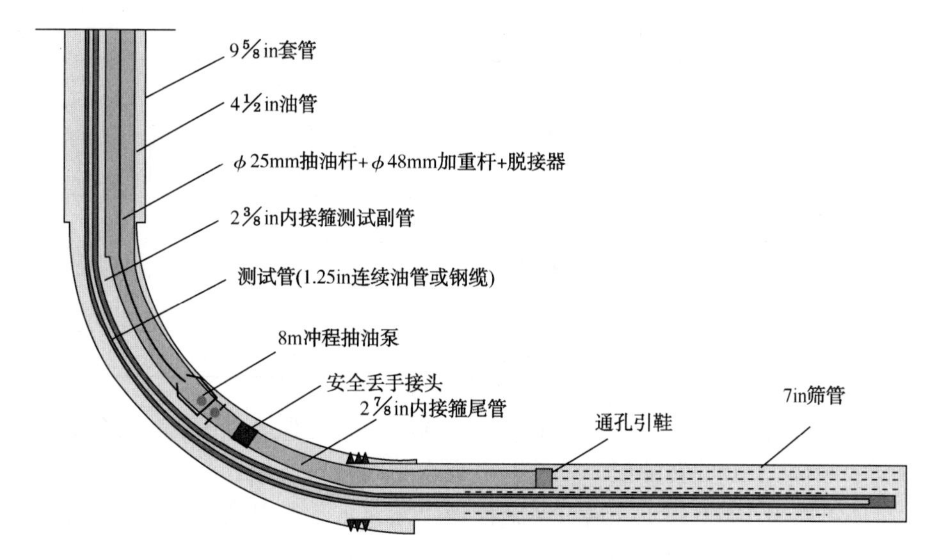

图 2.30　SAGD 生产水平井泵下接尾管管柱结构示意图

该工艺在风城 SAGD 井中应用，见表 2.19 和表 2.20。

表 2.19　SAGD 生产水平井下入尾管控液管柱应用统计

井号	施工日期	A 点(m)	B 点(m)	水平段长度(m)	尾管位置(m)	尾管长度(m)	距 A 点距离(m)
FHW106P	2010. 6. 23	310	710	400	320	115	10
FHW200P	2011. 9. 26	352	849	498	420	170	68
FHW209P	2011. 8. 31	365	865	450	455	200	90
FHW201P	2013. 06. 27	351	852	501	452	179	101
FHW116	2013. 10. 2	299	695	396	449	238	150
FHW126	2013. 9. 27	322	716	394	428	189	106
FHW127	2013. 9. 28	323	713	390	450	238	127
FHW303	2013. 10. 02	407	897	490	559	259	152
FHW312	2013. 9. 30	395	670	275	537	237	142

表 2.20　SAGD 生产水平井下入尾管应用效果统计

井号	措施前				措施后				水平段长度(m)
	注汽量(t/d)	产液量(t/d)	产油量(t/d)	油汽比	注汽量(t/d)	产液量(t/d)	产油量(t/d)	油汽比	
FHW106P	67	74	16	0. 24	91	78	31	0. 34	400
FHW200P	68	57	13	0. 19	66	61	15	0. 23	498
FHW201P	129	112	27	0. 21	157	133	36	0. 23	501
FHW209P	97	89	17	0. 18	111	86	21	0. 19	450
FHW116P	73	79	19	0. 26	150	150	34	0. 23	396

续表

井号	措施前				措施后				水平段长度(m)
	注汽量(t/d)	产液量(t/d)	产油量(t/d)	油汽比	注汽量(t/d)	产液量(t/d)	产油量(t/d)	油汽比	
FHW126P	57	60	10	0.18	61	72	17	0.28	394
FHW127P	62	67	11	0.18	72	69	14	0.19	390
FHW303P	77	77	21	0.27	121	128	29	0.24	490
FHW312P	84	61	12	0.14	79	76	16	0.20	275

从表2.20可以看出，应用该工艺管柱后，100%见效，保障了SAGD井组正常生产运行。2013年，FHW116P井转抽仅2个月即出现水平段前段高温，A点前为高温区域，水平段温度整体下降至100℃以下，通过实施控液工艺，水平段温度显著升高，生产效果明显改善，措施后日产油量由19t增至34t，日产液量由79t增至150t。

2.6.5 井下动态监测工艺

2.6.5.1 热电偶测温工艺

2008年，新疆油田开展SAGD先导试验时，重32和重37采用热电偶测温、毛细管测压工艺。但毛细管测压易出现堵塞及泄漏，且传压孔处存在焊点，一旦开裂会导致热电偶失效。因此，2012年新疆油田开展了大直径毛细管(9.5mm)与油管捆绑下入测压试验，在FHW314P井和FHW315P井中实施，均获成功，解决了毛细管测压技术问题。但因毛细管测压工艺需要在地面长期放置氮气瓶，需定期补氮及管理，目前已不再应用。2012年的产能井中全部采用热电偶测温，均能正常运行；2011年，先导试验区转抽时重新下入的连续油管测试系统，工作2年，仅3个异常点，可以满足生产需求。就新疆油田目前的SAGD水平井水平段长度，一般布8~12个测温点，其中稳斜段2点。图2.31所示为SAGD生产水平井井下测试系统示意图。

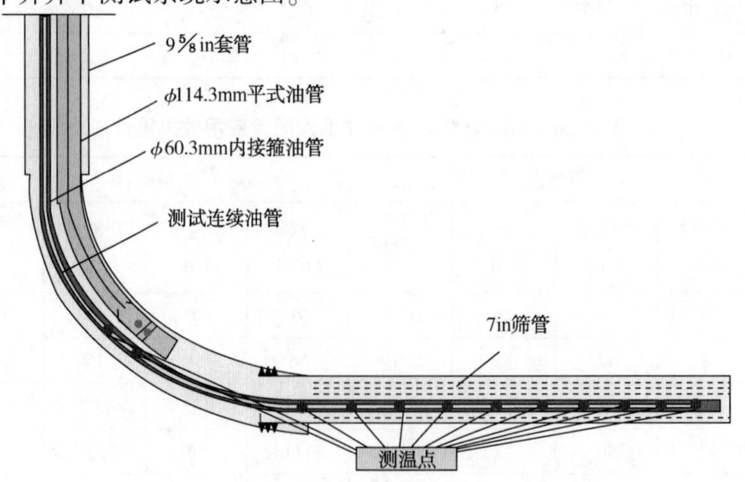

图2.31 SAGD生产水平井井下测试系统示意图

2.6.5.2　光纤测温与测压工艺

为提高水平井井下测试水平，提供更充分的生产分析依据，新疆油田在前期试验基础上，进行了 6 井次水平井井下光纤测温、测压试验，实现全井段测温、单点测压。图 2.32 所示为 SAGD 生产水平井光纤测试示意图。

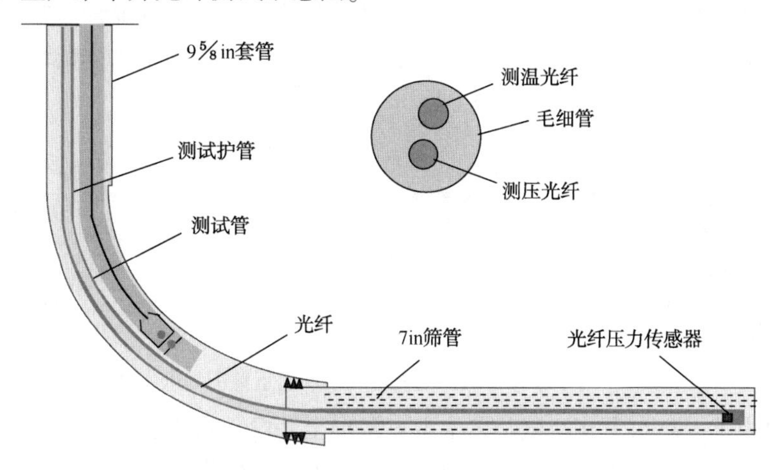

图 2.32　SAGD 生产水平井光纤测试示意图

光纤测压原理(图 2.33)是由两光纤端面形成的空腔在光学上称作法布里—帕罗腔，简称法帕腔[87]。激光由一端光纤进入法帕腔时，部分光能量在该端的光纤端面形成反射；其余光能量继续前向传播，继而由第二个光纤端面反射，并且反向进入第一段光纤。两次反射的激光在探测器表面形成干涉，干涉光谱由法帕腔腔长唯一决定，在频率域为正弦波。通过测量正弦波的周期和相位，则可以精确得知腔长。外界压力 p 将压缩法帕腔，导致两根光纤端面之间形成的法帕腔的腔长随着外界压力的变化而变化。因此，通过测量法帕腔的腔长，可以反推出外界的压力 p。

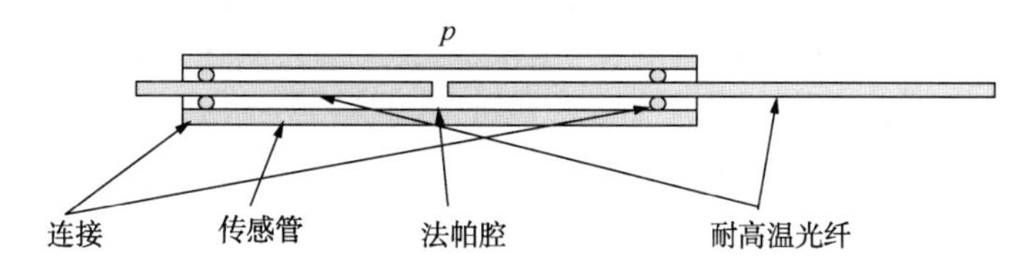

图 2.33　光纤测压原理示意图

为同时进行水平井测压、测温，需在一根光缆中封装两根光纤，分别测温、测压。光纤测温与测压工艺可实现水平井全井段温度测试及水平段末端压力测试。光纤测压设备包括压力调制解调仪及光纤压力传感器。

光纤分布式井下温度作为智能井系统的核心技术之一，提供的实时井下温度参数是规划油藏和制订生产任务的重要决策依据。分布式光纤测温系统(DTS 系统)的标准配备主要由两部分构成：主机、光纤(传感器)。主机由工业计算机、光器件、激光源等部分组成，它们集成在机箱内，主要用于整个系统的参数配置、信号采集、信号分析和分析结果输出等功能。传感器所采用的是光纤作为线型传感器，通过分析光纤内不同位置上的光散射信号得知相应的温度和位置信息。

DTS系统可以准确地测量整根光纤上成千上万点的温度和位置信息。一台DTS主机可监测多条光纤(通道)。当一个激光脉冲由光纤的一端射入并沿着光纤向前传播时，光脉冲在经过光纤中的每一点时也都会产生一种反射光。此反射光会背向传播返回到光纤的入射端。背向反射光的强度与光纤中该反射点的温度之间存在着一定数学关系。测出光纤各点的反射光的强度，便可据此推算出各反射点的温度及其反射点的位置。测温光纤不但是信号的载体，还是温度传感器。与传统热电偶及其他单点式测温仪相比，光纤能够获得更加完整、真实的信息[88]。图2.34所示为DTS系统测试原理示意图。

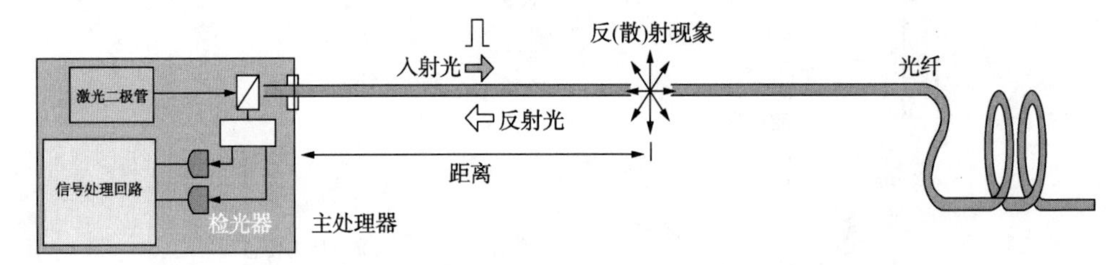

图2.34 DTS系统测试原理图示意图

新疆油田为了提高水平井测试工艺水平，实现全井段长效测温及水平段测压，于2012年在SAGD产能井中开展2井次温压同测试验，4井次光纤测温试验。其中有2井运行正常。对失效光纤进行室内试验，判定失效原因是光纤涂层不耐高低温反复冲击所致。为此，又开展了对光纤型号与性能进行优选的室内评价实验，选出了能够经受350℃冲击的光纤。2013年，SAGD产能井用新选出的光纤继续开展水平井光纤测温、测压试验，目前处于试验阶段。

优点是热电偶测温工艺稳定可靠，通过技术改进后故障率低，能够满足SAGD井生产调控需求；光纤测温工艺能够实现井筒全剖面测试，能够更为准确地反映生产状况，利于生产调控；光纤测压技术对电磁干扰不敏感，能够承受极端条件，包括高温高压以及强烈的冲击与振动，易于安装、体积小，适用于油井下的长期连续监测。

缺点是热电偶测温工艺只能实现点测，不能测取水平井整体温度剖面，且一根毛细管中带4对热电偶缆，如果一个测点出现短路，可能很快会影响到整根毛细管的全部测点；光纤测试工艺目前仍处于试验阶段，光纤的耐高温、腐蚀及冲击能力有待继续检验。

新疆油田SAGD水平井井下动态监测系统最长入井已达3年半，在循环预热阶段用于判断水平段见汽情况、水平井间连通情况，在生产阶段用于判断水平井段动用程度，指导注采调控，发挥了重要作用。

2.6.5.3 控制井(观察井)井下动态监测工艺

重32井区和重37井区SAGD先导试验区控制井(观察井)采用光纤测温、毛细管测压工艺。控制井(观察井)采用5½in套管外缚ϕ40mm(或ϕ36mm)空心抽油杆完井，空心抽油杆内下光纤测温；5½in套管内定向射孔下2⅞in油管，2⅞in油管内下毛细管测压。观察井结构图如图2.35所示。

2012年和2013年，SAGD井组控制井(观察井)根据油藏方案要求采用双管完井，兼顾注汽及测试要求，设计采用管内毛细管测压、热电偶测温，7in套管完井，采用热采双管井口SKR14-337-52×52。热电偶为4根，测温点4个。测试管柱结构如图2.36所示。

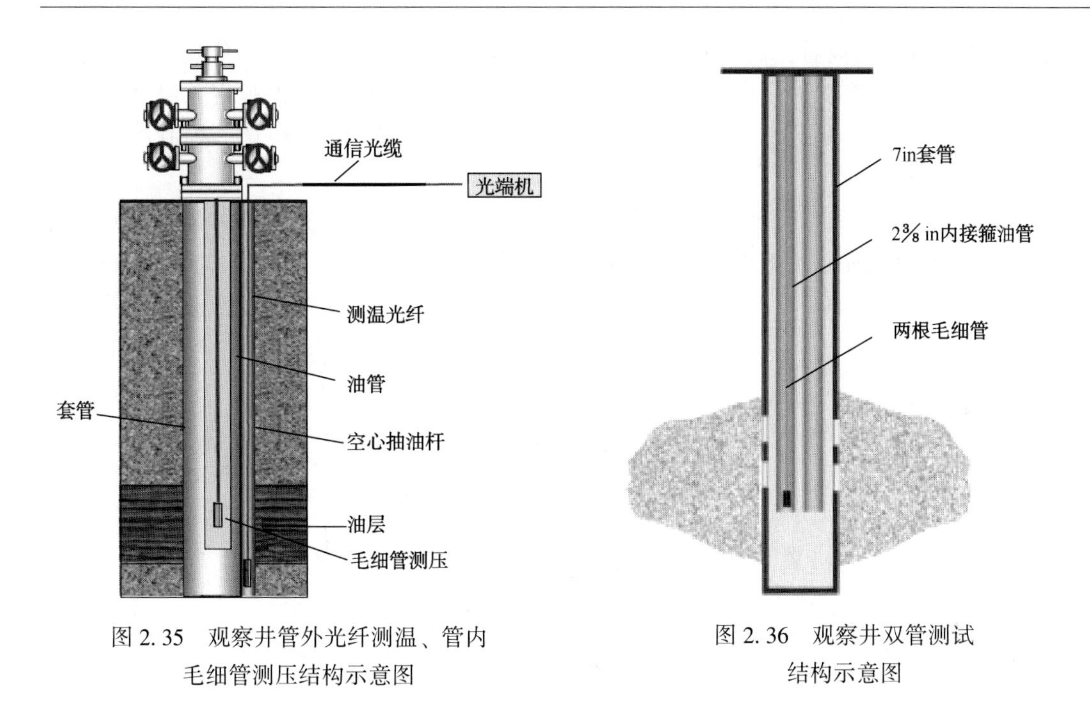

图2.35　观察井管外光纤测温、管内毛细管测压结构示意图

图2.36　观察井双管测试结构示意图

SAGD观察井采用光纤测温，具有安全、长期可靠、测量精度高，实时在线等优点，其测取的全井段温度剖面能够更有效地监测蒸汽腔扩展过程，指导生产调控；但光纤目前存在耐氢损差、寿命短等缺点。

目前，重32井区SAGD试验区观察井测试数据已经能够反映汽腔位置，与水平井生产效果吻合(图2.37)。

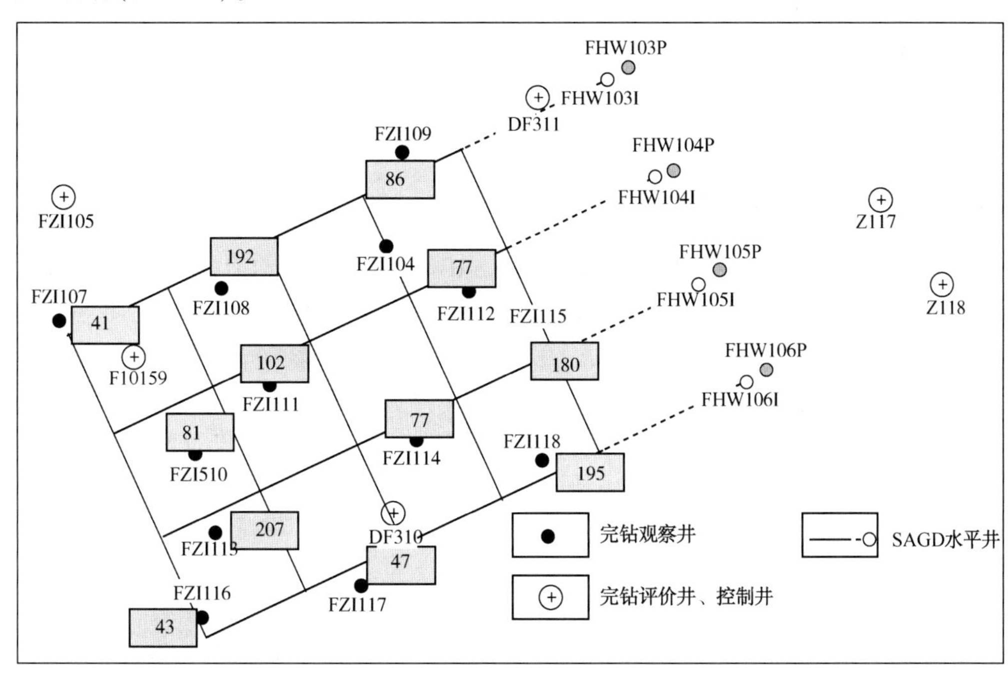

图2.37　重32井区SAGD试验区观察井测温数据分布图(2013年9月)

从 2013 年测试数据看，观察井距离水平井 15~47m，平均 21.7m，部分观察井已达到蒸汽腔温度，部分观察井温度已上升，与蒸汽腔有明显热传递，可根据观察井温度上升情况，判断蒸汽腔位置、扩展速度及与生产调控的对应程度，起到指导生产、控制注采参数的目的。

重 37 井区 SAGD 试验区 2013 年开展了移动式光纤测试，对 24 口观察井进行了井温剖面测试，测试结果如图 2.38 所示，从图中可以看出，观察井距离水平井范围 18.6~50.2m，平均 22.5m，其中 2 口井超过 170℃，2 口井超过 40℃，3 口井超过 30℃，其余井无明显变化。

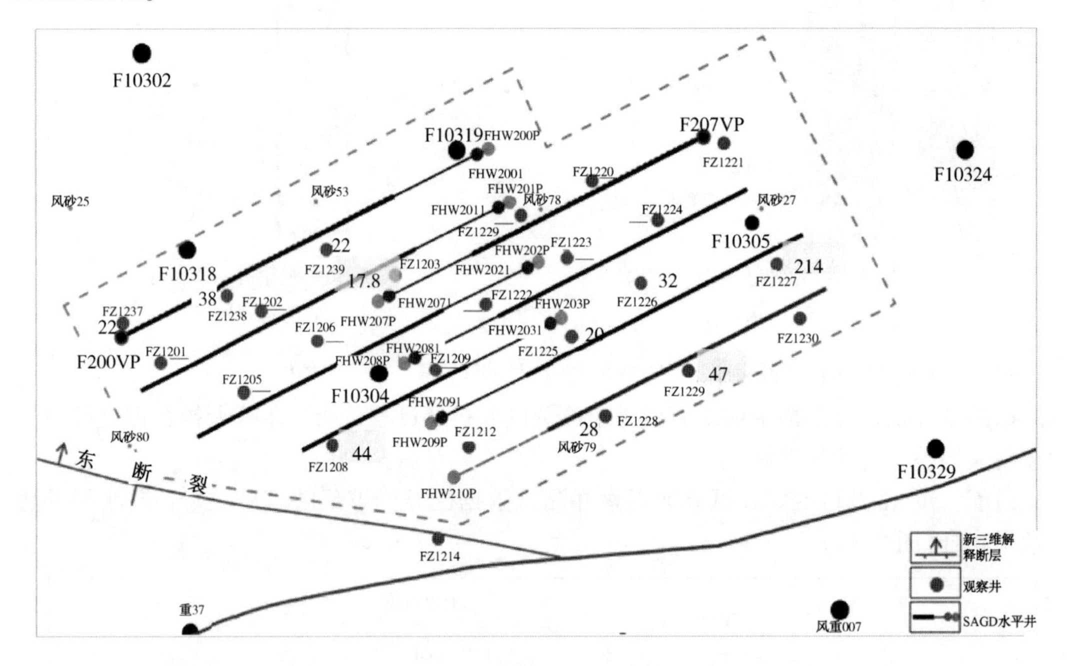

图 2.38　重 37 井区 SAGD 试验区观察井测温数据分布图(2013 年 9 月)

2.6.6　SAGD 快速均匀启动技术

SAGD 快速均匀启动技术 FUSE 是加拿大为 SAGD 开发的一种前沿技术。它是英文 Fast and Uniform SAGD Start-up(快速均匀 SAGD 启动)的简称。FUSE 利用地质力学扩容机理和非或弱固结油砂材料中独特的压裂行为，在一对 SAGD 井之间形成一个垂向扩容区，该区具有一定的高孔隙度和高渗透率，因此非常有利于井间沟通，井组见产早且产量高。同时，FUSE 可以突破 SAGD 井附近的页岩夹层以及克服沿 SAGD 井长度方向的其他地质上的不均匀性，最终能提高油藏采收率。在实施过程中，通过对注采水平井注水或蒸汽，结合井下温度、压力数据进行实时分析及调控，使注、采井间垂向沿水平井段形成较均匀的扩容带。

与常规预热方式相比，该技术具有以下效果：

(1) 能大大缩短见产周期(即能缩短 90%的前期不产油时间)。常规技术一般需要 4~6 个月才能开始产出原油，而采用 FUSE 技术一般一两周，最多一个月就能产出原油。

(2) 初期产量高，可达常规蒸汽循环启动技术的 3~4 倍。

(3) 可以少注蒸汽，节能减排效果可观。

(4) 可以突破 SAGD 井附近的页岩夹层以及克服沿 SAGD 井长度方向的其他地质上的不均匀性，最终能提高油藏采收率。

(5) 在一定程度上克服钻井轨迹偏差对循环预热的影响程度。

(6) 对完井管柱没有特别的要求。

2012 年 12 月在风城重 1 井区 FHW302 井组开展现场试验，在注采水平井垂向距离大(平均 6.1m)的条件下，快速启动试验后注蒸汽循环 25 天后连通判断，水平井间连通率达 74%，2013 年 4 月 15 日转抽生产，预热时间 103 天，重 1 井区同批次投产井预热时间平均 162 天，节约蒸汽用量 13641t。

转抽后 FHW302 井组正常生产 370 天，累计产油 9662t，平均日产油量 26t，阶段油汽比 0.25，含水率 76%，注采能力呈上升趋势，取得了良好效果(图 2.39)。

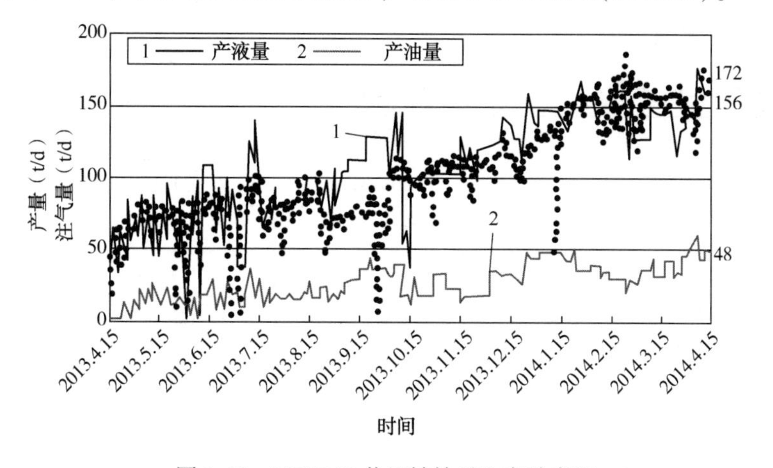

图 2.39　FHW302 井组转抽后生产动态图

2013 年 5 月 5—12 日在重 18 井区 SAGD 井组 FHW3094 开展现场试验，施工结束后该井组表现出一定程度压力关联性，后转为循环预热，但目前连通仍不明显，未取得效果。

2013 年 11 月在油砂矿 FHW21001 井组开展现场试验，试验结束后转为循环预热，注蒸汽 25 天连通率达 60%，90 天连通率达 80%，因冬季不具备转抽条件，于 2014 年 4 月 3 日转抽生产，已进入正常生产，预热注汽时间 107 天，用蒸汽 15474t。而相邻 FHW21002 井组预热 230 天，仍不具备转抽条件，已用蒸汽 31782t，与 FHW21001 井组相比，已多消耗蒸汽用量 16308t，约合 166 万元。

以上试验表明，快速均匀启动技术在新疆风城油田试验已取得阶段成功，下一步将继续评价该技术在不同油藏的适应性。

2.7　中深稠油采油技术

新疆油田中深井稠油油藏主要分布在台 3 井区齐古组油藏以及克拉玛依组油藏、台 28 井区头屯河油藏、吉 7 井区梧桐沟组油藏、乌 33 克下组油藏、乌 36 井区百口泉组油藏以及车23井区和车峰3井区石炭系油藏。这类油藏一般原油黏度较高，油藏中部深度一般在686~2350m，埋深较一般稠油深，如果采用浅层稠油油藏通常采用的常规的蒸汽吞吐、蒸汽驱等开采技术，则注汽压力大，且注汽热损失大。如1000m左右的井，未采用套管隔热措施及隔热油管的情况下，井口蒸汽干度为70%，到达井底后，蒸汽干度只有20%左右，热利用率低。因此新疆油田中深稠油目前主要采用注水开发冷采方式。

以吉7井区梧桐沟组油藏为例介绍新疆油田中深稠油油藏的采油技术。

2.7.1 完井工艺

采用常规的注水泥固井套管射孔完井方式。油管为ϕ88.9mm×6.45mm N80平式油管。ϕ88.9mm油管和抽油杆之间的油流通道较大，有利于降低螺杆泵运转时的阻力，可以与排量能够满足生产要求的螺杆泵配套。

根据油管与套管尺寸匹配关系表（表2.21），油管使用ϕ88.9mm油管时，选择ϕ177.8mm的油层套管配套使用。

表2.21 油管与套尺寸匹配关系表（引自万仁溥编《采油工程方案设计》） 单位：mm

油管外径	生产套管尺寸	生产套管内径	油管接箍直径	油套最小间隙
60.3	127	108.61	73.03	17.5
73.0	139.7	124.26	88.9	17.55
88.9	168.3~177.8	159.41	107.95	25
101.6	177.8	159.41	120.65	19.4

根据吉7井区梧桐沟组油藏原始地层压力、油藏中深以及天然气相对密度，预测出当井筒中全部充满气体时的井口压力为14.2~16.2MPa，实际生产过程中井口油压最高达到6.5MPa，因此，油井选用工作压力为25MPa的和ϕ177.8mm套管配套的KY65-25C采油井口。

根据油藏状况，采用射孔优化设计软件对和SDP-102枪、SDP-89枪、DP-89枪配套的SDP44RDX（HMX），SDP40RDX（HMX）和DP40RDX射孔弹的射孔参数进行了优化设计，设计结果表明，相同的弹型，以高孔密射孔的产率比较高。采油井采用DP-89型射孔枪油管传输射孔，60°相位角，16孔/m，螺旋布孔。射孔后压裂投产。注水井采用SDP-89型射孔枪，90°相位角。

2.7.2 举升工艺

2.7.2.1 举升方式选择

与吉7井区梧桐沟组中深层稠油油藏类似的鲁克沁油田主要采用抽油机+掺稀油降黏和螺杆泵两种举升方式。吉7井区周围没有可用的稀油源，因此，将前期在吉7井区试验过的抽油机+电加热、抽油机+化学降黏、螺杆泵举升工艺作为可备选的举升方式。表2.22给出了上述三种举升方式的优缺点对比。从经济效益、生产效果和设备管理等因素综合对比考虑，举升工艺推荐使用螺杆泵举升工艺。螺杆泵井在缩减一次性投资费用、节约能耗费用和维护成本方面与抽油机井相比均有一定的优势。

表 2.22　螺杆泵与抽油机举升方式优缺点综合对比

举升方式	技术			经济		管理
	产液稳定井适应性	产液波动井适应性	推广程度	一次性投资	运行费用	
螺杆泵	√好 一般 差	好 √一般 差	√高 低	高 √低	高 √低	√容易 困难
抽油机+降黏剂	好 √一般 差	√好 一般 差	高 √低	√高 低	√高 低	容易 √困难
抽油机+电加热	√好 一般 差	√好 一般 差	√高 低	√高 低	√高 低	√容易 困难

2.7.2.2　举升设备选型

2.7.2.2.1　螺杆泵选型

开发方案中单井设计产能为 4~5t/d，按含水 50%计算，日产液量为 8~10t。按照螺杆泵泵效 70%计算，螺杆泵排量应在 100r/min 时为 10~15t/d。根据吉 7 断块和吉 8 断块梧桐沟组油藏中部深度，推荐吉 7 断块下泵深度 1600m，吉 8 断块下泵深度 1500m。考虑到井口输送压力及原油黏度影响，螺杆泵扬程设计为 2000m。

考虑螺杆泵运转自身生热，据经验和室内实测，在转速为 100r/min 时，每举升 100m 液柱，温度升高 1℃。当排量小于 20%时，或小于 10%时，温升较快。螺杆泵容积效率应大于 30%，否则长期运转会烧泵。下泵深度对螺杆泵橡胶温度的要求的计算式为：

$$t = t_0 + 15 + \frac{L}{100}\left(a + \frac{n}{100}\right)$$

式中　t——表示螺杆泵橡胶适应的温度,℃;

t_0——表示地表四季平均温度,℃;

L——下泵深度，m;

n——螺杆泵转速，r/min;

a——地温梯度,℃/100m。

根据计算，螺杆泵定子橡胶耐热温度需大于 80.6℃。现场应用过程中，因为热洗时井口需要从油套环空泵入热油(温度 120℃)，因此选用螺杆泵定子选择耐热 120℃的橡胶定子。

2.7.2.2.2　抽油杆选型

在螺杆泵下深为 1500m 和 1600m，50℃时地面脱气油黏度为 500~2000mPa·s，油管

内径为 ϕ76mm 的条件下，计算采用 ϕ25mm 抽油杆和 ϕ36mm 抽油杆正常运转时所承受的扭矩，结果列于表 2.23。表 2.24 给出了螺杆泵抽油杆及接头的抗扭矩性能指标。对比表 2.23 和表 2.24 可以看出，采用 ϕ25mm H 级抽油杆或 ϕ36mm H 级空心抽油杆能满足扭矩要求。

表 2.23　不同条件下螺杆泵正常运转时扭矩及载荷计算

下泵深度(m)	50℃地面原油黏度(mPa·s)	扭矩(N·m)		载荷(kN)
		ϕ25mm 杆	ϕ36mm 杆	
1500	500	561.92	624.36	78.56
	2800	736.50	818.33	78.85
1600	500	599.38	665.98	83.80
	2800	785.60	872.89	84.11

表 2.24　螺杆泵抽油杆及接头的抗扭性能指标

序号	规格	屈服扭矩(N·m)	极限扭矩(N·m)	60%屈服扭矩(N·m)
1	CYG22D	≥733	938~1141	439.8
2	CYG22HL	938~1019	1142~1343	562.8
3	CYG25D	≥1097	1403~1707	658.2
4	CYG25HL	1403~1525	1709~1977	841.8
5	CYG36H 空心	≥2397	3067~3731	1438.2

2.7.2.2.3　地面驱动装置选型

根据螺杆泵载荷及扭矩计算，地面驱动装置采用驱动头最大额定载荷 100kN，驱动头额定输出轴额定扭矩 1000N·m，电动机功率 22kW 就能够满足生产需求。要求驱动头配备防反转装置。

2.7.2.2.4　配套工具的选择

螺杆泵配套工具主要包括以下几种：

(1) 抽油杆扶正器，外径为 68mm，光杆下端 1 根，油管短节上端 1 根，中间按每 100m 下一根，要求井身轨迹狗腿度小于 5°/30m；

(2) 螺杆泵锚定器，配套 ϕ177.8mm 套管，锚定油管；

(3) 插接杆短节，ϕ36mm，主要作用是用来调防冲距；

(4) 螺杆泵限位器，上部 ϕ88.9mm 加厚内螺纹×下部 ϕ73mm 平式外螺纹，作用是用来限制转子的位置；

(5) 管变扣，ϕ73mm 平式内螺纹×ϕ88.9mm 平式外螺纹，作用是连接泵与油管。

2.7.3 配套工艺

2.7.3.1 螺杆泵生产工况诊断工艺

吉 7 井区螺杆泵生产工况诊断采用光杆载荷测试工艺，即在井口采用 SM40YBC-LGB

螺杆泵系统效率测试仪，通过实时采集光杆的扭矩、轴向力和转速参数，进行螺杆泵井工况测试，再结合电参数、动液面等相关测试数据，对螺杆泵生产工况进行系统性的诊断分析。螺杆泵系统效率测试仪还能根据测试数据画出三相电流图、两相功率图、功率因数图、动液面曲线图、光杆载荷曲线图、光杆扭拒曲线图、光杆转速曲线图。根据测试分析数据，准确地对机采系统的系统效率进行分析，从而指导生产实践。截至 2013 年 11 月 30 日，在吉 7 井区共测试 108 井次，将诊断分析结果用于指导生产，取得了较好的效果。

2.7.3.2　动态监测工艺

吉 7 井区于 2012 年在 6 口监测井上分别试验了抽油机+电加热工艺，螺杆泵+永制式压力计工艺，偏心螺杆泵测试工艺等 3 种井下测试工艺，每种工艺试验了 2 口井。经过近 1 年的试验，3 种工艺均取得了成功。对比 3 种工艺，螺杆泵+永制式压力计工艺由于技术局限只能测试井底的流压和温度数据，不能取得剖面测试资料；而抽油机+电加热工艺存在耗电量较大的缺点；偏心螺杆泵工艺在新疆油田为首次应用，经过试验及技术改进后获得成功，成功取得流压、温度及产液剖面资料，其优点是螺杆泵耗电量少，经济上较为合理。2013 年在吉 006 井区继续应用了 3 口偏心螺杆泵测试工艺，都成功取得了流压、温度及产液剖面资料。

第3章　天然气藏采气工艺技术

3.1　储层保护技术

新疆油田已发现并投入开发多个气藏。各气藏原始地层压力系数差距较大，经过长期开采后，地层压力下降明显。气藏储层具有岩性、物性变化大、敏感性强等特点。因此，不同储层对入井液性能的要求差别较大。随着对气藏储层保护意识的不断增强，新疆油田针对不同储层类型及特征，开展了入井液优选和不压井作业等多项储层保护工艺技术的研究及现场试验，逐步形成了适应于新疆油田不同气藏特点的储层保护工艺技术。

3.1.1　储层敏感性分析

新疆油田各主要气藏储层黏土矿物含量及水敏程度统计结果见表3.1。从表3.1中可以看到，绝大多数气藏的水敏性都在中等偏强及以上，速敏弱—中等偏强，酸敏中等，碱敏弱—中等，应力敏感中等—强。表3.2是各气藏不同敏感性(速敏、酸敏、碱敏、应力敏感等)的统计结果。

表3.1　新疆油田各气藏储层水敏程度统计

序号	气田/井区	黏土矿物含量(%)				水敏指数	水敏程度
		伊/蒙混层	伊利石	高岭石	绿泥石		
1	克拉美丽气田	54.4	—	—	1.0~87.4	0.53~0.86	强—中等偏强
2	玛河气田	58~90	4~25	2~20	2~9	0.57	中等偏强
3	盆5气田	13	12	20~71	7~72	0.59	中等偏强
4	克82井区	—	—	—	—	—	中等
5	彩31、彩43井区	40.79	19.47	48.84	10.37	0.83	强
6	夏014—夏016	12~21	6~9	65~71	8~10	0.38	中等偏弱

表3.2　新疆油田各气藏储层敏感性统计

气藏	速敏	酸敏	碱敏	固相入侵	应力敏感
克75				存在	
盆5	中等偏弱	中等偏强		存在	
呼图壁	弱—中等	中等—强盐敏		存在	

续表

气藏	速敏	酸敏	碱敏	固相入侵	应力敏感
玛河	中偏强	无	中偏强	存在	弱偏中
滴西10	弱	中等	弱—中等	存在	中等—强
滴西14	中等偏弱	中等		存在	
滴西17	弱	中等	弱—中等	存在	
滴西18	弱	中等		存在	中等—强

3.1.2 储层伤害因素评价

通过储层敏感性分析结果可以看出，新疆油田气藏储层入井流体对气藏可能存在的伤害因素主要为水敏和水锁等。

3.1.2.1 水敏

以克拉美丽气田石炭系气藏为例。储层岩心矿物成分复杂，大体分为黏土、碎屑岩、碳酸盐岩和其他岩性等4类，其中以碎屑岩为主。黏土矿物含量集中在10%~16%，黏土矿物中以绿泥石、伊利石、伊/蒙混层和绿/蒙混层为主，不含膨胀性水敏黏土矿物蒙脱石。克拉美丽气田储层岩心水敏试验分析评价(表3.3)表明，储层水敏性较强，属于中等偏强—强水敏。

表3.3 克拉美丽气田储层岩心水敏试验分析结果

井号	深度(m)	$K_{空气}$(mD)	$K_{地层水}$(mD)	$K_{伤害后}$(mD)	水敏指数(%)	评价结果
滴西14	3668.05~3670.80	8.91	0.305	0.0419	86.27	强水敏
滴西17	3632.86~3641.56	1.96	0.223	0.0673	69.77	中等偏强水敏
DX1824	3669.74~3669.80	0.21	0.0241	0.00854	64.61	中等偏强水敏
		5.47	0.439	0.204	53.53	中等偏强水敏

3.1.2.2 水锁

工作液中的水相侵入储层孔道后，就会在井壁周围孔道中形成水相堵塞。其水—气或水—油弯曲界面上存在一个毛细管压力。新疆油田大部分气藏属于裂缝—孔隙双重介质的低孔隙度、低渗透率储层，孔喉较小，容易造成水锁伤害。

以克拉美丽石炭系火山岩气藏为例。对火山岩样品压汞资料的分析研究表明，滴西14井区、滴西17井区、滴西18井区的孔隙结构特征如下：

(1) 滴西14井区属于中孔型流动单元，分选较好、偏细歪度；高孔隙和微喉道；排驱压力为0.25MPa；饱和度中值压力5.99MPa；饱和度中值半径0.66μm。

(2) 滴西17井区属于微孔型流动单元，分选较差、偏细歪度；高孔隙和微喉道；排驱压力为0.18MPa，饱和度中值压力5.64MPa，饱和度中值半径0.13μm。

(3) 滴西18井区属于微孔型流动单元，中等分选、偏细歪度；中孔隙和微喉道；排驱压力为1.48MPa；饱和度中值压力9.84MPa；饱和度中值半径0.07μm。

由此可见，克拉美丽气田储层岩心喉道半径很小，渗透性差，入井流体的残渣难以进入孔隙喉道；孔隙毛细管阻力大，易受水锁伤害。岩心的强水敏是黏土矿物膨胀堵塞孔隙和由于岩心强亲水，液相吸附在喉道中共同作用的结果。

3.1.3 储层保护基本原则及要求

3.1.3.1 完井过程中的储层保护要求

（1）完井作业中储层保护需严格按照《钻井工程方案》中油气层保护相关要求执行；

（2）气井射孔时，采用配伍性、防膨性能及返排能力较好的射孔液；

（3）气井射孔时，尽量采用负压射孔工艺技术。

3.1.3.2 增产措施中保护储层的要求及措施

（1）尽可能使用射孔、压裂、生产一体化管柱，减少重复压井引起的储层伤害。

（2）压裂施工时，要选用配伍性及防水锁、返排性能好的压裂液体系；为减少压裂液对裂缝及油气的伤害，要求残渣含量要低；同时，尽量减少关井时间，要求压裂液具有良好的破胶性能。

（3）优化施工设计、加强施工管理、紧凑作业工序，尽可能加快施工作业进度，缩短作业浸泡储层时间，有利于减轻各种作业液引起的储层伤害。

3.1.3.3 修井作业中保护储层的要求及措施

（1）优化井下作业施工参数，合理选用压井液密度。压井液密度根据地质设计提供的地层压力或地层压力当量密度值为基准资料进行计算，压井液密度安全附加值为增加井底压差3.0~5.0MPa。作业后及时返排，若排液不出，及时采取气举排液措施。

（2）气井修井作业时，根据新疆油田目前常用压井液的适用条件，入井液体系选择依据的主要指标有地层压力系数、储层孔隙度和渗透率等参数。

（3）对于低压气井或裂缝型储层的气井，尽可能使用不压井作业技术。

3.1.4 储层保护工艺技术

3.1.4.1 气井负压射孔工艺

（1）工艺技术原理。

负压射孔是指射孔时，在井底液柱压力低于储层压力条件下的射孔。负压射孔的关键在于利用射孔瞬间负压产生的高速回流冲洗孔眼，运移由于射孔压实造成的孔眼堵塞物，以期获得清洁无伤害的孔眼，同时还有可能减轻压实作用程度。因此，负压射孔是一种保护储层、提高产能、降低成本的射孔方法[89]。

（2）负压值设计方法。

负压射孔的作用已被现场实践和室内试验所证实。负压值设计是负压射孔的关键。对于没有进行优化射孔的低渗透油气藏，可能出现虽采用负压射孔，但由于负压选择偏低，储层产能仍未充分发挥的情况。对于低渗透、受严重伤害的油气藏，完全清洁孔眼要求的负压值较高，有时可能无法实现；对于层间非均质严重的地层，在同一负压下射孔，孔眼的清洁程度不一；对于油气藏欠压情形，有时会出现采用全井掏空也不能达到理想负压值；对于弱胶结地层，负压能满足孔眼清洗要求，但又可能造成地层出砂[90]。因此对于设计出的负压值，需要根据气井的实际情况进行校核，以满足施工的要求。目前常用的负压射孔设计方法及优缺点对比见表3.4。

表3.4 常用的负压射孔设计方法对比

设计方法	设计特点	优点	缺点
W. T. Bell 经验准则	根据产层渗透率和射孔完井的经验统计的结果确定射孔负压值	简单、方便	考虑因素单一
美国岩心公司经验公式	根据45口井的修正数据，给出选择油气井射孔负压的经验关系	简单、方便	只考虑了岩石的渗透率，不能计算最大负压值
美国 Conoco 公司计算方法	根据储层出砂史、渗透率、泥岩声波时差等综合确定合理射孔负压值	考虑的影响因素在渗透率的基础上增加了岩石的声波时差、套管安全压力和气井的出砂史	没有考虑岩石力学参数和射孔枪弹系列的影响
斯伦贝谢 Behrmann 方法	根据渗透率确定最小射孔负压值	考虑因素比较全面	没有提供最大负压及最佳负压的设计方法

（3）新疆油田气井射孔负压值设计。

新疆油田气井射孔负压值的确定主要是根据储层孔隙度、渗透率、邻近泥岩层段的声波时差等地质参数，按照以上方法进行综合分析计算和优化设计，主要的设计原则为：保证射孔孔眼的清洁；负压值不能超过限值，以免造成地层出砂、垮塌、套管挤毁或封隔器失效等问题。

以玛河气田为例，进行射孔负压值（Δp_{rec}）的设计，主要步骤如下：

① 玛河气田平均渗透率为125.66mD，首先利用美国Conoco公司计算方法计算出基本的最小负压值为：

$$\Delta p_{min}(\text{气井}) = 17240/K^{0.18}(K>1\text{mD}) = 7.2\text{MPa}$$

② 邻近泥岩声波时差为280μm/s，计算出最大负压值为：

$$\Delta p_{max}(\text{气井}) = 33095-52.426(DT_{as} = 18.4\text{MPa}$$

③ 玛河气田气井基本无出砂史，则：

$$\Delta p_{rec} = 0.2\Delta p_{min} + 0.8\Delta p_{max} = 16\text{MPa}$$

3.1.4.2 气井射孔—压裂—生产联作工艺

射孔—压裂—生产联作工艺是利用油管传输射孔的管柱完成压裂作业，并作为生产管柱进行生产的工艺技术。该技术可有效降低施工风险，避免重复压井对气层的伤害。目前新疆油田气井主要采用丢枪射孔工艺，射孔后即可进行压裂作业。

丢枪射孔工艺[91]是采用油管将射孔器输送到目的层位，射孔完成之后采用压力丢枪或投棒丢枪，使射孔枪人为地脱离输送管柱，落入井底口袋后进行压裂作业，完成射孔—压裂联作，待压裂完成以后，继续使用该管柱作为气井生产管柱，完成压裂—生产联作。

(1) 压力丢枪时，将射孔枪释放装置串接在射孔作业管柱起爆装置的上端，装配好的丢枪装置连接到射孔枪上端后，与油管一起下到井内，射孔完毕投球后，在井口加压，当加压值达到剪切销钉剪切压力时，剪切销钉剪断，滑套上移，锁定头从上接头孔内滑出，释放下接头，实现丢枪。

(2) 投棒丢枪也是将丢枪装置下入井中，射孔完毕后，在井口投棒，投棒撞断撞销，滑套在压差的作用下上移，锁定头从上接头孔内滑出，释放下接头，实现丢枪。

新疆油田在克拉美丽气田直井投产作业过程中，基本采用射孔—压裂—生产一体化管柱结构，从而减少了气井压井起下管柱次数，起到很好的保护气层的作用，并有效地缩短了气井投产时间。

3.1.4.3 气井防水锁工艺技术

在低渗透储层射孔、压裂、修井作业时，为了减少水锁对地层的伤害，可针对各类入井流体采取以下措施：

(1) 在各类入井液中加入表面活性剂即助排剂，降低油水界面张力，增大接触角，减少毛细管力；

(2) 改善压裂液破胶性能，实现压裂液在地层中的彻底水化破胶，减小压裂液在地层介质中流动的黏滞阻力；

(3) 压裂液快速破胶，并在压裂结束后采用小油嘴，利用余压强制裂缝排液，减少压裂液在地层的滞留时间，或使用液氮、CO_2 助排等。

3.1.4.3.1 防水锁强抑制气井射孔液技术

新疆油田早期开发的气藏射孔都用活性水、钻井液，或者用 $CaCl_2$ 加重的盐水等作为射孔液，它们对储层伤害大。由于新疆油田的气藏大部分是低渗透储层，水锁伤害较为严重。后期使用束缚水压井液作为射孔液，它虽然解决了水锁的伤害问题，但现场实验时由于该压井液黏度高，又出现了射孔枪下入困难的问题。

(1) 性能指标。

2012 年新疆油田完成了“新疆气藏防水锁强抑制气井射孔液技术研究”项目，在总结采气一厂成功研制低压气藏入井液的基础上，筛选出有效的表面活性剂 FSS，开发研制出适合新疆气藏防水锁强抑制气井射孔液体系，该体系的性能指标为：

① 无固相射孔液密度为 1.0~1.5g/cm^3 可调；

② 筛选出适合密度为 1.0~1.5g/cm^3 的无固相射孔液的防水锁剂 FSS；

③ 筛选出非 $CaCl_2$ 加重剂；

④ 筛选出适合密度为 1.0~1.5g/cm^3 的无固相射孔液的防膨剂；

⑤ 筛选出适合密度为 1.0~1.5g/cm^3 的无固相射孔液的 HS 缓蚀剂；

⑥ 抑制性≥85%，表面张力≤ 35.25mN/m，表观黏度≤20mPa · s；

⑦ 在室温下稳定时间≥30 天，在 80℃ 下稳定时间≥10 天；在 120℃ 下稳定时间≥3 天。

（2）现场应用情况。

该射孔液体系于2010年在新疆油田盆5气田的盆7井和P5205井成功应用2井次，取得较好的射孔效果：盆7井使用优质射孔液50m^3（密度1.05g/cm^3），射孔结束后外排出气；P5205井使用优质射孔液30m^3（密度1.05g/cm^3），射孔结束后外排出气，气量约1.0×10^4m^3。

3.1.4.3.2 防水锁低伤害气井瓜尔胶压裂液技术

目前新疆油田已经形成一套成熟的防水锁低伤害气井瓜尔胶压裂液体系，在压裂液原液配方中加入0.8%的气井助排剂，可以增大液固两相接触角至60°以上（表3.5），通过改变润湿接触角（θ），毛细管压力降低将近40%，大大降低岩心对液相的吸附，进一步减少水锁，从而提高各类入井流体的返排效率，减少对储层的伤害。

该压裂液体系在克拉美丽气田、克82井区佳木河组气藏中广泛应用，取得很好的压裂增产效果。

表3.5 不同样品接触角测试结果

样品名称	浓度（%）	θ（亲水）（°）	$\cos\theta$（亲水）	表面张力（mN/m）	与水的$\cos\theta$比值（亲水）
水	—	9.5	0.9863	40~70	—
常规助排剂	0.5	11.5	0.9799	28	0.99
	0.5	14	0.9703	30	0.98
气井助排剂	0.01	49.5	0.6494	28	0.66
	0.02	58	0.5299	22	0.54

3.1.4.3.3 气井压井液体系优选技术

结合各气田的储层特征，主要根据地层压力系数和孔隙度、渗透率进行压井液体系的选择，目前已形成了新疆油田气井压井液体系的适用范围见表3.6，压井液体系技术界限模板如图3.1所示。

表3.6 新疆油田气井压井液体系适用范围

<table>
<tr><th rowspan="2">入井液体系</th><th rowspan="2">压井液密度
(g/cm^3)</th><th colspan="2">适宜地层</th><th rowspan="2">备注</th></tr>
<tr><th colspan="2">地层压力系数</th></tr>
<tr><td>无固相有机盐入井液</td><td>1.0~2.3</td><td colspan="2">1.2~2.0</td><td>配制密度大于1.8g/cm^{3}的成本较高</td></tr>
<tr><td rowspan="3">束缚水入井液</td><td rowspan="3">1.0~2.0</td><td>低孔隙度、低渗透率细小裂纹</td><td>0.8~1.2★1.2~1.8</td><td rowspan="5">针对井筒复杂作业，如下泵、膨胀管补贴等，此两种黏度较大时不适应；且配制密度大于1.4g/cm^{3}的成本较高</td></tr>
<tr><td>中孔隙度、中渗透率</td><td>1.0~1.2★1.2~1.8</td></tr>
<tr><td>裂缝型</td><td>1.2~1.3★1.3~1.8</td></tr>
<tr><td rowspan="2">暂堵型凝胶入井液</td><td rowspan="2">1.0~1.4</td><td>中孔隙度、中渗透率</td><td>0.5~1.0</td></tr>
<tr><td>裂缝型</td><td>1.0~1.2</td></tr>
</table>

注：★为入井液体系技术适应，但未在现场进行应用。

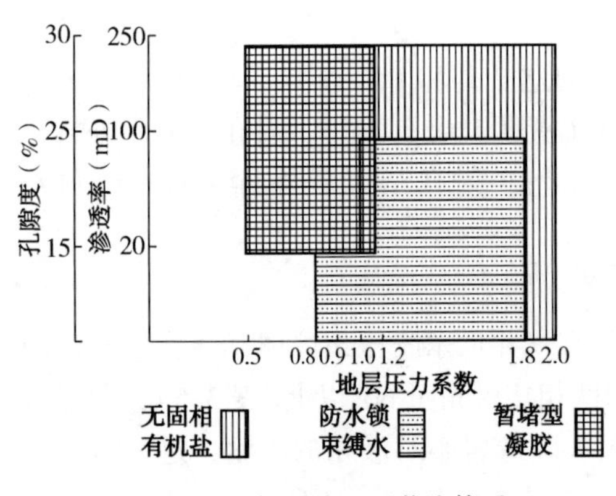

图 3.1　新疆油田压井液体系技术界限模板

（1）无固相有机盐压井液的基本性能指标见表 3.7。2008—2012 年，该入井液体系在新疆油田气井现场应用 16 井次，应用效果良好，在滴西 17 井与滴西 171 井回采中应用成功，分获产量 $5.2\times10^4m^3$ 和 $5.1\times10^4m^3$，为气井储层保护提供了良好的技术支持。

（2）束缚水压井液在克拉美丽气田及盆 5 气田均有应用，其性能指标见表 3.8。新疆油田在中低压气井中主要使用密度小于 $1.2g/cm^3$ 的束缚水入井液，储层保护效果良好。如：盆 5 井天然气窜至技术套管和油层套管，使用束缚水压井液 $90m^3$，修井后产量恢复率达 94.7%。

表 3.7　无固相有机盐入井液性能指标

项　目	指　标	标准要求
表观黏度（mPa·s）	15~80	10~100
初/终静切力（Pa）	0.5~4.5/0.5~5.5	0.5~5.5/1.0~6.5
API 失水量（mL/30min）	≤10	≤16
高温高压失水量（120℃，3.45MPa）（mL/30min）	≤20	≤40
岩心渗透率伤害率（%）	≤10	≤15
腐蚀速率（mm/a）	≤0.076	≤0.076
水不溶物（%）	1	

表 3.8　束缚水入井液性能指标

项　目	性能评价
表观黏度（mPa·s）	ϕ_{300}下分别在蒸馏水中和盐水中的表观黏度为 125.5mPa·s 和 128.2mPa·s。此时虽然黏度高，但仍然可以流动
防膨率（%）	≥80
滤失性	在常压下的失水小于 1%；在高温高压下的小于 10%
流变性和抗剪切性	$1.25g/cm^3$、ϕ_{100}、表观黏度 128.2mPa·s；$1.0g/cm^3$、ϕ_{100}、$170s^{-1}$、4h 黏度降低 3.5%
岩心渗透率伤害率（%）	≤7%
腐蚀速率（mm/a）	≤0.13

（3）暂堵型压井液的性能指标见表 3.9。在呼图壁储气库的 HU2003 井和 HU2005 井两口气井的工程测井中，选用了组合粒径的暂堵型聚合物凝胶修井液，HU2003 井共使用 $80m^3$，HU2005 井用 $160m^3$，施工后两口井均顺利复产，修井前后产量恢复率分别达到 95%和 88.9%。

表3.9　暂堵型入井液性能指标

项目	性能评价
抗温性和稳定性	常温或80℃、360h、无分层或沉淀
流变性和抗剪切性	1.0g/cm³、ϕ_{300}、表观黏度125.5mPa·s；1.0g/cm³、ϕ_{100}、170s⁻¹、4h黏度降低4.3%
滤失性	常压30min失水量26.5mL；高压30min失水量32.4mL
黏土膨胀、伤害率	5h防膨率在80%以上；岩心伤害率在7%以下
腐蚀速率	腐蚀率比水和同密度盐水腐蚀小
暂堵性能	对人工造缝0.1mm和0.2mm岩心暂堵率可以达到95%以上，暂堵后承压能力达7MPa以上，暂堵性能较束缚水更强

3.1.4.4　不压井作业技术

新疆油田气井不压井作业井次较少，目前仅在盆5气田、马庄气田作业带压更换油气井口闸阀技术3井次，在克拉美丽气田等作业冷冻井口换阀技术2井次。

3.1.4.4.1　带压更换油气井口闸阀技术

主要技术原理[92]为采用液压式油管堵塞器更换采气井口闸阀，将堵塞器送达预定位置后，液压泵通过高压胶管和传送杆向液压缸输入液压油，使液压缸的活塞移动而产生一个轴向力，该轴向力通过锥套作用于卡瓦牙，使卡瓦牙张开锚定于油管的内壁使其不被井内压力退推出。液压缸的轴向力同时作用于胶筒，使胶筒胀大至紧贴油管的内壁，以封闭油管内腔。装于活塞内的液压锁封住液压缸内压力，使工具保持工作状态。通过放气截止阀将堵塞器后部剩余压力泄掉，确认密封可靠后，拆除送进装置，即可实现更换闸阀作业，换上新闸阀后，将工具解封并退出，带压更换井口闸阀作业即告完成。

该装置采用全电动液压泵或手压液泵提供动力，用螺栓固定，适用于各种环境和井况。有一整套带压更换各种规格和型号采油树油管和套管闸阀的特殊装置，可对压力不大于35MPa的各种规格和型号的自喷油气井口施工。

液压式堵塞器换阀方法属风险作业。其最大风险主要集中在已实施封堵并拆下主阀但尚未完成新阀换装的时间段。此时封堵器发生泄漏或意外解封，则可导致井喷失控，因此，保证堵塞器的性能是安全作业的关键。带压更换油气井口闸阀技术采用了单层或双层堵塞器，施工过程全部处于受控状态，具有操作安全可靠、环保、无污染的优点。该技术与常规压井更换闸阀作业技术的对比见表3.10。

表3.10　带压更换油气井口闸阀技术与常规压井更换闸阀技术对比

对比	带压更换油气井口闸阀技术	常规压井更换闸阀技术
技术原理	用液压控制，利用井口的内部结构，采用井口封堵的方法实现带压更换自喷油气井口主控阀门	压井技术是采用液压方法将井口内部的高压油气封堵，使井口无压力，再进行更换阀门

续表

对比	带压更换油气井口闸阀技术	常规压井更换闸阀技术
技术特点	(1) 不需压井作业，对井下气层无伤害； (2) 可在高压条件下带压更换生产闸阀及套管闸阀，以及主控阀门零部件	(1) 需要压井作业； (2) 施工需要作业机及压井配套设备； (3) 不能在高压条件更换生产闸阀及套管闸阀
施工时间	施工时间不超过 6h，施工过程不停产	仅压井作业需停产 3d 时间，且施工时间长

液压式堵塞器主要技术参数见表 3.11。

表 3.11　液压式堵塞器主要技术参数

项目名称	油管堵塞器	套管堵塞器
节流工作压力(MPa)	50	50
最大外径(mm)	56.5~58.0	60~63
适用工作温度(℃)	-18~80(额定压力下)	
适用介质	石油、天然气	

在新疆油田盆 5 气田莫 101 井，发生采气树总阀门后端法兰面积螺栓连接处泄漏，直接影响该井正常生产和冬防保温工作。2006 年 11 月，莫 101 井首次采用带压更换采气树总阀门新工艺施工作业，成功更换泄漏的采气树总阀门，试压、开井复产一次成功。2007 年在马庄气田台 19 井和 T305 井也成功采用该工艺解决闸阀泄漏的问题。

3.1.4.4.2　*冷冻暂堵技术*

冷冻暂堵技术[93]是通过(高压)注入系统将冷冻介质(暂堵剂)注入环空和油管内，采用冷冻介质在套管外围降温并保持温度在-70℃左右，由外层套管逐渐向油管内冷冻，直至暂堵剂与套管、油管紧密结合，形成冰冻桥塞密封环空和油管内径，封隔井内压力，达到安全更换采油(气)井口或主控阀的目的。

新疆油田引进的冷冻暂堵设备是加拿大 SNUBCO 公司生产的 CTC-120(S-CF)型冷冻井口作业装置，整套设备固定在一个 40 尺的标准集装箱内。设备主要构成为：(1)注入系统，由动力部分、液压控制部分、注入管汇部分组成，其主要功能为向井内环空或管柱内注入暂堵剂；(2)冷冻盒，根据不同管柱外径配备相应冷冻盒，安装于(套)管外，加装冷冻介质，实施冷冻暂堵。

设备性能参数：(1)额定暂堵剂注入压力 70MPa；(2)冷冻设备旋塞阀承压能力 105MPa；(3)冷冻最低温度-70℃；(4)冷冻桥塞承压能力 35MPa。

工艺流程：(1)安装冷冻盒预冷冻。在管外安装冷冻盒，加入冷冻介质对管壁进行预冷冻，确保暂堵剂能有效黏附在管壁上。(2)注入暂堵剂。计算暂堵剂用量，利用注入系统向环空或管内注入足量的暂堵剂；(3)冷冻。根据冷冻时间补充冷冻介质，实施冷冻。(4)试压。形成冷冻桥塞后，根据井口承压能力和井压情况，对冷冻桥塞试压至井压的 1.5~2.0 倍。(5)换装井口。根据生产需求更换井口闸阀。(6)解堵。通过加热井口或自然解冻方式解堵，放喷暂堵剂，投产。

2013—2014年，采用冷冻暂堵技术分别在克拉美丽气田DX1427井、红山嘴油田0711井进行更换采气树作业，减少了压井工序，缩短了作业时间，降低了对储层的伤害。在井口冷冻介质通过自然吸热解冻后，现场开井顺利排出油套内冷冻胶体，出口点火成功，井口压力恢复到与施工前一致，顺利完成了整个冷冻暂堵更换气井井口作业。

3.2 直井完井工艺技术

在新疆油田已投入开发的各类气藏中，直井基本采用套管注水泥固井射孔完井。但在克拉美丽气田滴西14井区和滴西18井区中，储层物性较好，离气水界面近的部位的DX1416和DX1805等6口直井采用了欠平衡钻井裸眼完井的方式。

3.2.1 完井方式

从采气工程的角度出发，一口井最理想的完井方式应能满足多方面的要求：保持气层与井筒之间最佳的连通条件和渗流面积，也就是伤害和阻力最小，有效封隔，防止层间的相互干扰，特别是防止开发过程的水窜；应能有效地控制油气层出砂，防止井壁坍塌，确保气井长期生产；不仅满足初期生产的需要，而且也能适应后期开采的需要；同时也考虑满足作业的要求；施工工艺简单；按气层综合评价的结果和产能的需要，确定将来生产的井段；按照气田纵向上的地质特点，以及防伤害、防水窜、防垮塌的要求，不同类型的气井选择相适应的完井方式。各种直井的完井方式都有其各自适用条件和局限性[94]，见表3.12。

表3.12 天然气井常规完井方式适用条件

完井方式	主要优点	主要缺点	适应地质条件
套管射孔完井	(1) 可根据钻井、录井、测井、取心等资料准确确定套管下入深度； (2) 有效封隔不同压力的油气水层，防止相互窜通，有利于分层开采； (3) 射孔可穿透钻井液对储层的伤害带，改善油气井的完善程度； (4) 有利于油田注水开发及酸化、压裂等措施的实施； (5) 除裸眼完井外，相对于其他完井方式投资小	如施工措施不当，固井和射孔工艺环节都可能造成对储层的伤害	(1) 有气顶或有底水、或有含水夹层、易塌夹层等复杂地质条件，要求实施分隔层段的储层； (2) 各分层之间存在压力、岩性差异，要求实施分层作业的储层； (3) 要求实施水力压裂的低渗透储层； (4) 砂岩储层、碳酸盐岩裂缝性储层
裸眼完井	(1) 产层与井底直接相通，油气流入井内阻力小； (2) 工艺简单，投资少	适应范围相对狭窄，不能满足压裂等增产措施的需要	(1) 岩性坚硬致密，井壁稳定不坍塌的碳酸盐岩储层； (2) 无气顶、无底水、无含水夹层及易塌夹层的储层； (3) 单一厚储层，或压力、岩性基本一致的多层储层； (4) 不准备实施分隔层段，选择性处理的储层

3.2.1.1 套管注水泥射孔完井

在新疆油田已投入开发的各类气藏中，大部分属于低孔隙度低渗透率凝析气藏，直井基本采用套管注水泥射孔完井的方式。该方式是应用最为普遍的一种完井方法。井下射孔作业是套管注水泥射孔完井工程中的重要一环。是在采气作业之前，在钻井、测试、固井、洗井之后的一道作业程序。射孔是固井后将射孔枪下到油气井中指定层段，将套管、水泥环和地层射穿，使油气从储层进入井筒的作业。目前工业化且已大量使用的射孔方式有3种：电缆输送式套管射孔、油管传输射孔、电缆输送式过油管射孔。由于气藏压力系数普遍较高，新疆油田在气井射孔作业中应用最多的是油管传输射孔工艺。

气井射孔方式的选择主要根据气层压力系数、井型、投产方式进行选择(表3.13)。从保证射孔安全的角度出发，地层压力系数大于1.0，采用油管传输射孔方式，地层压力系数小于1.0，采用电缆传输射孔方式。

表3.13　射孔方式选择

井　型	压力系数	射孔方式
直井	>1.0	油管传输射孔
	<1.0	电缆传输射孔

国内一次使用射孔枪的规格参数见表3.14。

表3.14　射孔枪规格参数表

射孔枪外径(mm)	51，60，73，89，102，114，127，140，152，157等
孔密(孔/m)	10，13，16，20，24，26，36，40等
相位角(°)	0，30，45，60，90，120，180等
耐压级别(MPa)	35，70，105，140，170等

直井射孔的射孔枪型主要受到套管程序的限制，气井主体射孔工艺参数见表3.15。

表3.15　直井射孔工艺主体参数

套管尺寸(in)	射孔枪型	射孔工艺主体参数
7	DP-102射孔枪	16孔/m，60°和90°相位角，螺旋布孔
5½	DP-89射孔枪	

目前气井井下射孔作业中常用的射孔液体系有无固相清洁盐水类射孔液、油基射孔液以及聚合物射孔液。新疆油田气井射孔作业中所使用的射孔液，从早期的清水或泥浆，逐步发展到目前的无固相和低失水气井防膨射孔液。射孔液要与地层具有良好的配伍性，主体采用防膨性能好的KCl溶液作为射孔液，为防止射孔液进入地层引起水锁伤害，射孔液中需添加达到防水锁性能要求的防水锁剂。

从投产工艺角度来说，目前新疆油田气井常规的射孔工艺参数和射孔液体系基本能够满足气井投产的需要。

3.2.1.2　裸眼完井

2008 年以来，随着克拉美丽气田投入开发，在滴西 14 井区和滴西 18 井区储层物性较好，气层离气水界面近的 DX1416 井和 DX1805 井等 6 口直井，试验了欠平衡钻井裸眼完井。其主要特点是气层完全裸露，因而气层具有最大的渗流面积，称为水动力学完善井，其产能较高。但裸眼完井使用局限较大，对于需要压裂改造的砂岩气层、中低渗透气藏，裸眼完井都不适用；同时，砂岩中大多有泥页岩夹层，遇水多易坍塌而堵塞井筒，碳酸盐岩油气层，包括裂缝性油气层，使用裸眼完井时难以进行增产措施、控制底水的锥进和堵水。

一般说来，在同一气藏内，裸眼完井的初期日产量较高，但生产一段时间后，套管射孔完井的日产量与裸眼完井基本持平，最后射孔完井的累计产量却高于裸眼完井。射孔完井有利于进行增产及各项井下作业措施，有助于气田的稳产。从克拉美丽气田 6 口裸眼完井直井后期的生产效果对比来看(图 3.2)，欠平衡裸眼完井的直井生产效果不如射孔后压裂直井。

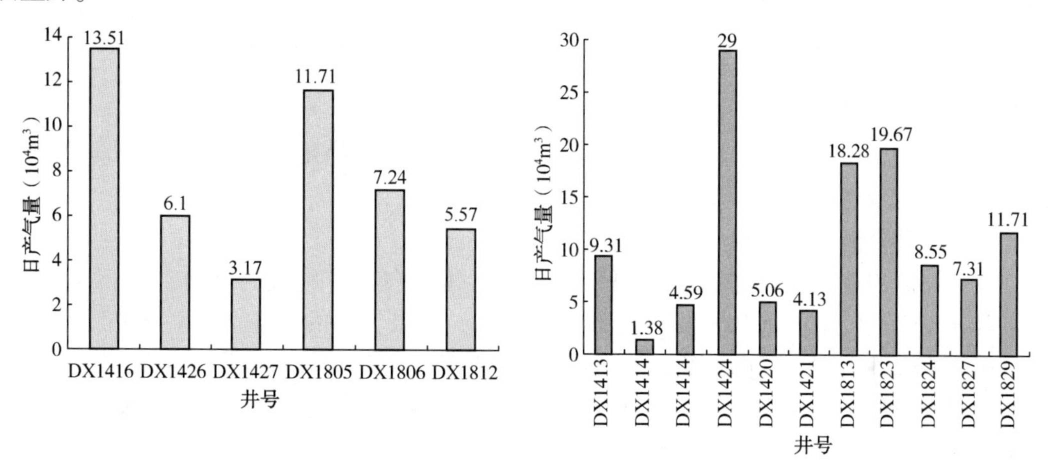

图 3.2　直井欠平衡裸眼完井与压裂直井产气量对比

3.2.2　完井管柱

气井完井生产管柱的设计主要包括气井完井油管管柱结构、尺寸、钢级以及生产套管尺寸等。设计时需要考虑以下原则：

(1) 完井油管管柱既要满足完井作业要求，又要满足气井开采的需要，还要考虑今后气井作业的复杂性。

(2) 在满足安全和工程的前提下应该力求简单适用，尽量减少井下工具数量。

(3) 应满足节点分析要求，减少局部过大的压力损失。

(4) 应考虑 CO_2、H_2S 和地层水的影响。

(5) 应考虑套管质量，特别是深井和超深井更应检查套管偏磨情况，在计算抗压强度时必须考虑此因素；为了保护套管和套管头，确保气井长期安全生产，建议采用生产永久式封隔器完井油管管柱。

气井完井生产管柱的设计主要包括气井完井油管管柱结构、尺寸、钢级以及生产套管尺寸等。天然气井完井生产管柱尺寸的设计应重点考虑：保证气井在合理产量下的举升能耗最低，还要满足携液要求的最大油管尺寸和防止冲蚀的最小油管尺寸。

3.2.2.1 生产管柱结构

直井主要根据气藏温度、压力系统以及不同的井型和完井方式选择完井生产管柱结构。考虑到新疆油田气藏储层常压、天然气中 CO_2 含量低，不含 H_2S 气体，大部分气井配产低、地层压力下降快、稳产期短等特点，同时考虑各气田远离人口稠密区，中后期气井作业量增加等因素，不考虑下入井下安全阀及封隔器。新疆油田常温常压气藏的直井的完井管柱设计采用光油管结构；对于高压、环境敏感区和要害地区的气井可采用气密封油管+井下安全阀+反循环压井阀+永久式封隔器的管柱结构(表 3.16)。

表 3.16 完井管柱结构选择依据

应用条件		推荐完井管柱结构
常温常压气藏	直井	光油管结构
高压、环境敏感区和要害地区的气井		气密封油管+井下安全阀+反循环压井阀+永久式封隔器结构

3.2.2.2 生产管柱尺寸

气井完井生产管柱尺寸的选择需要考虑的因素主要有：满足气井携液生产、防冲蚀性能、抗拉强度及储层改造等要求。

(1) 气井携液生产预测。

气井井筒积液主要是两个方面的原因造成，一是在气井产纯气的早期，由于压力、温度下降导致天然气中的饱和水凝析而形成凝析水，如果气井的气流无法将凝析水带到地面，则会在气井中产生凝析水的积聚而导致井底积液；二是在气藏开发的中后期，地层产水，同时由于气井工作制度及井筒条件的变化，还可能出现天然气中的饱和水凝析出来，如果气井的气流无法将这两部分水带到地面，则导致气井井底积液[95]。

国内外许多学者已经提出了计算气井临界流量的数学公式，现场上常见的临界流速模型有 Turner 模型[96]、Coleman 模型[97]、李闽模型[98]等。这三种模型均以液滴模型为基础，以井口或井底条件为参考点，推导出临界流量公式。

① Turner 模型。

$$v_g = 5.5\left[\frac{\sigma(\rho_L - \rho_g)}{\rho_g^2}\right]^{0.25} \tag{3.1}$$

理论上讲，最小气体流速等于最大液滴沉降速度。为安全起见，建议取安全系数 30%：

$$v_g = 7.15\left[\frac{\sigma(\rho_L - \rho_g)}{\rho_g^2}\right]^{0.25} \tag{3.2}$$

式中 σ——气液混合物界面张力，N/m；

ρ_L，ρ_g——分别为液相、气相密度，kg/m^3；

v_g——井底或井口条件下计算的气井携液临界流速，m/s。

② 李闽模型。

$$v_g = 2.5\left[\frac{\sigma(\rho_L - \rho_g)}{\rho_g^2}\right]^{0.25} \tag{3.3}$$

③ Coleman 模型。Coleman 通过观察 Turner 模型数据，发现 Turner 模型是在井口压力大于 3.4475MPa 的情况下得出的，而积液井井口压力一般低于 3.4475MPa。Coleman 研究了大量低压气井的生产数据，运用 Turner 理论的思想，推导出了低压气井的临界流速公式：

$$v_g = 4.45\left[\frac{\sigma(\rho_L - \rho_g)}{\rho_g^2}\right]^{0.25} \tag{3.4}$$

在生产实际中，采用日产气量较流速方便。如 v_g 按井底条件计算，根据气体状态方程以及流量和速度之间的关系，便可得到标准状况下携带液滴所需的最小流量关系式，即：

$$q_{sc} = 2.5 \times 10^8 \frac{pAv_g}{TZ} \tag{3.5}$$

式中 A——油管截面积，m^2；

p——井底或井口压力，MPa；

T——井底或井口温度，K；

Z——p、T 条件下的气体偏差系数；

q_{sc}——井底或井口温度下计算的气井携液临界产量，m^3/d。

式(3.5)即为计算携带液滴的最小气体流量公式，即临界携液气量；当凝析气藏气井产气量在高于临界携液气量下生产，就可以将析出的凝析油及时排出，不会造成井底积液。

(2) 气井防冲蚀性能预测。

API RP 14E 给出的预测流体冲蚀磨损的计算临界冲蚀流速方程：

$$v_c = C/\rho_m^{0.5} \tag{3.6}$$

式中 ρ_m——混合物密度；

C——常数，取 100~150。

根据以上方程可计算气井在不同流压条件下临界冲蚀流量，新疆油田气井配产较小，油管内一般不会发生冲蚀。

(3) 完井生产管柱尺寸选择。

通过携液流量生产模型的预测和防冲蚀流量的预测，优选出能够满足携液和防冲蚀性能要求的气井完井生产管柱后，气井完井生产管柱的钢级和尺寸主要依据气井配产和井深进行选择(表 3.17)。

新疆油田气井直井的生产管柱多采用单级生产管柱，油管尺寸为 ϕ73mm 或 ϕ88.9mm。为满足油管抗拉强度的要求，材质根据井深多采用 N80 或 P110 钢级。

表 3.17　完井管柱尺寸和钢级选择依据

完井方式	配产($10^4m^3/d$)	井深(m)	推荐钢级和尺寸
欠平衡钻井裸眼完井、套管注水泥固井射孔完井	<50	<2800m	2⅞in N80 平式油管
		2800~3800m	2⅞in N80 外加厚油管
		>3800m	2⅞in P110 外加厚油管
	>50	<2800m	2⅞in+3½in N80 平式油管
		2800~3800m	2⅞in+3½in N80 外加厚油管
		>3800m	2⅞in+3½in P110 外加厚油管

3.2.2.3　生产套管尺寸

生产套管尺寸主要根据井型和油管尺寸配套选用(表 3.18)。新疆油田大部分气井的井口静压均高于 15MPa，因此要求生产套管采用气密封扣，套管强度必须满足后期改造需要，要求所有接到套管柱上的短节、接箍等均须和所在管柱同钢级。

表 3.18　生产套管尺寸选择依据

井型	应用条件	推荐套管尺寸
直井	2⅞in 油管	5½in 套管
	2⅞in+3½in 油管	7in 套管

目前新疆油田气井生产套管大部分采用 ϕ139.7mm 套管，部分采用 ϕ177.8mm 套管。

3.2.3　采气井口装置

采气井口装置的选择主要包括井口的工作压力(包括储层改造和气井正常生产)、耐温级别和防腐级别等，其选择依据见表 3.19。

表 3.19　采气井口选择依据

应用条件		推荐采气井口装置
井口工作压力(p)(MPa)	$p<35$	KQ35/65
	$35<p<70$	KQ70/78-65
	$p>70$	KQ105/78-65
环境温度(℃)	-29~+121	耐温级别：P-U
	-46~+121	耐温级别：L-U
腐蚀环境介于无-轻微范围		根据 GB/T 22513—2013《石油天然气工业　钻井和采油设备井口装置和采油树》选择 EE 级

新疆油田气井的采气井口装置主体采用耐压 70MPa 和 105MPa 采气井口，主体型号分别为：KQ70/78-65 型和 KQ105/78-65 型。新疆油田天然气藏产出天然气中含有少量酸性气体(CO_2)，从安全角度出发，材料特别采用了 EE 级。准噶尔盆地冬季地面最低温度低

于-30℃，采气井口耐温级别采用P-U(-29~+121℃)，在气井生产过程中，主体采用井口保温箱的保温措施。

3.3　直井储层改造技术

在新疆油田已发现的天然气储量中，低渗透气藏储量占到相当大的比例。随着气藏开采难度的不断增大以及开采技术的逐步发展，气井增产措施已成为提高气井产量的不可缺少的手段。要实现低渗透气藏的商业开发，最有效的方法就是应用水力压裂增产措施提高气井的单井产能。

从新疆油田各气田前期勘探及开发井的投产及生产效果来看，克拉美丽火山岩气藏、滴西178井区梧桐沟组砂岩气藏以及克82井区佳木河组气藏的直井射孔后大多数都需要经过压裂后才能取得一定的产能。气井大多数都采用光油管普通压裂工艺；为达到充分动用储层的目的，在克拉美丽气田和克82井区佳木河组气藏进行了管内封隔器+投球滑套直井分层压裂工艺的现场试验。

新疆油田目前已开发的气藏大部分属于低孔隙度、低渗透率，且非均质程度高的砂岩、砂砾岩及火山岩储层，储层改造时不能简单套用传统的针对一般砂岩储层的压裂改造工艺及参数设计方法。克拉美丽石炭系火山岩气藏的气井数约占新疆油田已投产的气井总井数的1/3，大多数直井射孔后无自然产能或自然产能低，均需压裂改造后投产。为适应现场生产需要，新疆油田在常规直井合层压裂改造技术基础上，形成了以火山岩气藏压裂改造为主体的压裂工艺技术；此外，新疆油田砂砾岩气藏的温度和压力系数都比较低，针对这一储层特征，还形成了低温低压砂砾岩气藏压裂改造工艺技术。

3.3.1　边底水火山岩气藏压裂改造技术

3.3.1.1　火山岩储层特征

(1) 储层裂缝发育特征。

克拉美丽气田火山岩储层储集空间类型多，孔隙结构复杂多变。储集类型主要以孔隙型、裂缝—孔隙型为主。储层裂缝发育，裂缝类型中天然缝占84%，诱导缝占16%，其中以斜交缝为主，约占50%，网状缝次之，约占28%(图3.3)。裂缝开启程度高，开启缝约占91.5%，充填、半充填缝只占8.5%，明显微细裂缝比例小，约占0.8%，裂缝有效性好。

(2) 储层敏感性特征。

克拉美丽气田火山岩气藏储层敏感性较强，属于中等偏强—强水敏、中等偏强—强速敏、强—极强酸敏。储层黏土矿物成分分析表明，岩石中不含膨胀性蒙脱石，造成岩心强水敏的原因不是黏土矿物膨胀堵塞孔隙，而是岩心强亲水，吸附液相在喉道中所致。

(3) 岩石力学参数。

储层杨氏模量变化大，岩石杨氏模量23910~59390MPa，滴西17井的比较低，而DX18井的比较高；岩石的抗压强度为86.5~396.4MPa，各井间的变化趋势与杨氏模量基本相同，泊松比变化范围为0.21~0.31。

图 3.3　克拉美丽气田天然裂缝发育情况

利用小型测试压裂压力降落数据分析了最小主地应力大小，得到最小主地应力为 50～60MPa；地应力梯度小，为 0.0138～0.0170MPa/m。

（4）隔夹层发育情况。

滴西 17 区块的隔夹层最发育、滴西 14 区块次之，滴西 10 区块和滴西 18 区块发育程度较弱；气层上下地应力差异总体较小，与上隔层平均为 0.5MPa，下隔层平均为 3.4MPa，部分压裂井层上部无遮挡层，裂缝延伸不受控。

3.3.1.2　火山岩气藏储层改造难点

（1）天然裂缝极其发育，压裂液滤失大。

克拉美丽气田火山岩储层裂缝开启程度高，开启缝约占 91.5%，导致储层改造过程中地层滤失大，压裂液液体效率较低，容易导致早期脱砂。

（2）岩石坚硬，人工裂缝宽度狭窄，容易发生砂堵。

克拉美丽气田火山岩储层岩石坚硬，石炭系岩石杨氏模量高达 23910～59390MPa，人工裂缝宽度开启狭窄，加砂困难，天然裂缝的高滤失以及多裂缝问题容易造成砂堵。

（3）储层存在底水，压裂容易沟通水层。

滴西 10 井区、滴西 14 井区、滴西 17 井区和滴西 18 井区均为带边底水的构造岩性气藏。由于垂向裂缝发育，产层离底水距离较近，压裂时裂缝高度在无遮挡应力或弱遮挡应力下，容易沟通水层，致使压裂后立即出水或快速出水，影响压后生产效果。

（4）储层敏感性较强，对压裂液性能要求高。

对克拉美丽气田火山岩储层进行了敏感性分析研究，储层岩心清水的吸附能力强，在测试时间内岩心的吸附量为 0.3033～0.3569g，表现了较强的气藏亲水性特征。分析认为，室内实验表现出的中等偏强—强水敏性特征，是由于黏土矿物遇水膨胀以及岩石的清水吸附能力共同作用的结果，压裂改造中要尽可能减少压裂液对储层的水锁伤害。

3.3.1.3　火山岩气藏储层改造优化工艺

通过对火山岩储层特性的分析研究，为提高单井的改造效果，重点开展了边底水火山岩气藏压裂工艺的攻关研究，形成了一套适合于克拉美丽气田的压裂改造成熟的技术体系。

（1）火山岩储层地应力分析技术。

前期进行地应力分析的解释软件，只适用于砂岩储层，解释参数不全，可选择项少，所得到的解释结果与实际的地应力剖面相差比较大，有时候闭合应力的解释结果与实际相差 20MPa 之多，而且部分最大主应力的结果也不可靠，影响压裂参数设计与效果分析预测。为解决此问题，引进了新的地应力连续剖面分析软件。该软件除具备砂泥岩地层地应力解释功能外，还具备变质岩、砂砾岩、火山岩等复杂岩性地层地应力分析解释功能。针对火山岩，该软件不仅采用了合理的岩石力学参数的动静态转换模型，也根据实测数据，合理地设置了构造应力系数，使得解释结果与矿场测试结果比较接近(表 3.20)，与现场测试的符合程度高，解决了基础参数不准确、设计误差大的问题。

表 3.20　地应力连续剖面分析软件岩石力学分析数据与实测数据对比表

井号	井段(m)	预测闭合应力（MPa）	实测值(MPa)	误差(MPa)	压后日产气(10^4m^3)
DX1413	3733~3776	57.3	54.9	2.4	9.32
DX1424	3672~3688	60.5	56	4.5	29.0
DX1813	3484~3500	57.4	58.1	-0.7	18.29
DX1823	3556~3580	60.7	58.4	2.3	19.67
DX1824	3642~3658	62.3	59	3.3	8.55
DX1420	3640~3650	59.6	57	2.6	5.063
DX1421	3754~3764	54.8	56.3	-1.5	9.0
滴西 184	3672~3688	59.4	64.2	-4.8	18.0
DX1812	3560~3570	57.7	59.3	-1.6	11.9
DX1827	3612~3654	53.9	57	-3.1	10.0
DX1829	3785~3800	56.4	58.5	-2.1	9.3

（2）段塞降滤失技术。

① 支撑剂段塞颗粒大小优化。通常选用 100 目或 40 目/70 目的段塞颗粒进行压裂施工，针对克拉美丽气田储层特性，通过 10 余井次压裂施工数据分析(表 3.21)，采用 40 目/70 目的支撑剂段塞，压裂液效率较 100 目以上有明显提高，因此确定了以 40 目/70 目支撑剂段塞为主的施工工艺。

表 3.21　克拉美丽气田石炭系不同支撑剂段塞压后数据分析表

井号	目的层(m)	段塞粒径(目)	段塞(m^3)	支撑剂(m^3)	平均砂比(%)	前置液比例(%)	排量(m^3/min)	液体效率(%)	施工情况
滴西 184	3646~3666	20/40	1	5.5	9.82	56.3	4		未完成加砂量
滴西 171	3670~3690	40/70	5	35	14.6	44.8	4.4	35.2	完成
滴西 182	3635~3650	40/70	5	31	14.5	52.7	4.2	34.6	完成

续表

井号	目的层(m)	段塞粒径(目)	段塞(m^3)	支撑剂(m^3)	平均砂比(%)	前置液比例(%)	排量(m^3/min)	液体效率(%)	施工情况
滴 103	3132~3142	40/70	3	10	13.2	53.2	3.6	33.2	完成
滴 401	3630~3643	40/70	3	20	17	43.6	3.8	37.5	完成
滴 403	3910~3922	40/70	3	13	16.4	52.5	3.5	35.3	完成
滴西 183	3830~3840	40/70	3	8	13.4	52.2	3.5	33.6	完成
	3625~3640	40/70	3	25	18.9	48.8	4	36.1	完成
滴西 24	4130~4146	70/140	5	16	11.5	47.8	3.9	29.8	未完成加砂量

② 段塞加量优化技术。主要是根据测试压裂解释滤失系数与当量裂缝数目来定量决策控制措施。根据现场压裂施工特征统计分析表明，正常滤失系数为 $5.0\times10^{-4}m/min^{0.5}$，超过此值就需要考虑采取针对性措施，采用以下判断与处理措施可以得到较好的效果(表 3.22)。

表 3.22 克拉美丽气田石炭系多裂缝诊断与相应措施表

参数类型	诊断指标	诊断结论	相应措施
滤失系数($10^{-4}m/min^{0.5}$)/微裂缝数(条)	<5/无微裂缝	裂缝不发育、基质低滤失	不需要预处理
	5~10/2~3	裂缝较发育、滤失正常	加段塞 1~2
	10~15/>3	裂缝非常发育、滤失偏大	段塞加量增加 2~3
	>15/>3	溶洞与裂缝非常发育	段塞加量增加 3~4 个

(3) 压裂参数优化设计技术。

① 水力裂缝支撑长度优化。依据克拉美丽火山岩气藏的物性特征和流体性质，通过油藏数值模拟的办法来优化裂缝支撑长度和导流能力。数值模拟结果表明，在克拉美丽火山岩气藏物性条件下，裂缝长度 100~200m，裂缝导流能力 20~30D·cm，可以获得较好的增产改造效益。具体数值见表 3.23。

表 3.23 裂缝支撑长度和导流能力的确定

有效渗透率范围(mD)	裂缝支撑长度(m)	裂缝导流能力(D·cm)
0.01~0.1	250~200	20
0.1~0.5	200~150	30
0.5~1.0	150~100	34

② 前置液百分数优化。依据滴西 14 井区、滴西 17 井区和滴西 18 井区的储层滤失系数，模拟计算了 30%~55%等不同前置液百分数对动态比的影响，以动态比 80%为目标，得到不同井区的前置液百分数，滴西 18 井区为 45%~50%；滴西 14 井区和滴西 17 井区为 50%~55%(表 3.24)。

表3.24　滴西14井区、滴西17井区和滴西18井区的综合滤失系数

井区	裂缝闭合应力（MPa）	综合滤失系数（$10^{-4}m/min^{0.5}$）	压裂液效率（%）	前置液比例（%）
滴西14	57.6	11.2	37.4	50~55%
滴西17	55.94	15.4	33.6	50~55%
滴西18	48.6	8.60	42.0	45~50%

③ 加砂规模优化。依据储层射开厚度与缝高的关系，结合现场实施的可行性，利用裂缝模拟软件模拟计算了不同储层厚度条件下形成不同支撑长度的裂缝所需的加砂规模。对于射开厚度10~20m的井，要达到100.0~200.0m的裂缝支撑长度，其加砂规模为18.0~60.0m^3。

④ 平均砂液比选择。前期直井压裂平均砂比为9.82%~20.16%，并且平均砂比在15%左右比较集中，水平井分段压裂平均砂比15.0%~28.2%，平均砂比大部分在17%左右，结合现场施工时井口施工泵压对砂比提升比较敏感，优选平均砂液比在15%左右。

⑤ 施工排量优化。对于直井压裂，2011年前采用的施工排量在3.5~4.5m^3/min，随着对储层边底水的认识程度的加深，2011年后采用的施工排量在3.0~4.0m^3/min。

(4) 优化缝高压裂工艺技术。

通过对火山岩储层裂缝高度影响因素的分析研究，利用岩石力学解释成果，对存在底水的储层进行优化缝高压裂措施的设计，目前形成的主体技术有：

① 控制射孔井段长度在10.0m左右。

② 有意识提高射孔位置，可提高裂缝延伸位置，避开底水。

③ 施工规模优化：主要包括施工排量和改造规模。在前置液阶段，减小排量；正式加砂阶段，适当控制排量；离底水较近的产层，控制加砂与入井液体规模。

3.3.1.4 现场实施情况

克拉美丽火山岩气藏大多数直井射孔后无自然产能或自然产能低，经压裂改造后单井产量和压力均得以较大幅度的提高，压裂改造后试气产量为7.5×10^4~$25.0\times10^4m^3/d$(图3.4)。可见压裂措施对于沟通火山岩储层中的天然裂缝，解除钻、完井过程中引起的储层伤害，提高火山岩气井的产量十分有效，是克拉美丽气田火山岩气藏增产非常有效的手段。

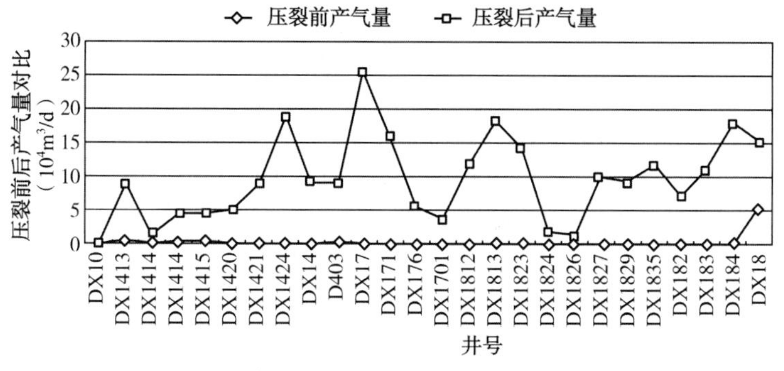

图3.4　克拉美丽气田直井压裂前后产气量对比

3.3.2 低温低压砂砾岩气藏压裂改造技术

3.3.2.1 低温低压砂砾岩气藏改造难点分析

新疆油田大部分砂砾岩气藏属低孔隙度、低渗透率砂砾岩储层，绝大部分油井需压裂后才能投产。如何使裂缝沟通尽可能多的含油气区域，提高单井压裂增产量并保证稳产期相对较长，是需解决的一大难题。这些气藏一般温度和压力系数都较低，压裂工艺存在许多的难点。如：夏 18-36 井区气藏储层岩性以灰色、灰绿色砂质不等粒砾岩为主，夹不稳定的薄层砂质泥岩。克下组目前地层压力 8.4MPa，压力系数 0.7，地层温度 40.3℃；克上组油气藏目前地层压力 9.6MPa，压力系数 0.5，地层温度 37.3℃。该区块气井压裂存在压后返排及破胶困难等问题，需要采取相应的对策(表 3.25)才能成功地改造储层，满足配产要求。

表 3.25 新疆油田砂砾岩气藏改造难点及相应对策

序号	储层特点	压裂难点	压裂对策
1	压力系数较低	易伤害，水锁，返排率低	采用低伤害超级瓜尔胶体系，高效助排剂，液氮助排工艺
2	低温(温度一般小于 50℃)	压裂液破胶困难	加强裂缝温度场研究，选用合适的低温破胶活化剂，采用复合破胶技术
3	低孔隙度、低渗透率气藏	需大排量施工，降低砂堵的风险	前置液阶段现场测试滤失，优化前置液量、支撑剂段塞技术、低砂比段多级注入

3.3.2.2 低温低压砂砾岩气藏储层改造技术

针对新疆油田低温、低压力系数砂砾岩气藏的复杂情况，特别是针对夏 18-36 井区的砂砾岩储层压力系数较低、低温破胶和排液难等技术难题，形成了水基交联液氮增能泡沫压裂液体系、复合低温破胶技术、液氮助排压裂工艺技术、小粒径多级支撑剂段塞技术等压裂工艺配套系列。

(1) 水基交联液氮增能泡沫压裂液体系。

水基交联液氮增能泡沫压裂液体系具有良好的综合性能，可操作性强。优选的高效起泡剂和助排剂，具有很好的表面活性，形成泡沫效率高，半衰期长。液氮泡沫的作用为增黏、降滤和增能，减少了水相的浸入量，降低压裂液对储层的伤害。为此，新疆油田将水基交联液氮增能泡沫压裂液体系作为低温、低压力系数气井的首选压裂液体系。

① 基液。选用低浓度超级瓜尔胶为稠化剂，选用发泡好、稳泡性强的 F-100 发泡剂，选用氟碳表面活性剂类的 CF-6 或 DL-8 作为助排剂，选用复合黏土稳定剂以控制黏土膨胀和微粒运移。

② 交联液。浅井低温储层选用硼砂可满足压裂液耐剪切性能，并能满足高砂比施工的携砂要求。深井选用优质有机硼交联剂，可控制调整延迟交联时间，降低施工摩阻。

（2）复合低温破胶技术。

当井温低于 52℃，选用低温破胶活化剂 LTB-6，来加速过硫酸盐自由基的生成，保证压裂液的破胶性能，破胶性能见表 3.26。同时采用胶囊破胶剂+过硫酸铵的复合破胶技术，实现压裂液在压裂施工后 30~40min 内快速破胶。

表 3.26　常用低温破胶活化剂对比(35℃)

类型	NH(%)	活化剂(%)	破胶情况	黏度(mPa·s)
NH	0.04	—	24h 未破，软胶	—
活化剂 Y1	0.04	0.1	24h 未破	22.46
引发剂 M(固)	0.04	0.1	24h 未破	—
LTB-6	0.04	0.05	18 h 破胶	9.45
LTB-6	0.04	0.1	7 h 破胶	8.93
LTB-6	0.04	0.15	5.5 h 破胶	8.45

（3）液氮助排工艺技术。

为了加强压裂液的返排和降低储层水锁的影响，施工前和施工中注入液氮，以加快压裂液的返排。

3.3.2.3　现场实施情况

2006—2008 年在夏子街组低温低压砂砾岩气藏共进行了 3 井次的压裂施工，压裂投产井大多数压前产量低，压后获得较好的增产效果，压裂效果统计见表 3.27。

表 3.27　2006—2008 年夏子街组气藏压裂效果统计表

井号	井段(m)	加砂量(m^3)	压裂前油管压力(MPa)	压裂前日产气(10^4m^3)	压裂后油管压力(MPa)	压裂后日产气(10^4m^3)
X1069	1566.0~1584.5	30+4	4.5	0.14	9	1.65
X1080	1412.0~1460.0	40+4	0	0	1.6	1.62
X1093	1372.5~1412.0	44	0	0	6.1	1.34

3.3.3　直井分层压裂工艺

分层压裂是指在多层油气藏中，逐一对各油气层进行的水力压裂。对于多层油气藏，采取合层水力压裂不一定能将所有的层都压开，尤其是压裂目的层跨距较大，且岩性、物性差异及地应力差异相对较大时，更不能保证一次压开所有的目的层。因此，有必要采取分层压裂方法，依次将压裂目的层全部压开。

直井分层压裂方法的主要优点是能极大地提高储层的改造程度，同时避免支撑剂的无效支撑，节约了材料成本。

3.3.3.1　套管完井直井分层压裂工艺

直井套管完井分层压裂的方法主要有：封隔器分层水力压裂、限流法分层水力压裂、管内封隔器+滑套分层压裂、电缆射孔+速钻桥塞分层压裂以及连续油管喷砂射孔环空压裂等。目前新疆油田采用套管完井的气井，直井分层压裂应用了管内封隔器+滑套分层压裂技术，在油井的直井分层压裂工艺中已经应用了连续油管喷砂射孔环空压裂，建议后续在气井直井分层压裂中也开展连续油管喷砂射孔环空压裂工艺试验。

3.3.3.1.1 技术原理

在多层油气藏中，利用滑套开关原理控制封隔器和喷砂器打开或关闭，对储层分层段单独进行的水力压裂。可以不动管柱、不压井、不放喷一次施工分压多层。主要有两种管柱类型：一种是封隔器和喷砂器都带有滑套，施工时只有目的层封隔器工作；另一种是封隔器不带滑套，只有喷砂器带滑套，施工一开始所有封隔器都工作，直至施工结束。开关滑套方式也有两种：一种是投球憋压打开滑套；另一种是下入工具开关滑套。常用的是喷砂器带滑套的管柱和采用投球憋压方法打开滑套。

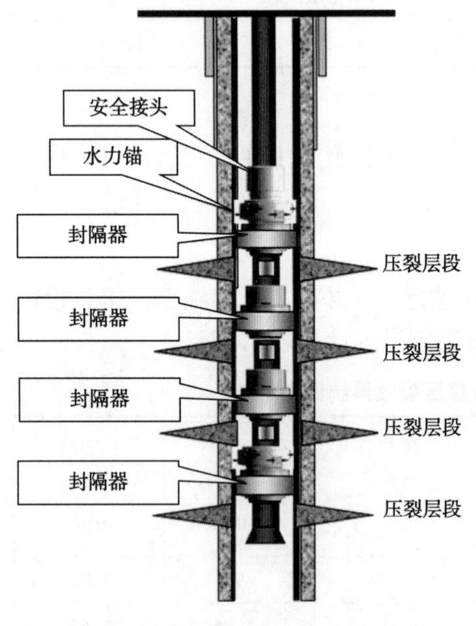

图 3.5 套管内封隔器+滑套分段压裂施工管柱

3.3.3.1.2 技术特点

套管内封隔器配合滑套多级分层压裂技术可以不动管柱、不压井、不放喷，一次施工分压多层，逐层压裂和求产，对油气层伤害小。但压裂层段数受限，且该技术管柱结构复杂，存在管柱下入、砂卡、砂埋等风险。该技术目前可实现一次下入管柱连续压裂 4 层。套管内封隔器+滑套分段压裂施工管柱如图 3.5 所示。

3.3.3.1.3 选井选层条件

(1) 井筒条件合格，可使滑套式封隔器每次压裂完一个层段后自由运移到下一个待压裂层段处；

(2) 要分压的层段间隔距离相对较大，可使滑套式封隔器封隔开，且相互间的裂缝延伸高度不至于窜通，否则层间干扰会影响整体压裂的效果；

(3) 每一层段的跨距不宜太大，一般以小于 30m 为宜；

(4) 每一层段的岩性、物性差异应尽可能小；

(5) 每一层段各小层间的地应力差异应尽量小，最好不超过 7MPa，以提高压开程度；

(6) 各层段裂缝高度延伸控制较好，尤其是向下的缝高延伸控制；

(7) 施工周期长，故障率高，现场应慎重选用。

3.3.3.1.4 现场应用情况

新疆油田前期在克拉美丽气田套管注水泥固井射孔完井的 DX3211 井和 DX3212 井实施了该工艺技术。两口井均于 2013 年 10 月分两层进行油管压裂。详细施工参数见表 3.28。

DX3211 井压裂改造后 ϕ5mm 油嘴试产，日产气 $4.055\times10^4m^3$，日产油 1.94t，累计产油 11.99t，综合含水 96%，日产水 $58.99m^3$，累计产水 $126.28m^3$；DX3212 井压裂改造后 ϕ4mm 油嘴试产，日产气 $0.078\times10^4m^3$，日产水 $47.39m^3$，累计产水 $355.63m^3$。

表3.28 套管内封隔器+滑套分层压裂增产措施施工参数

井号	压裂井段（m）	压裂方式	压裂液	前置液（m^3）	携砂液（m^3）	排量（m^3/min）	支撑剂	砂量（m^3）	砂比（%）	施工压力（MPa）	破裂压力（MPa）
DX3211	3635~3642	油管	瓜尔胶	122	147	3.5	陶粒	22	14.97	64~72	78
	3589~3600	油管	瓜尔胶	107	128	4	陶粒	20	15.6	67~72	70
DX3212	3637~3646	油管	瓜尔胶	112	126	3.5	陶粒	20	15.9	68~73	78
	3575~3581	油管	瓜尔胶	95	119	3.5	陶粒	18	15.1	56~60	58

3.3.3.2 裸眼完井直井分层压裂工艺

3.3.3.2.1 技术原理

对应于裸眼完井的直井分层压裂工艺主要是裸眼封隔器+滑套分层压裂技术。该工艺目前应用已较为成熟，成功率高，采用尾管+滑套+裸眼封隔器分层压裂完井管柱(图3.6)，实施多级分层压裂，可实现完井、压裂及生产一体化，减少固井及压井过程中的伤害和井控风险，作业效率高，油藏与井筒接触面积大。

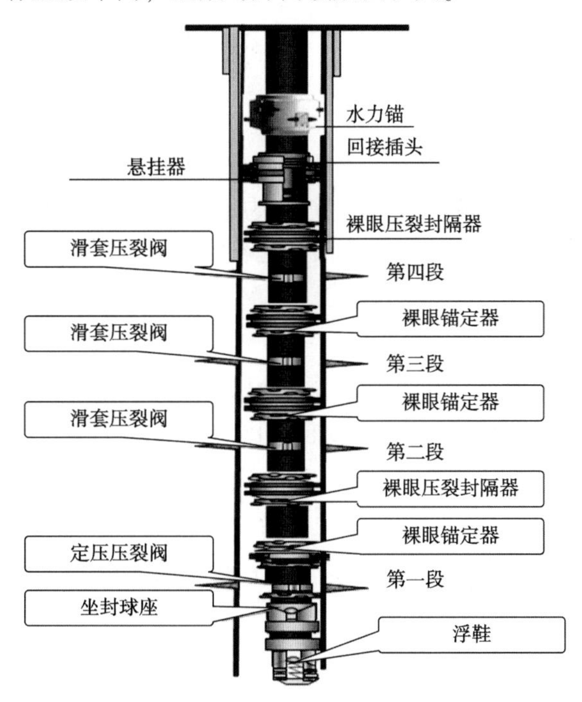

图3.6 裸眼封隔器+滑套分层压裂工艺示意图

3.3.3.2.2 工艺特点

该工艺技术较为成熟，成功率高；压裂规模不受限制；不需固井，施工周期短，费用节省；其局限性在于：无法验封，无法准确控制裂缝启裂位置；对井眼质量和井壁稳定性要求高，后期修井作业需要使用连续油管设备钻去球座。

3.3.3.2.3 现场应用情况

新疆油田前期在克82井区裸眼完井的K82005井和K82006井实施了该工艺技术。两口井均于2013年10月分两层进行油管压裂。详细施工参数见表3.29。

表3.29 裸眼封隔器+滑套分层压裂施工参数

井号	压裂井段(m)	压裂方式	压裂液	前置液(m^3)	携砂液(m^3)	排量(m^3/min)	支撑剂	砂量(m^3)	砂比(%)	施工压力(MPa)	破裂压力(MPa)
K82005	3989~4005	油管	瓜尔胶	162.0	180.0	5.0	陶粒	28.0	15.6	13~77	77.0
	3897~3932	油管	瓜尔胶	209.0	240.0	5.0	陶粒	38.0	15.8	31~53	49.0
	3815~3834	油管	瓜尔胶	167.0	190.0	4.0~5.0	陶粒	33.0	17.4	30~52	50.0
K82006	4178~4151	油管	瓜尔胶	160.0	195.0	5.0	陶粒	32.0	16.4	46~56	56.0
	4110~4082	油管	瓜尔胶	132.5	170.0	5.0	陶粒	28.0	16.5	34~53	53.0
	4066~4052	油管	瓜尔胶	122.5	170.0	5.0	陶粒	28.0	16.5	33~57	57.0

K82005井压裂改造后ϕ3.5mm油嘴试产，日产气$3.387\times10^4m^3$；K82006井压裂改造后ϕ4mm油嘴试产，日产气$5.424\times10^4m^3$，日产油0.42t，累计产油0.87t。

3.3.4 压裂材料

压裂材料主要指支撑剂和压裂液。支撑剂是水力压裂改善气层渗透性能的唯一介质，其作用在于支撑、分隔开裂缝两个壁面，使压裂施工结束后裂缝始终能够得到有效支撑；压裂液是水力压裂改造气层过程中的工作液，起着传递压力、形成和延伸裂缝、携带支撑剂的作用。

3.3.4.1 支撑剂

支撑剂的性能和成本是水力压裂施工成本和增产效果的重要因素之一。选择经济适用的支撑剂是压裂设计的重要内容，目前新疆油田常用的支撑剂主要为石英砂和陶粒。

3.3.4.1.1 *石英砂*

石英砂是含有大量二氧化硅(SiO_2)的集合体，常呈块或粒状，其中硅(Si)含量为46.7%。硬度为7，颜色多样，通常为无色、乳白色、淡黄色或灰色，玻璃光泽，仅溶于氢氟酸，不溶于其他酸碱类。

3.3.4.1.2 *陶粒*

中等强度陶粒支撑剂(ISP)都用铝矾土或铝质陶土(矾和硅酸铝)制造。

高强度陶粒支撑剂由铝矾土或氧化锆的物料制成。颗粒相对密度约为3.4或更高。

新疆油田气井压裂施工主体采用新疆20目/40目的石英砂或中密高强度陶粒，支撑剂段塞主体选用40目/70目的石英砂或陶粒。

3.3.4.2 压裂液

压裂液按工艺作用主要分为前置液、携砂液和顶替液。

按液体化学性状分类，压裂增产措施中主要应用水基压裂液、清洁压裂液、低聚合物压裂液、泡沫压裂液和多种新型压裂液体系。压裂液的选择、施工设计及整套操作步骤对气井水力压裂后的产量都有重要的影响。新疆油田气井主体采用易返排、防水锁的水基瓜尔胶压裂液体系。通过对羟丙基瓜尔胶压裂液配方耐温耐剪切(图3.7)、携砂性能、破胶性能、防膨性能等室内评价实验(表3.30至表3.32)，目前羟丙基瓜尔胶的压裂液配方可以满足新疆油田各类气藏储层压裂改造要求。

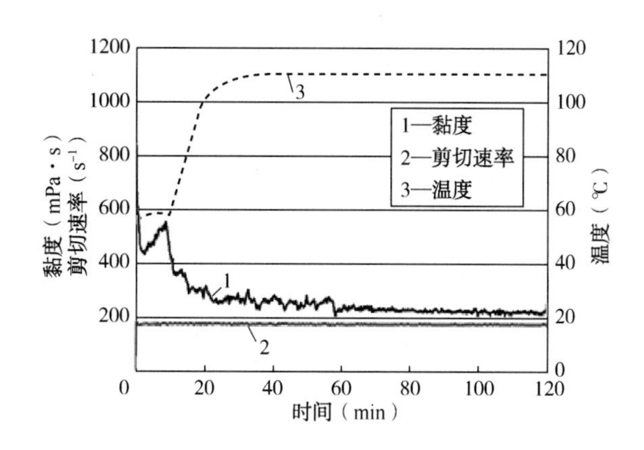

图3.7 羟丙基瓜尔胶压裂液体系耐温抗剪切性能

(1) 基液性能。压裂液配方的基液性能见表3.30。

表3.30 压裂液配方的基液性能

压裂液配方	浓度(%)	$170s^{-1}$黏度(mPa·s)	pH值	交联比	挑挂时间(s)	备注
防水锁低伤害气井瓜尔胶压裂液	0.40	39	10.0~10.5	0.25~0.30	90~150	很好挑挂
	0.45	48	10.5~11.0	0.30~0.35	90~150	很好挑挂
	0.50	60	11.0~12.0	0.35~0.45	150~180	很好挑挂

(2) 耐温耐剪切性能。

防水锁低伤害气井瓜尔胶压裂液在110℃无破胶剂时或加入微胶囊破胶剂时压裂液的黏度保持很好，能够满足压裂液造缝和携砂的性能要求，见表3.31。

表3.31 气井瓜尔胶压裂液在110℃下的耐温耐剪切性能

项目	HPG压裂液在110℃，不同时间下的黏度(mPa·s)									
	初始	10min	20min	30min	40min	50min	60min	80min	100min	120min
无APS	922.0	387.9	342.4	322.2	294.5	264.1	269.2	269.3	267.2	262.7
0.002%APS	821.2	445.2	277.0	263.5	260.2	238.1	218.1	221.5	227.0	216.6
温度(℃)	33.2	79.5	102.2	107.5	109.6	110.4	110.2	110.1	110.2	110.2

(3) 破胶性能。

破胶性能直接影响压裂液的返排，是压裂液对储层造成伤害的重要因素。在满足压裂液携砂性能的同时，通过实施尾追破胶剂用量，在低温破胶活化剂的作用下，加快破胶剂过硫酸盐自由基的分解速度，使破胶时间缩短，破胶彻底，有利于破胶液快速返排，减少对储层的伤害。

表 3.32 压裂液配方在 110℃、不同破胶剂浓度下的破胶性能

压裂液配方	破胶剂(%)	压裂液配方在不同时间下的破胶液黏度(mPa·s)				
		1h	2h	4h	6h	8h
HPG	0.005	冻胶	软胶	变稀	10.75	3.19
	0.010	软胶	变稀	9.26	3.47	2.63
	0.015	变稀	13.29	5.34	2.79	2.15

压裂液配方均可在较短的时间破胶水化，而且破胶液的黏度较低，满足储层性能要求，为现场压后强制裂缝闭合排液和尽可能降低入井流体对储层及支撑裂缝导流能力的伤害创造了条件。

(4) 防水锁性能。

常规助排剂只是降低了压裂液的表面张力，而接触角几乎为 0°，因此，毛细管压力降低有限。通过对水锁伤害的影响因素以及机理研究，优化了气井储层改造的压裂液助排剂，筛选了性能优良，可以增大液固两相接触角至 60°以上(图 3.8 和图 3.9)的气井专用助排剂，大大降低岩心对液相的吸附，进一步减少水锁，降低毛管压力，提高压裂液返排效率，减少储层伤害。

图 3.8 普通助排剂接触角的示意图

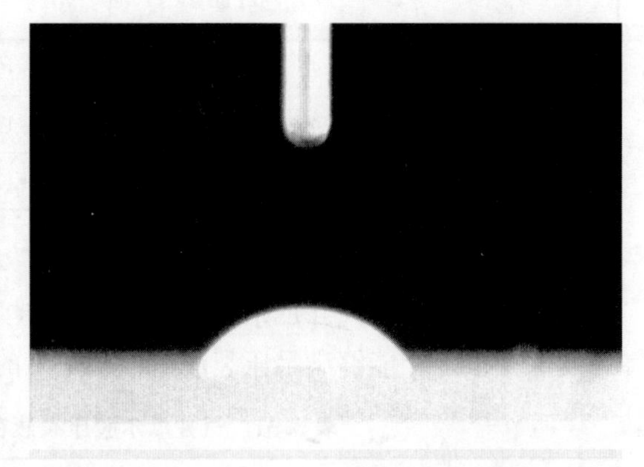

图 3.9 气井助排剂接触角的示意图

如图 3.10 和图 3.11 所示，加入气井助排剂的 4%KCl 溶液毛细管液面高度下降了3/4。气井助排剂助排效果较好，可以大大降低对地层的伤害。克拉美丽气田的 DX1414 井和 DX1424 井在压裂液中加入气井助排剂，施工成功率 100%，返排周期 7~15 天，压后增产效果明显，产量分别在 4.0×10^4~$5.0\times10^4 m^3/d$ 和 $29.0\times10^4 m^3/d$ 以上。

图 3.10　气井助排剂的 4%KCl 溶液上升高度

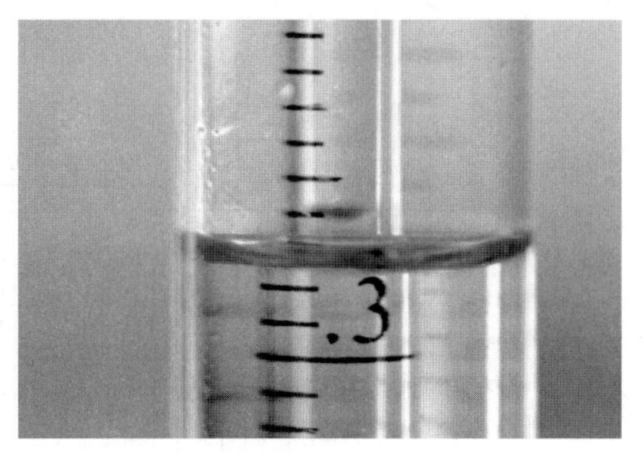

图 3.11　4%KCl 水溶液上升高度

3.4　排液采气技术

新疆油田自盆 5 气田和克拉美丽气田投入开发后，气田产水快速上升，已严重影响到气田的开发。2006—2014 年，在克拉美丽气田和盆 5 气田共开展了多项排液采气科研项目的攻关和现场试验，累计已在新疆油田气井实施排液采气工艺达 20 井次(图 3.12)，主要包含泡排、气举、机抽、优选管柱、水力射流泵等，有效 14 井次，有效率 70.0%。应用较为成功的工艺主要有速度管柱、气举、泡排和机抽，形成了一套成熟适用的气井积液综合评价技术，并在五八区形成以机抽排液采气工艺为主体的排液采气工艺技术，莫索湾气田形成以速度管柱排液采气工艺为主体的排液采气工艺技术。

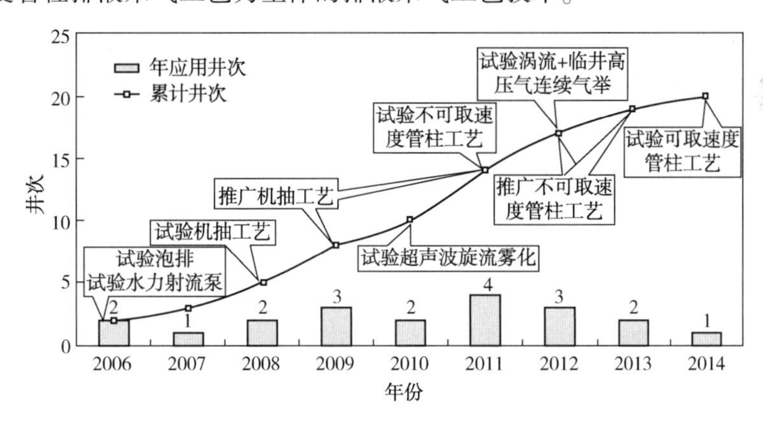

图 3.12　新疆油田排液采气工艺试验及发展历程

排液采气技术是为维持水淹气井或自喷携液困难气井的正常生产，采用机械或化学(或两种相结合)方法将井下积液排至地面的采气工艺措施。排水采气工艺技术是有水气藏开发的主体技术，大部分气田都存在着边水或底水或层间水或高含水饱和度层，由于排水采气而增产的天然气在开发的不同时期占有不同的比例，正像砂岩油藏注水是二次采油的有效措施，排液采气对有水气藏也是二次采气的有效措施。目前国内外常用的排液采气工艺措施如图 4.13 所示。

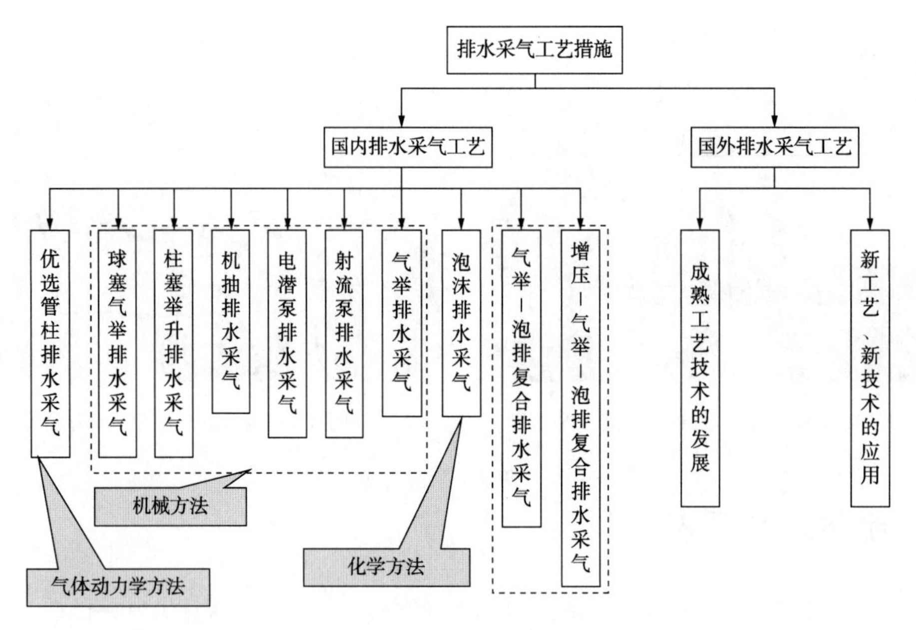

图 3.13　国内外常用排液采气工艺措施

3.4.1　气井积液综合评价技术

气井出水或井筒中存在积液，都会给气井的正常生产带来影响。通过理论研究和现场实践，总结出以下几种比较直接的评价及判断方法。

3.4.1.1　生产参数分析方法

气井井筒内积液时，油管压力、套管压力、产气量、产液量等生产参数均会发生明显变化，根据生产变化情况，可以定性判断气井是否出现积液。

(1) 流量递减曲线分析方法。

气井流量递减曲线的形状能够反映出井下积液现象，分析流量递减曲线随时间的变化，可以发现与正常气井曲线的区别。如图 3.14 所示的两条流量递减曲线，平滑的一条是正常产气井的流量递减曲线，有剧烈波动的一条为井筒积液气井的流量递减曲线，该判别方法适用井况为全部生产气井。

(2) 油管压力与套管压力差判别方法。

井底积液增加了流体对地层的回压，降低了井口油管压力。此外，随产液量不断增加，油管内气体携带的液体增多，井筒压力损失增大，流体对地层的回压进一步增大，导致井口油管压力逐渐降低。如果没有采用封隔器完井，井筒积液特征主要表现在：产量下降而套管压力升高，维持该井生产所需的压差增大。气井生产时，气井会进入油套环空，受地层压力的影响，气体压力较高，导致套管压力升高。因此，油管压力降低且套管压力升高表明井底积液存在，如图 3.15 所示。

在没有封隔器的气井，可以通过测量油套压差来估算油管压力梯度，自由水在井筒中会与液体分离并进入油套环空，除了间喷或油管漏，气井动液面一般稳定在油管鞋处。

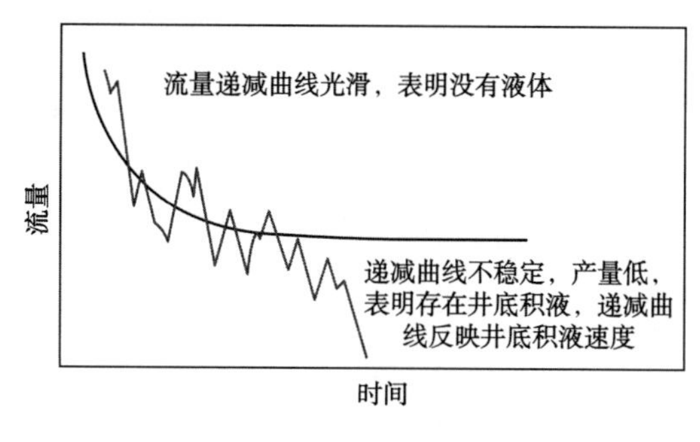

图 3.14　流量递减曲线分析

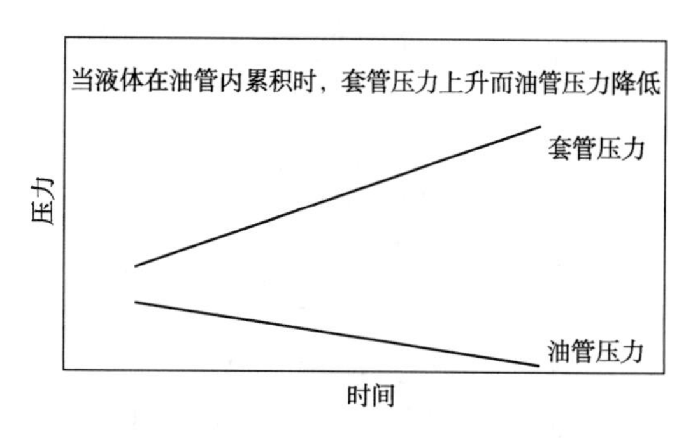

图 3.15　套管压力和油管压力变化曲线

在间喷过程中，油套环空中的液面间隙上升或降低到油管鞋处。然而气井生产中，油套压差是油管压力损失的表征。套管中的气柱压力很容易计算。比较油管与套管压力与干气井中的压力梯度，可以估算出积液所引起的油井压力变化。

（3）压力梯度测试方法。

流压或静压测试是确定气井液面或气井是否积液的最有效方法。压力测试就是测量关井及生产过程中不同深度的压力，压力梯度曲线与流体密度和井深的关系。对于单相流体，压力随深度基本呈线性变化。由于气体的密度远远低于水和凝析油的密度，当测量工具遇到油管中的液面时，压力梯度曲线斜率会有明显变化。因此，压力曲线法是一种精确的确定井筒中液面的方法。压力测试的基本原理如图 3.16 所示。产气量、产液量及体积都会影响压力曲线的斜率，通过压力测量可以确定井底积液。由于液体扩散，气体压力梯度较高；液体中含气时，液体压力梯度会较低。气井关井时，也可以通过声波方法来测量液面。

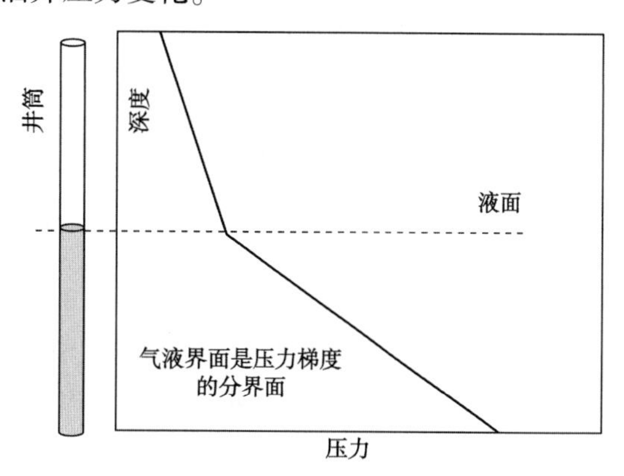

图 3.16　压力梯度曲线测试方法

3.4.1.2　井筒参数、临界携液比计算方法

（1）井筒参数分析。

主要是运用多相流计算方法对井筒流态（雷诺数 Re）、气相流速、持液率、动能因子等井筒参数进行计算分析，可有效掌握气井井筒积液规律。

雷诺数计算公式：

$$Re = \frac{\rho v d}{\mu} \tag{3.7}$$

式中　Re——雷诺数，无量纲；

ρ——流体密度，kg/m^3；

v——流体流速，m/s；

d——井筒当量直径，m；

μ——流体动力黏度，kg/(m · s)。

气相流速计算公式：

$$u_g = \frac{Q_g}{86400} \frac{0.101325}{p} \frac{T}{293.15} Z \tag{3.8}$$

式中 u_g——气体流速，m/s；

Q_g——产气量，m^3/d；

p——流动压力，MPa；

T——气体绝对温度，K；

Z——气体压缩因子，无量纲。

持液率计算公式：

$$\lambda_L = \frac{q_L}{q_L + q_{sc}} \tag{3.9}$$

式中 λ_L——持液率，无量纲；

q_L——液相流通面积，m^2；

q_g——气相流通面积，m^2。

动能因子计算公式：

$$F = u_g \sqrt{\rho_g} = 2.9 \frac{Q_g}{d^2} \sqrt{\frac{\gamma T_g Z_g}{p_g}} \tag{3.10}$$

式中 F——气体动能因子，无量纲；

u_g——气体在油管鞋处的流速，m/s；

σ_g——气体折算到油管鞋处的密度，kg/m^3；

Q_g——产气量，m^3/d；

d——油管内径，m；

γ——气体相对密度，无量纲；

T_g——井下温度，K；

P_g——油管鞋处的流动压力，MPa；

Z_g——P_g 状态下的压缩因子，无量纲。

（2）临界携液比计算方法。

主要是确定不同气藏临界流量，运用临界携液比(日产气量与临界流量比值)，对气井进行评价，$C_{rr}<1.0$ 为积液井。

临界流量计算公式：

$$q_{sc} = 2.5 \times 10^8 \frac{Apx}{TZ} \left[\frac{\sigma(\rho_L - \rho_g)}{\rho_g^2} \right]^{\frac{1}{4}} \tag{3.11}$$

$$x = \left(\frac{4g}{C_d} \right)^{\frac{1}{4}} \tag{3.12}$$

$$C_d = \frac{24}{Re} + 3.049\, Re^{-0.3083} + \frac{3.68 \times 10^{-5} Re}{1 + 4.5 \times 10^{-5}\, Re^{1.054}} \tag{3.13}$$

式中 q_{sc}——临界流量，m^3/d；

A——油管横截面积，m^2；

p——压力，MPa；

T——气体绝对温度，K；

Z——气体压缩因子，无量纲；

σ——气液表面张力，N/m；

ρ_L——液相密度，kg/m^3；

ρ_g——气相密度，kg/m^3；

g——重力加速度，m/s^2；

C_d——拽力系数，无量纲；

Re——雷诺数，无量纲。

3.4.1.3　积液综合评价方法应用情况

（1）生产参数分析方法。

对P5002井定期进行生产参数分析时发现：该井于2010年7月2日左右，生产参数及井筒参数出现明显变化，由此判断该井出现积液特征，如图3.17所示。

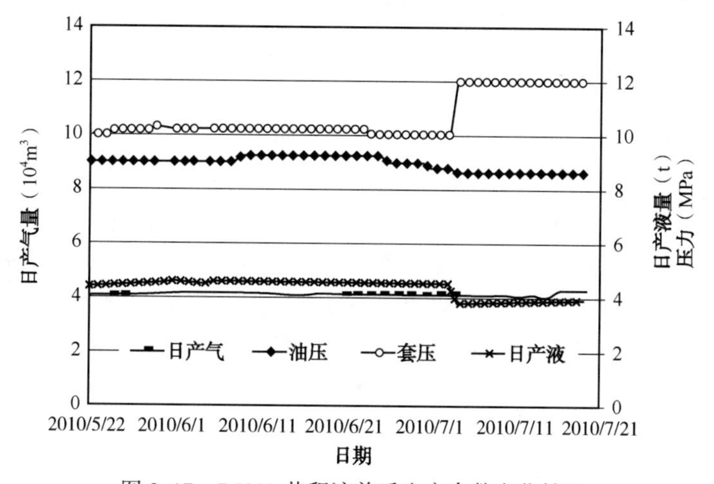

图3.17　P5002井积液前后生产参数变化情况

（2）临界携液比判断。

对P5002井进行临界携液比计算(表3.33)，判断该井处于临界携液状态。

表3.33　P5002井临界携液比计算

参数对比	正常生产	疑似积液	积液判断依据
油套压差(MPa)	1.2	4.0(增加133%)	定性判断
井底流态	雾状流	段塞流	$2300 \leq Re \leq 4000$
气相流速(m/s)	1.85	1.20	<1.21
动能因子	8.8	6.7	<6.8
持液率	0.19	0.24	>0.22
临界携液比	1.3	1.02	<1.0

（3）积液液面确定。

根据2010年7月21日流压梯度测试结果显示，P5002井井底积液深度在3800m左右；通过节点分析计算积液高度为3782.5m（图3.18），进一步确认了该井的积液状态。

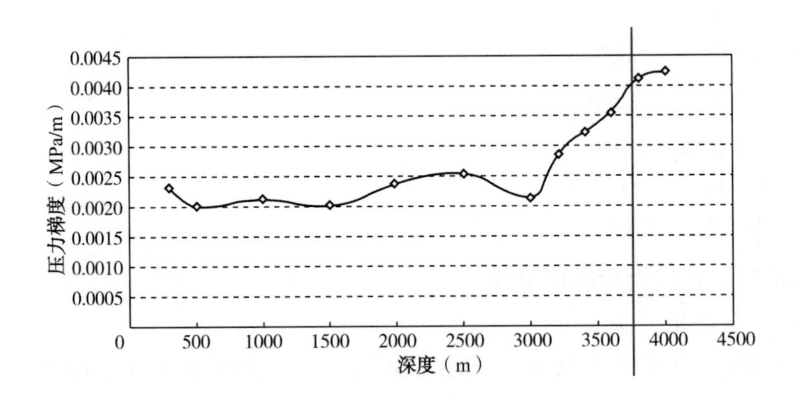

图3.18　P5002井流压测试曲线

3.4.2　连续气举排液采气工艺

该工艺利用外界高压气源注入井内补充气井能量，通过气举阀逐级置换并气化井筒和井底附近的积液，降低井筒内压力梯度，恢复气井生产。

该工艺井不受井斜、井深和硫化氢含量限制及气液比影响，能直接利用气井中产出的天然气参与举升；气举适应能力强，排量范围大。同样一套气举装置能适应不同开采阶段产量的变化和举升高度的变化，单井增产效果显著；连续气举和间歇气举、举升深度和举升液量转化调节灵活方便；设备配套简单，管理方便，可实现集中控制，单井可多次重复启动，与投捞式气举阀配合可减少修井作业次数；邻井有高压气源时，经济效益好。因此该技术广泛使用于停产井复产，助排及气藏强排液。

适用于：（1）开发中、后期的出水和水淹中、深气水井；（2）高气液比井（更换管柱）修井复产；（3）压裂酸化井排液（助排）；（4）水淹井气举复活；（5）气藏气举排水井。

为延缓滴西18井区底水锥近速度，稳定气井产量，利用邻井DX1824井的气对水淹井DX183井实施了连续天然气气举，注气压力5.4MPa，注气深度3602m，日均排液量达28.2m^3，注气量$3.0\times10^4m^3/d$，产气$3.5\times10^4m^3/d$，气举期间连续携液生产（图3.19），DXHW182井水侵速度减缓（图3.20）。

3.4.3　优选管柱排液采气工艺

优选管柱排液采气工艺是在有水气藏开发中，对产水气井及时优选和调整管柱，改善气水在油管内的流动状态，避免气井积液使气井维持合理产量自喷生产的一种排水采气工艺。

优选管柱排液采气工艺成熟、可靠，施工管理方便，设备配套简单，投资少。优选小直径管柱排水采气工艺适用于开采中后期，还具有一定能量的间喷或停产气水井。

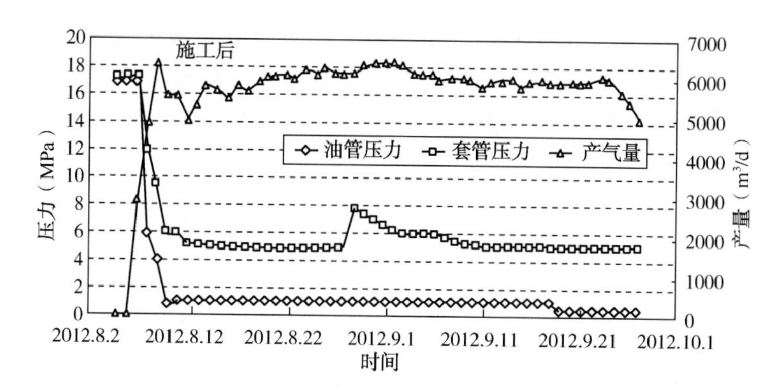

图3.19 滴西183井连续气举排液采气生产曲线

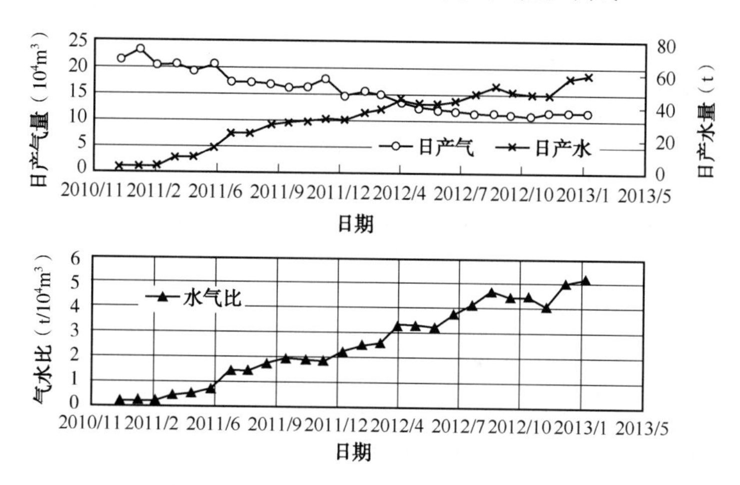

图3.20 DXHW182连续气举前后生产参数变化

该工艺的局限性为：排液量小，一般在100m³/d以内；下入油管深度受强度限制；因压井后复产困难，一部分工艺井要求在起下管柱时采用不压井作业。

适用于有一定自喷能力的小产水量气井。一般情况下，排水量不超过100m³/d，最大井深由选用生产管柱的材质决定；设计简单、管理方便、一次性投入较低。选用适宜防腐蚀方法也可适用于含腐蚀性介质（如H_2S和CO_2）的产水气井。

技术参数及应用条件：(1)产水气井的水气比WGR≤40m³/10⁴m³；(2)气流的对比参数v_r（油管鞋处气流的无量纲对比流速）<1、q_r（气井的无量纲对比流量）<1，井底有积液；(3)井场能进行修井作业；(4)气井产出气水须就地分离，并有相应的低压输气系统与水的出路；(5)井深适宜，符合下入油管的强度校核要求；(6)产层的压力系数<1，以确保用清水、活性水或油气井保护液就能压井或满足能够采用不压井进行更换油管的作业条件。

2006年11月应用采气设计软件在克82003井经进行了管柱优化设计，使用两级组合油管ϕ50.6mm×1275m+ϕ40.9mm×2300m，在地层压力为35MPa时，产气量达到2.0×10^4m³/d时能满足该井排液采气的需要，管柱强度安全系数为1.8。由于在作业过程中盐水压井液与储层不配伍，造成了地层的伤害，气井未能正常生产。

2010年以来，在盆5气田的P5002井、P5003井、P5009井和PHW06井、克拉美丽气田的DX184井等5口积液气井上进行了连续油管速度管柱排液采气工艺现场试验，施工前油套压差3.1~4.2MPa，平均日产液量3.2t，每3~7天需内排一次；施工后小油管生产油套压差0.8~1.3MPa，日均产气量$2.47\times10^4m^3$，日均排液量$3.6m^3$，实现连续生产（表3.34）。

表3.34 实施速度管柱工艺前后参数对比表

井号	施工前					施工后			
	油管压力（MPa）	套管压力（MPa）	日产气量（10^4m^3）	日产液量（m^3）	生产方式	油管压力（MPa）	套管压力（MPa）	日产气量（10^4m^3）	日产液量（m^3）
P5002	7.7	11.0	2.95	3.2	间开	10.0	11.1	2.52	3.8
P5003	6.5	10.6	2.34	3.6	间开	6.7	8.0	2.44	3.8
P5009	5.0	8.5	2.21	2.7	间开	7.5	9.0	1.88	2.9
PHW06	6.7	8.5	3.11	4.67	间开	6.6	8.8	2.63	3.54
DX184	9.5	12.5	3.64	5.24	间开	12.2	13.2	2.86	3.98

3.4.4 机抽排液采气工艺

机抽排液采气工艺是对产水气井通过抽油机驱动井下深井泵，抽汲并排出井筒内的积液，恢复气井生产的一种排液采气工艺。通过抽油机使抽油杆带动深井泵的柱塞上下运动，进行抽汲排出井下积液。油管下部装有高效井下气水分离器除气，水经深井泵抽入油管排出地面，气通过套管采出，从而实现油管抽水、套管采气，适用于低压产水气井排水。

与有杆泵采油相比，机抽的整个系统装置组成基本类似，其明显的不同点有：

（1）油管排水、油套环空采气因密封方式要求导致井口装置不一样；

（2）因油、气、水物性参数（特别是黏度、压缩因子）明显不同，井下密封泵筒中柱塞和泵筒的配合间隙以及密封方式存在显著差异；

（3）产水气井必须安装井下高效气水分离器，尽可能地降低气体影响，提高泵效，而大多数的油井在气侵不严重时未安装气水分离器。

一般来说，机抽排液采气工艺最大排水量不超过$70m^3/d$，下泵深度不大于3000m，该工艺设计、安装和管理较方便，一次性投入成本较低，对于高含硫、井斜严重或结垢严重的气井不适应。

新疆油田在具有低压集输条件的气田、井深浅于3000m的低压气井实施7井次（表3.35），7口井施工前均已停喷，施工后采用间抽的方式生产，平均下泵深度2160m，日均排液量$3.3m^3$，日均产气量$0.47\times10^4m^3$。

其中克006井因产能下降、受凝析液影响停产，2009年实施机抽排液采气工艺，泵挂深度2400m，尾管下至2800m，实施后每天间抽4~8h，平均日产气量约$1.2\times10^4m^3$，日产液量$0.8m^3$（图3.21）。

表 3.35 实施机抽工艺前后参数对比表

井号	施工前					施工后				
	油管压力（MPa）	套管压力（MPa）	日产气量（10^4m^3）	日产液量（m^3）	生产方式	油管压力（MPa）	套管压力（MPa）	日产气量（10^4m^3）	日产液量（m^3）	生产方式
克006	0.7	0.6	0	0	停产	—	1.4	1.2	0.8	间抽
711	6.8	10.2	0	0	停产	—	3.7	0.5	1.7	间抽
80104	7.3	7.3	0	0	停产	—	1.2	0.6	1.5	间抽
K82003	3.3	4.5	0	0	停产	—	1.1	0.2	2.1	间抽
MB2104	0.9	2.1	0	0	停产	0.1	0.8	0.11	6.8	间抽
X1086	2.3	4.5	0	0	停产	—	0.9	0.1	5.3	间抽
X1169	4.2	6.8	0	0	停产	—	1.2	0.56	1.0	间抽

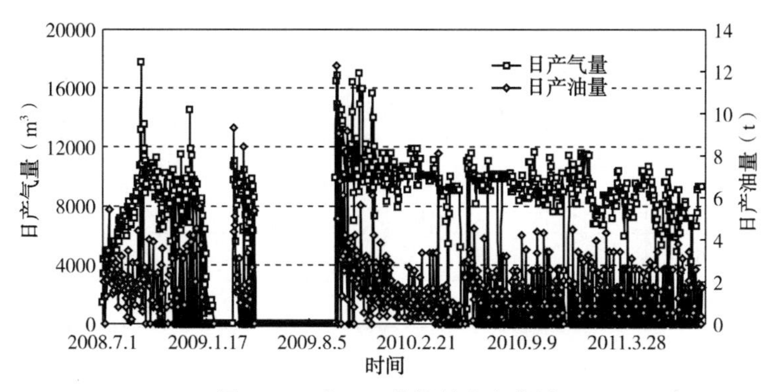

图 3.21 克006井机抽生产曲线

3.4.5 泡沫排液采气工艺

泡沫排液采气工艺是对产水气井从井口加入起泡剂，使井下液体变为轻质泡沫液，在气流搅动下将液体带出至地面的一种排水采气工艺。

该工艺具有能充分利用地层自身能量实现举升，不进行修井作业，设备配套简单、易操作，投资费用低的重要特点。

一般情况下，排液量不超过 $100m^3/d$，井深在5200m以内的弱喷、间喷或自喷存在困难的产水气井的排水。其工艺优点是不需要进行修井作业，其设计、操作和管理简便，一次性投入成本低。

技术参数及应用条件：(1)因地层压力降低、产气量下降、产水量增加等原因造成了井筒积液。(2)气井具有自喷能力，井底油管鞋处气流速度大于0.1m/s，井底温度低于150℃。(3)井深不超过5200m；井底温度不超过120℃；产液量小于 $100m^3/d$；一般液烃含量不大于30%，个别型号起泡剂不大于50%，如UT-11D。(4)只适用于有一定自喷能力的井，水淹井需采用其他措施恢复自喷能力方可实施。(5)在排液能力一般在 $100m^3/d$ 以下。(6)要求工艺井油套管连通性好。

起泡剂加注方式有：液体起泡剂可采用平衡罐、柱塞计量泵、泡沫排水采气工程作业车(简称泡排车)、固体起泡剂用投掷方式加注、油套连通不好的可采用毛细管加注。

通常，气井产水量不大于 30m³/d、需小剂量连续加注的井采用平衡罐加注方式；气井产水量大于 30m³/d、需大剂量连续加注的井采用柱塞计量泵加注方式。

消泡剂加注：常采用柱塞计量泵加注或平衡罐加注两种方式。

起泡剂和消泡剂加注周期：对于纯气井，只是有少量凝析水或产地层水小于 30m³/d，宜采用间隙排水方式，一般情况下，加注周期为每隔数天、数月一次即可；而对于产水量 $q_w \geqslant 30m^3/d$ 的这类井最好是连续注入，加注越均匀越好，尤其是对大水量井效果更加明显。

新疆油田实施的泡排工艺共 3 井次，成功恢复 1 口井(DX183 井)的产能，日增气量 $3.0\times10^4m^3$；该井凝析油含量 6.0%，井深 3550m、井温 109.6℃、地层水矿化度 9338mg/L。但在凝析油含量超过 30%的气井中，对泡排工艺效果影响较大(表 3.36)。

表 3.36　实施泡排工艺前后参数对比表

井号	施工前						施工后				
	油管压力(MPa)	套管压力(MPa)	日产气量(10^4m^3)	日产液量(m^3)	凝析油含量(%)	生产方式	油管压力(MPa)	套管压力(MPa)	日产气量(10^4m^3)	日产液量(m^3)	生产方式
DX183	11.3	19.6	2.4	23.6	6.0	间开	13	18.5	3.0	30	连续生产
DX1806	10.9	16.4	2.2	20.6	53.6	间开	9.7	15.6	2.1	18.2	间开
呼 2	7.8	12.3	2.7	14.6	43.6	间开	7.2	11.5	2.6	13.2	间开

3.5　防腐/防水合物配套技术

3.5.1　防腐工艺

新疆油田大部分气田天然气中不含 H_2S，含有一定的 CO_2，根据 CO_2 分压判断，大多数的气井介于无—弱的腐蚀范围内(表 3.37)。同时，大部分气田均产出凝析油，当凝析油析出后，在 CO_2—H_2O 体系中，凝析油将会优先吸附在油管表面并具有一定的保护作用，从而降低腐蚀速率。新疆油田气井在前期的生产过程中，采气井口装置和生产油管和套管基本没有出现腐蚀的现象，不必采取专门防腐措施。

表 3.37　新疆油田主要气田腐蚀性、地层水参数统计

气田	CO_2 平均含量(%)	地层压力(MPa)	CO_2 分压(MPa)	相对腐蚀性	地层水矿化度(mg/L)	地层水水型
克拉美丽	0.108	24~40	0.022~0.054	无—轻微腐蚀	11643.2	$CaCl_2$
玛河	0.05	38.59	0.019	无腐蚀	16689	$NaHCO_3$
盆 5	0.38~0.41	41.41	0.13~0.156	轻微腐蚀	17645	$CaCl_2$

3.5.2　水合物防治工艺

新疆油田天然气藏大部分属于凝析气藏，当天然气的温度等于或低于某一压力下的露点温度时，天然气中就会凝析出自由水，为水合物的形成提供必要的条件。水合物冻堵是困扰气井正常生产的主要问题之一，特别是一些开发后期的气藏，随着储层压力的降低，问题越来越严重。天然气水合物形成的主要条件为：

（1）存在游离水。天然气中含有饱和水蒸气，当温度降低时，就会形成游离水。

（2）系统处于适宜的温度和压力下。对于任何组分的天然气，在给定压力下，存在临界水合物形成温度，低于这个温度将形成水合物，高于这个温度则不形成水合物或已经形成的水合物将发生分解，当压力升高时，形成水合物的温度也随之升高。

（3）辅助条件。在满足上面两个必要条件后，还必须具备压力波动、高的气体流速、任何形式的搅动、弯管、晶体、含盐量的存在等辅助条件。

在气井井筒、井口角式节流阀、场站设备或集输管线中形成的水合物，会堵塞气流通道，降低气井产能，影响气井正常生产，严重时引起憋压，造成爆管和设备损坏。在气井井筒中防止水合物形成主要有两种方法：井下节流技术和注醇技术。对于已发生井筒水合物冻堵的气井可采取化学解冰剂来快速解除冻堵。

3.5.2.1　井下节流技术

安装井下气嘴，在井下实现节流降压，并可利用地层热量对节流后的降温气流进行加热升温，可以大幅度降低井筒上部压力和井口压力，防止井筒内形成水合物，提高井口及地面设备安全程度[99]。

井下节流气嘴的优点：(1)活动型井下节流气嘴可根据需要下入任意井段位置，投捞作业方便可靠，特别适合需节流生产的老井。(2)少量出水气井，由于井下节流后的气体通过节流嘴呈喷射状，当气夹水通过节流气嘴时，液体几乎成为雾状流动，降低液柱的重力梯度，使气体举升液体能力增加，达到排水采气的目的。(3)井口油管压力由输压确定，不必考虑保温、加热，可节约加热用气以及减少地面设备的投入。(4)低压的井口状态对井口装置具有保护作用，使井口装置更加安全可靠，使用寿命延长。

但由于井下坐放节流气嘴，井下压力计不能下到产层测试井底流压。因此测静压时，需用绳索作业打捞出井下节流器，测试井底压力后重新坐放节流气嘴。对于需经常测流压的重点井，可在井下节流气嘴的下面安放存储式压力计。

该工艺适用于[100]：(1)井下节流工艺主要用于地面节流换热有困难或不能换热的气井；(2)需要垂管中的介质加速流动的气井；(3)井口及地面输气管网压力等级较低的气井；(4)井下节流器适用于 2⅞in 油管；(5)气井井口压力小于 50MPa，节流压差小于 35MPa。

目前新疆油田的井下油气嘴工艺研究及应用相对比较成熟，从 2000 年开始已经在夏子街组、五八区、莫北气田等区块的 70 多口气井实施井下节流技术(表 3.38)，均获得成功。目前井下气嘴已形成嘴径从 2mm 到 12mm 等一系列的多套产品来满足不同的配产需求，并能实现井下三级节流技术。该项技术已推广到我国吐哈油田和青海油田以及哈萨克斯坦国扎那诺尔油田，效果十分显著。

表 3.38 新疆油田井下节流油气嘴使用情况统计表

序号	区块	使用井次
1	五八区	16
2	八 2 西	7
3	夏子街组	30
4	彩南	3
5	莫北	6
6	石西	15
合计		77

3.5.2.2 化学抑制剂技术

在井口气体节流前加入抑制剂，来降低水合物形成温度，从而防止水合物的生成[95]。

这种方法的优点是自动化程度高，在井场无人值守时，安全可靠，流程简单。缺点是在气井生产过程中需要连续注入水合物抑制剂，生产成本高。

目前国内广泛使用的天然气水合物抑制剂有甲醇和甘醇类抑制剂。

（1）甲醇类抑制剂：由于沸点低，用于较低温度比较合适，在较高温度下蒸发损耗过大，甲醇适合于处理气量小、含水量较低的井场节流设备或管线，一般情况下喷注的甲醇中蒸发到气相的部分不再回收，液相水溶液经蒸馏后可循环使用。甲醇有中等程度的毒性。

（2）甘醇类抑制剂：常用的甘醇类抑制剂主要有乙二醇和二甘醇，它们无毒，较甲醇沸点高，一般可回收重复使用，适合于处理气量较大的管线。

连续加注防冻剂成本很高，通常只是在防冻剂能够回收的情况下才采用，目前该项工艺主要在地面集输系统上采用注乙二醇，防冻效果理想。

目前新疆油田采用化学抑制剂来防止水合物冻堵方法主要应用于地面集输管线，还未在井下采用化学抑制法来防止水合物。

3.5.2.3 化学解冰技术

化学方法解冰可以有两种方式[101]：

其一是化学法，即通过解冰剂与水化物中的水反应，放出大量的热，从而使水化物溶化，解除井筒的堵塞。

其二是物理法，即采用带有强吸电子基团的低分子有机物，通过其强极性基团与水分子形成更强的分子间作用力，破坏水化物晶体结构，从而溶解吸附水化物中的水，达到解除井筒冻堵的目的。

气藏在开采过程中因天然气组分、不合理的采气工作制度以及频繁改变井口工作参数等原因，会造成井下形成水合物，堵塞气井生产通道，影响气井正常生产。早期对于冻堵所采取的措施通常是关井利用地温及注醇来解除冻堵，但这种方法作业时间长，效果不明显，为此，研制了气井化学解冰剂来快速解决水合物冻堵问题。解冰剂性能指标：密度为 $1.11g/cm^3$；表观黏度为 27~30mPa · s；同水合物解冰比例大于 1 : 4。

在马庄、小拐、莫索湾、夏子街等气田实施 10 井次，均获得了成功。

3.6　天然气水平井完井及分段作业技术

水平井技术可以大大地改善油气田开发的经济性，特别是对于非均质性强、连通性差、低渗透和薄层等气藏，可以明显地提高其开发效果和效益，还可以有效地解决气田后期开发中出现的水锥、气锥和高含水等问题。近年来，水平井技术在世界范围内得到了迅速发展。新疆油田从“八五”“九五”开始引进和攻关水平井技术，迄今，水平井钻井及配套采气技术有了很大发展，已在各类气藏的开发中发挥了重要的作用。截至 2014 年 9 月，新疆油田已在克拉美丽火山岩气藏、石南 4 井区、盆 5 井区的低渗透砂岩气藏中实施水平井(含侧钻水平井)21 口。新疆油田天然气水平井主体采用水平段裸眼封隔器+投球滑套分段压裂完井的方式。

3.6.1　天然气水平井完井工艺

3.6.1.1　完井方式

目前常见的水平井完井方式有裸眼完井、割缝衬管完井、带管外封隔器的割缝衬管完井、射孔完井和砾石充填完井 5 类。水平井的各种完井方式均具有相应的适用条件，新疆油田主要根据气藏储层特性并综合考虑投产方式来选择具体的完井方式，目前采用的水平井完井方式有筛管完井、欠平衡钻井水平段裸眼完井、水平段裸眼封隔器投球滑套分段压裂完井 3 种，目前尚未开展水平井固井射孔完井方式，建议在后期的气井水平井上开展此项完井方式试验。针对水平井完井的特殊性，应根据储层特征和工艺特点正确的选择完井方法，各类完井方式的优缺点对比和适用条件见表 3.39。

表 3.39　各种水平井完井方式的优缺点对比和适用地质条件

完井方式	优点	缺点	适用地质条件
裸眼完井	(1) 成本最低； (2) 储层不受水泥浆的伤害； (3) 使用可膨胀式双封隔器，可以实施生产控制和分隔层段的增产作业	(1) 疏松储层，井眼可能坍塌； (2) 难以避免层段之间的窜通； (3) 可以选择的增产作业有限，如不能进行水力压裂作业	(1) 岩性坚硬致密，井壁稳定不坍塌的储层； (2) 不要求层段分隔的储层； (3) 天然裂缝性碳酸盐岩或硬质砂岩； (4) 短或极短曲率半径的水平井
割缝衬管完井	(1) 成本相对较低； (2) 储层不受水泥浆的伤害； (3) 可防止井眼坍塌	(1) 不能实施层段的分隔，不可避免有层段之间的窜通； (2) 无法进行选择性增产作业； (3) 无法进行生产控制，不能获得可靠的生产测试资料	(1) 井壁不稳定，有可能发生井眼坍塌的储层； (2) 不要求层段分隔的储层； (3) 天然裂缝性碳酸盐岩或硬质砂岩

3.6.1.1.1 水平段筛管完井

为了防止裸眼完井时地层坍塌，一般都在裸眼中下入割缝衬管或打孔管，该完井方式的完井工序是：将割缝衬管悬挂在技术套管上，依靠悬挂封隔器封隔管外的环形空间。割缝衬管要加扶正器，以保证衬管在水平井眼中居中，目前水平井发展到分支水平井，其完井方式也多采用割缝衬管完井。这种完井方式简单，可防止井塌，如果下入管外封隔器(ECP)，还可将水平井段分成若干段进行小型措施，当前油井的水平井多采用此完井方式。

采用筛管完井的水平井相对于固井方式一方面储层伤害因素少，另一方面泄油面积大、压降小，在油井依靠自然产能的条件下其产量优势明显。而相对于裸眼完井方式，筛管的主要作用是对地层岩石骨架形成有效支撑，防止坍塌和出砂。因此，在不受边底水影响且无须储层改造的气藏，常规筛管完井技术成为首选。

采用常规筛管完井的局限性主要体现在两个方面：

(1) 这种完井方式给边底水发育的中高渗透气藏后期的治水措施预留的基础薄弱；

(2) 给储层改造提供的技术发挥空间有限。

水平段筛管完井一般适用于无气顶、无底水、无含水夹层及易塌夹层的储层；单一厚储层，或压力、岩性基本一致的多层储层；不准备实施分隔层段、选择性处理的储层；岩性较为疏松的中、粗砂粒储层。

筛管完井工艺和设计方法较为简单，通过多年的现场实践，其设计方法与油井基本一致。首先，缝宽的设计要满足防砂要求，通常设计原则是缝宽不高于2倍的粒度中值，利于筛管外岩石颗粒形成砂桥防止严重出砂；其次，需要保证筛管提供的泄油面积不低于地层渗流需求。另外，由于筛管用量大，加工参数尽可能统一，有利于降低对供货周期和成本的压力。

新疆油田盆5气田的产层物性均匀且厚度大，不需进行增产改造措施，PHW06井采用ϕ139.7mm油层套管+ϕ139.7mm割缝筛管完井(图3.22)，能够满足气井的正常生产。

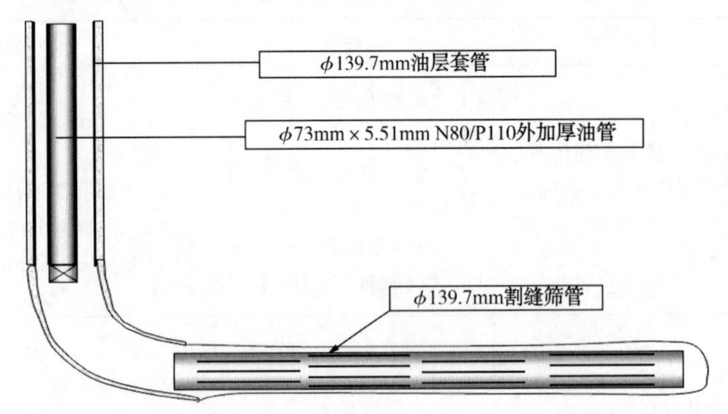

图3.22 割缝筛管完井水平井井身结构示意图

3.6.1.1.2 欠平衡钻井水平段裸眼完井

欠平衡完井是欠平衡钻井的配套工艺，国内外配合欠平衡钻井比较多的完井方式是简单的裸眼完井。此外，根据实际情况，还采用衬管等方式进行欠平衡完井，但这种方式国内还不成熟。

欠平衡完井作为欠平衡钻井的自然延伸，具有很多优点，主要包括：改善产能，降低滤失量，将地层伤害降到最低程度，正确评价真实的储层产能等。适合欠平衡完井的地层条件或施工条件见表 3.40。

表 3.40　适合欠平衡完井的地层条件或施工条件

条件	适合欠平衡完井的原因
枯竭油气藏	(1) 过平衡钻井容易造成地层伤害； (2) 流体入侵量不大； (3) 枯竭油气藏的地层稳定性有时很好，有时很差
易黏卡的地区	漏失的减轻以及滤饼的减少使得黏卡的可能性降低
硬地层(致密、低渗透性、低孔隙度)	降低发生井眼不稳定的概率
漏失地层	减少地层伤害 降低卡钻的可能性
侧钻和修井(特别对于枯竭地层)	井没必要压死
容易产生储层伤害的地层	减少地层伤害
缺水地区(限制正常作业)	可以减少对基本液体的需求，特别是在使用轻钻井液或泡沫流体时
破碎地层	减少地层伤害
洞穴	减少地层伤害
高渗透性地层	减少地层伤害
非均质性差异大的地层	减少地层伤害

欠平衡钻井水平段裸眼完井一般适用于岩性坚硬致密，井壁稳定不坍塌的储层；无气顶、无底水、无含水夹层及易塌夹层的储层；单一厚储层，或压力、岩性基本一致的多层储层；不准备实施分隔层段，选择性处理的储层。存在明显泥页岩夹层储层、钻遇断层的储层、水平裂缝储层、需要后期改造的中低渗透油气层等情况，从防止井眼坍塌和提高产量两方面考虑，不宜采用裸眼完井。

新疆油田在克拉美丽气田实施 3 口欠平衡钻井裸眼水平井(DXHW141 井、DXHW142 井、DXHW183 井)。对比 DX14 井区压裂水平井与欠平衡钻井裸眼完井水平井的生产效果可见，欠平衡钻井裸眼完井的水平井(DXHW141 井、DXHW142 井)生产效果不如压裂水平井(DXHW143 井、DXHW144 井)。

3.6.1.1.3　水平段裸眼封隔器投球滑套分段压裂完井

水平段裸眼封隔器投球滑套分段压裂完井指完井时井底的储层是裸露的，只在储层以上用套管封固，并采用裸眼封隔器分段，投球打开滑套的方式，实现多级压裂完井一体化完井。配套的分段压裂完井系统由棘齿密封插管、悬挂封隔器、水力压缩式裸眼封隔器、投球滑套、压差滑套、坐封短节和浮鞋组成。

(1) 坐封/启动短节。当由浮箍/浮鞋引导的分段压裂管柱串沿井筒顺利下入井内后，利用浮箍/浮鞋工具内置的单流阀(防止下管柱时井筒内钻井液倒流进入管柱)进行循环，并用完井液替除钻井液。此后投入坐封球(25.4mm)并待其落坐于坐封/启动短节的球座后，地面打压、缓慢憋压至设定压力并维持一段时间，即可使分段压裂管柱上的所有封隔器完成坐封，为分段压裂提供分段隔离条件。

(2) 压差滑套。封隔器坐封并验封成功后，待拆换井口装置、回接压裂管柱及安装采油树、试压等工序完成后，通过地面打压开启该滑套，为第1段分段压裂施工提供单段压裂通道。

(3) 投球开启压裂滑套。该工具用于为水平井第2段及以后分段压裂施工提供管内封隔和单段压裂通道。采用变级差球座与承压级别为68.95MPa(10000psi)的可溶球，使用投球开启滑套。球座材质为表面经耐冲蚀硬化处理的铸铁，球座密封圈材质为氟橡胶(Viton)。单个球座钻磨时间为7~8min，钻铣后内径为101.6mm。

(4) 管外裸眼封隔器。该工具为裸眼水平井分段压裂提供管外的层段隔离。坐封方式为液压坐封，适用于壁厚152.4~165.1mm的裸眼井眼。封隔器胶筒材质为氢化丁腈橡胶(HNBR)或氟橡胶(Viton)，承压级别为68.95MPa(10000psi)。

(5) 套管悬挂(锚定)封隔器。该工具用于将ϕ114.3mm裸眼完井尾管及与之连接的分段压裂工具悬挂固定于ϕ177.8mm技术套管上，同时为棘齿密封插管提供密封用回接密封筒。坐封方式为液压坐封，适用于壁厚6.91~11.51mm的ϕ177.8mm套管，封隔器胶筒材质为氢化丁腈橡胶(HNBR)或氟橡胶(Viton)，承压级别为68.95MPa(10000psi)。

(6) 棘齿密封插管。该工具用于回接管柱与悬挂封隔器之间的连接、密封。可回接4½in或3½in压裂管柱，与其下的悬挂封隔器连接方式为插入式连接及机械式棘齿坐挂，以高性能苯乙烯密封头密封件与悬挂封隔器的回接密封筒进行密封，允许多次插入并完全密封，需要丢手时，右旋12圈即可脱开，具有易于丢手、可多次插入、插入吨位灵活、安全可靠的特点。

分段压裂完井方式是新疆油田气井水平井现阶段主体应用的完井方式，该工艺的技术特点有：①实现了裸眼水平井分段完井、分段改造；②采用尾管悬挂器+裸眼封隔器+投球滑套系统实现水平井选择性分段，隔离；③工具一次入井实现水平段分段压裂作业；④分段压裂一次完成，减少作业时间，缩短钻机/修井机使用时间；⑤不固井、射孔，增加投资回报率。

从完井技术本身来说，该技术成熟、可靠性高、压裂作业施工效率高，同时具有较大的钻完井成本优势等优点。

以克拉美丽气田水平井完井方式为例，在此种完井结构条件下，采用裸眼封隔器+多段滑套工艺已实现5级分段压裂，已成功实施的10余口水平井，主体采用回接ϕ114.3mm施工管柱，可以提供的施工排量为5.0~6.0m^3/min，这一条件可以满足现阶段新疆油田绝大多数气井水平井的改造需求。为了突破分压段数的限制，在裸眼完井方式下，管外封隔器+滑套+速钻桥塞复合压裂技术成为今后深井和长水平段多级压裂的主要攻关方向。克拉美丽气田火山岩储层投产13口水平井，滴西18井区的DXHW181井和DXHW182井等10口井采用裸眼封隔器分段压裂完井的方式，大部分水平井的水平段采用ϕ114.3mm套管连接工具，回接段采用ϕ114.3mm油管，基本可以满足压裂施工和压后排液的需要。除DX-HW171井因压裂工具问题，压裂未获成功外，其余9口井的分段压裂均获得成功，压后大部分水平井的生产效果较好。

2013 年彩 31 井区和彩 43 井区砂岩气藏投产的 2 口水平井 CHW3101 井和 CHW3102 井也采用裸眼封隔器分段压裂完井的方式，水平段采用 ϕ114.3mm 套管连接工具，回接段采用 ϕ88.9mm 油管(图 3.23)，可以满足压裂施工和后期排液及生产的需要。

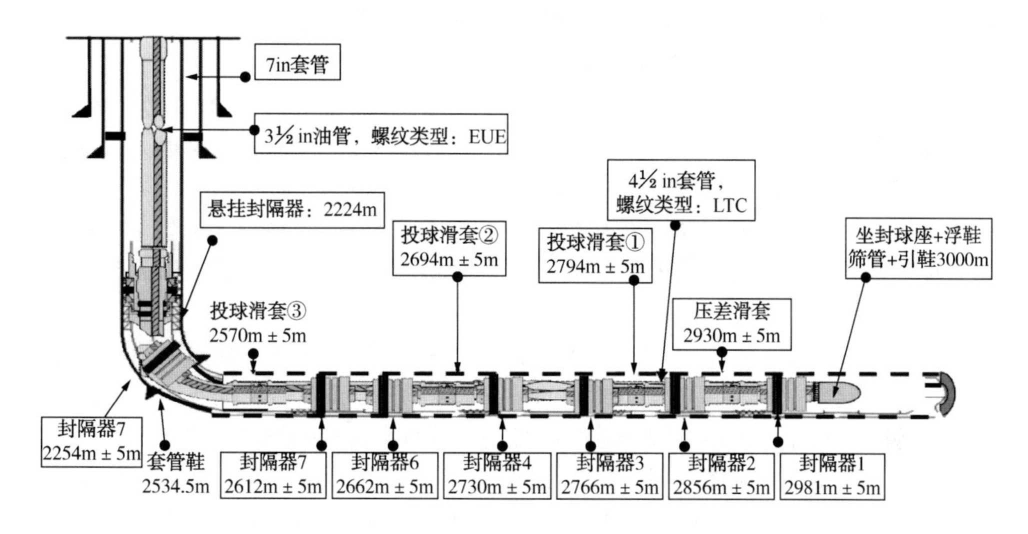

图 3.23　CHW3101 井分段压裂完井水平井井身结构示意图

新疆油田还在克拉美丽气田和克 82 井区佳木河组气藏实施了 4 口侧钻水平井(DX1414 井、DX1824 井、D403 井、K82008 井)，各井完井参数见表 3.41。

表 3.41　新疆油田侧钻水平井完井参数统计

井号	油层套管	开窗位置(m)	水平段长度(m)	裸眼尺寸(mm)	分段压裂级数
K82008	ϕ177.8mm×11.52mm SM-110T 套管	3624	547	149.2	7
DX1414	ϕ139.7mm×9.17mm 套管	3364	309	114.3	5
DX1824	ϕ139.7mm×9.17mm 套管	3385	278	114.3	4
D403	ϕ139.7mm×9.17mm 套管	3454	314	114.3	4

侧钻水平井经裸眼封隔器+投球滑套分段压裂改造投产，产量较侧钻前均有大幅提高。D403 井自 2008 年 12 月投产以来，压力、产量低且下降快，难以连续生产，于 2010 年 7 月 8 日关井，2013 年实施老井侧钻并分 4 段压裂后，初期试气产量达 $20\times10^4m^3/d$，取得很好的改造效果。

3.6.1.2　完井生产管柱

气井水平井完井生产油管的设计同直井相同，生产套管尺寸的选择应保证天然气合理产量下举升摩阻最小(能耗最低)，满足携液要求的最大油管尺寸和减少冲蚀的最小油管尺寸，在这三者的关系协调下，还应考虑井下配套工具的最大尺寸，以及投产和生产过程中增产措施和后期生产中排液采气措施等因素选择合理的油管尺寸，最后确定匹配的生产套管尺寸。

新疆油田气井水平井不同完井方式下的生产油管和生产套管选择情况如下：

（1）筛管完井生产管柱。

生产油管：对于该类完井方式的气井，不需进行增产措施，根据气藏深度不同，ϕ73mm 的 N80 或 P110 油管能够满足气井携液生产要求。

生产套管：配套选用 ϕ139.7mm 油层套管+ϕ139.7mm 割缝筛管完井。

（2）欠平衡钻井裸眼完井生产管柱。对于该类完井方式的气井，无须进行增产措施，根据气藏深度不同，ϕ73mm 的 N80 或 P110 油管即能满足气井携液生产要求。

（3）水平段裸眼封隔器投球滑套分段压裂完井生产管柱。

由于新疆油田大部分气藏属于低孔隙度、低渗透率储层，均需压裂改造才能获得产能，为避免分段压裂改造后压井更换管柱对储层造成伤害，完井生产管柱即为分段压裂管柱，分为完井压裂工具管柱和回接管柱串结构。

① 完井压裂工具管柱结构：浮箍+坐封球座+压差压裂阀+裸眼锚定封隔器+裸眼压裂封隔器+开关式滑套压裂阀+裸眼压裂封隔器+…+裸眼压裂封隔器+悬挂器。

② 回接管柱串结构：回接插头+套管+调整短套管+套管挂+油补距+井口。

新疆油田气井水平井主体选用的压裂完井生产管柱尺寸为 ϕ114.3mm，在侧钻水平井选用 ϕ88.9mm+ϕ114.3mm 的组合压裂完井生产管柱，基本能够满足气井水平井的携液与后期增产措施的需要。

3.6.1.3 采气井口

水平井的采气井口装置与直井的采气井口装置选择方法相同。由于水平井分段压裂改造的特殊性，计算井口施工泵压时不仅要考虑压裂施工管柱的摩阻，还需考虑投球滑套的节流压差作用。因此，根据新疆油田各气藏井口静压及压裂改造最大施工泵压计算，彩 31 井区和彩 43 井区水平井的采气井口装置耐压级别选择为 70MPa，克拉美丽气田水平井的采气井口装置的耐压级别选择为 105MPa。

考虑到分段压裂投球尺寸的限制，对采气井口装置的通径有相应的要求。根据目前新疆油田气井水平井常用的分段压裂管柱尺寸主要有 ϕ88.9mm，ϕ88.9mm+ϕ114.3mm 和 ϕ114.3mm 等三种，投球尺寸的级差取为 0.125in，对应的采气井口通径见表 3.42。

表 3.42 裸眼完井分段压裂管柱技术参数

分段压裂管柱尺寸(mm)	最大压裂段数(段)	最大球尺寸(mm)	采气井口主通径(mm)
88.9	14	71	78
88.9+114.3	14	71	78
114.3	21	92	103

3.6.2 天然气水平井分段改造技术

新疆油田气井水平井主体采用裸眼封隔器+投球滑套分段压裂，压后日产气是压裂直井产量的 4~5 倍。由于水平井所适宜开发气藏的特殊性，有时未采取增产措施的水平井无法提供足够高的、有经济价值的产气量，这就需要进行压裂增产处理。所以，随着水平井技术的发展，与其相关的增产强化措施的研究与应用也日益得到重视，国内外的水平井储层改造技术发展很快。

新疆油田目前形成的主体水平井分段压裂改造技术是水平段裸眼封隔器+投球滑套分段压裂改造技术。自2008年以来，先后引进斯伦贝谢公司StageFrac、安东石油公司裸眼水平井分段压裂技术，针对克拉美丽气田裸眼水平井采用投球滑套+裸眼封隔器分段压裂现场试验共11井次，其中裸眼封隔器五段压裂8井次，裸眼封隔器四段压裂3井次。通过多年的技术攻关，目前针对五段以内的水平井分段压裂工艺技术已基本成熟配套，是现阶段低渗透气藏水平井分段改造适应井深范围最广和最为成熟可靠的工艺技术。

裸眼封隔器+投球滑套分段压裂管柱由油管、回接密封总成、尾管悬挂器、尾管、裸眼封隔器、分段压裂投球打开滑套、锚定封隔器、水力压差滑套、坐封球座、单流阀、引鞋组成，如图3.24所示。裸眼封隔器采用压缩式裸眼封隔器，要求耐压70MPa、耐温120℃。裸眼封隔器+滑套投球分段压裂工艺通过依次投入不同尺寸压裂球，打开滑套实现分段压裂。滑套推荐选用可开关式滑套，耐温120℃、耐压差70MPa，滑套钻除后通径可达94mm。

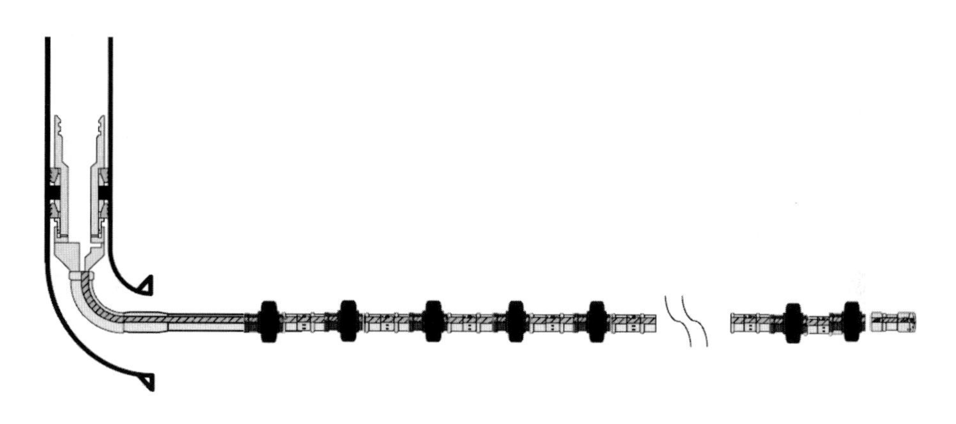

图3.24 裸眼封隔器+滑套投球分段压裂管柱施工管串结构

该技术适用于井壁稳定性好的气藏，尤其适用于裂缝相对发育的油藏类型，并可以充分利用裸眼段天然裂缝对产能的贡献。特点是卡位准确，实现选择性分段、隔离；生产、压裂一趟管柱完成，不动管柱、不固井、不射孔，减少作业时间；投球打开滑套作业下一级，施工快捷，作业效率高，分段改造级数高。

水平井裸眼封隔器滑套分段压裂技术的优点有：实现了裸眼水平井分段完井、分段改造；对各层段可进行有效隔离；分段压裂、酸化一次完成，减少作业时间，缩短钻机/修井机使用时间；不固井、射孔；增加投资回报率；改造效果相对较好。但因永久式封隔，后续措施困难，并无法进行分段试气。

压裂施工中存在以下问题：(1)长水平段水平井在下裸眼封隔器完井管柱时，由于摩阻大，下入困难，时常遇阻。(2)完井管柱悬挂器时常发生提前坐封问题，事故处理复杂，施工难度大。(3)个别井段投球地面无显示，投球滑套一旦打不开，没有处理手段，减少了压裂段数，影响压裂效果。(4)目前采用的裸眼封隔器投球滑套分段工艺为一次性完井管柱，后期的措施、测试、事故处理等工作无法开展。(5)由于多级压裂管柱球座通径受限，发生砂堵后，处理难度较大。

裸眼封隔器+投球滑套分段压裂工艺是新疆油田气井水平井现阶段主体应用的压裂改造工艺。自2008年以来，在克拉美丽井区、彩31井区和彩43井区已经实施超过16口井的水平井分段压裂改造，施工参数见表3.43，增产效果明显。新疆油田气井水平井裸眼完井目前主体采用 ϕ139.7mm 技术套管悬挂 ϕ114.3mm 尾管的完井压裂管柱结构。参照新疆油田水平井多段压裂工艺管柱技术参数，目前水平井分段压裂的段距在80m左右，水平井分段压裂段数为4~5段。

表3.43 新疆油田气井实施裸眼滑套分段压裂技术统计

序号	井号	施工年份	垂深（m）	斜深（m）	施工管柱尺寸（mm）	段数（段）	总加砂量（m^3）	总液量（m^3）
1	DXHW143	2011	3726.1	4370	114.3	4	153.2	901.36
2	DXHW144	2010	3703.38	4350	114.3	4	220	1060
3	DXHW172	2011	3661.59	4200	114.3	5	104	877
4	DXHW173	2012	3691.9	4090	114.3	5	169.9	1092
5	DXHW174	2012	3729.03	4174	114.3	4	93.2	962.8
6	DXHW181	2008	3666.62	4397	139.7	5	149.7	1269.6
7	DXHW182	2009	3694.47	4250	139.7	5	162.9	1492
8	DXHW184	2010	3701.8	4386	114.3	5	174.6	965
9	DXHW185	2010	3671.63	4156	114.3	5	208.7	1382
10	DXHW176	2014	3664.38	4320	114.3	5	107.0	1546.0
11	DX1824侧钻	2012	—	—	88.9	4	142.5	911.67
12	DX1414侧钻	2012	—	—	88.9	5	130	1236.8
13	D403侧钻	2013	3767.01	4120.67	88.9	4	—	—
14	K82008侧钻	2012	4089.4	4730	88.9	7	107.5	1302.4
15	CHW3101	2013	2382.11	3233	114.3	4	88.4	454.5
16	CHW3102	2013	—	—	114.3	3	99.5	751.6

以克拉美丽气田火山岩气藏为例，进行水平井分段压裂改造影响因素的分析如下：

(1) 边底水对产气量的影响。

截至2014年2月，克拉美丽气田滴西17井区共成功进行了3口水平井的分段压裂，DXHW172和DXHW173井压后生产效果很好，压后生产曲线如图3.25所示；DXHW174井压后出水，严重影响生产。

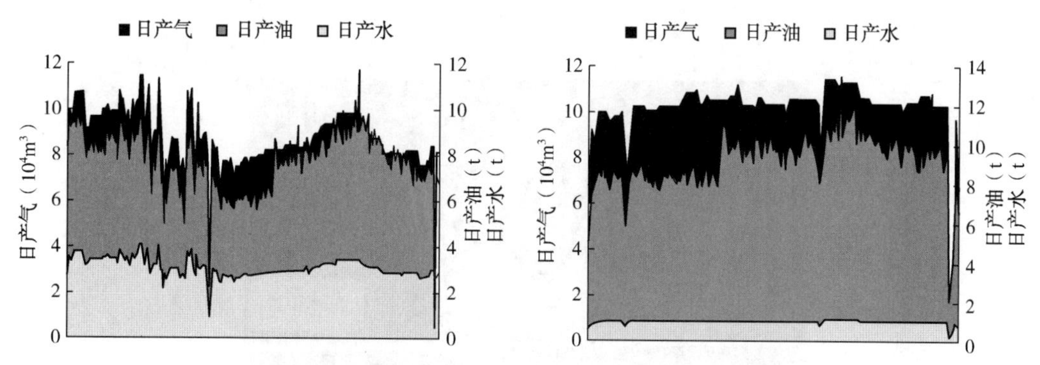

图3.25 DXHW172和DXHW173井压后生产曲线

滴西17井区3口水平井压裂均采用ϕ114.3mm压裂管柱施工，DXHW172井和DXHW173井避水高度在100~120m，压后生产轻微出水，DXHW174井由于避水高度只有45.8m，因此压裂后沟通水层，导致压后出水不能生产(图3.26)。

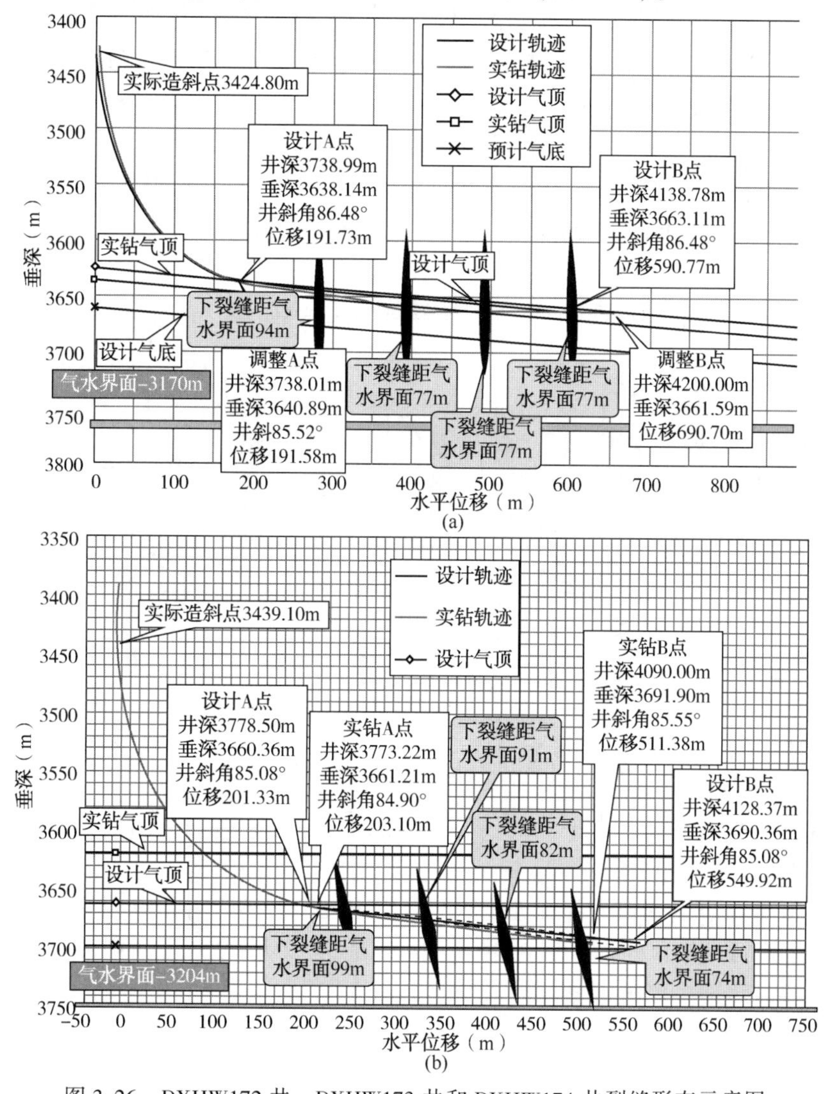

图3.26 DXHW172井、DXHW173井和DXHW174井裂缝形态示意图

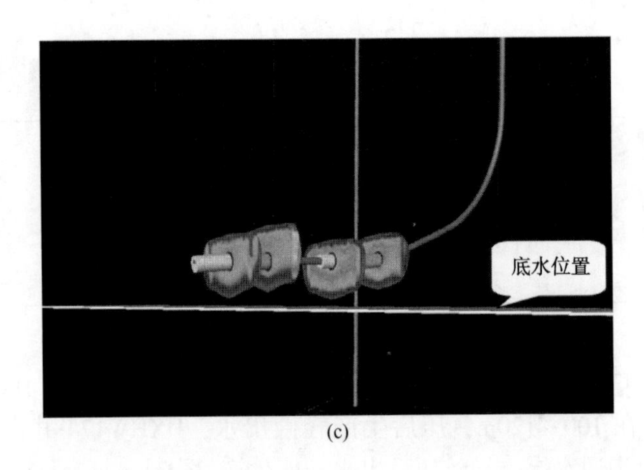

(c)

图 3.26　DXHW172 井、DXHW173 井和 DXHW174 井裂缝形态示意图(续)

因此控制压裂规模和裂缝延伸高度，避免压窜边底水仍然是克拉美丽气田石炭系水平井分段压裂需重点关注的工艺技术。

(2) 水平段长度和加砂量对产气量的影响。

图 3.27 是克拉美丽气田石炭系水平井水平段长度与试气产量相关性对比，从水平段长度与压裂效果来看，基本呈现出水平段长度越长，产气量越大的关系。

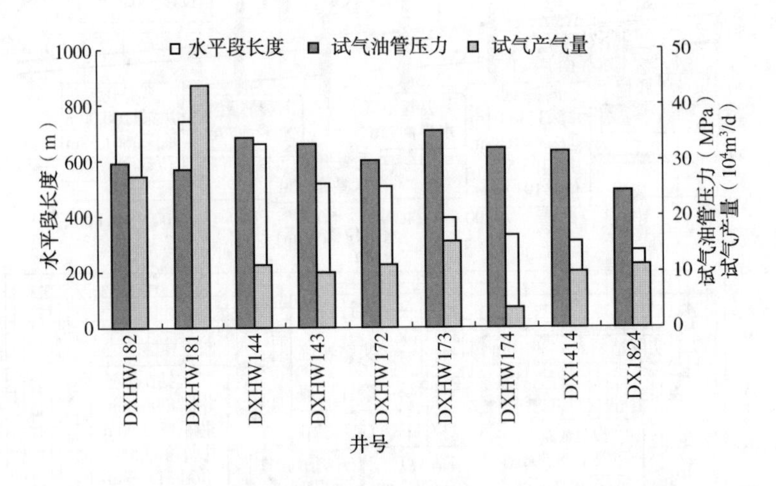

图 3.27　水平井水平段长度与压裂效果相关性对比图

图 3.28 是克拉美丽气田水平井的压裂加砂规模与试气产量相关性对比，仅从试气产量与压裂加砂规模来看相关性不大。

滴西 14 井区压裂的两口水平井 DXHW143 井和 DXHW144 井，从目前生产情况来看，DXHW144 井的稳产能力更强(图 3.29)，压裂加砂量大(220t)和裸眼水平段长度大(表 3.44)，是其主要的影响因素。

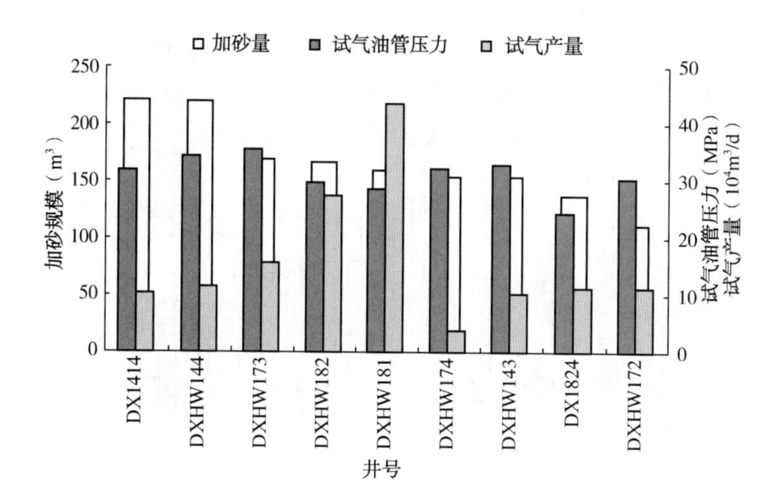

图3.28 水平井压裂效果相关性对比图

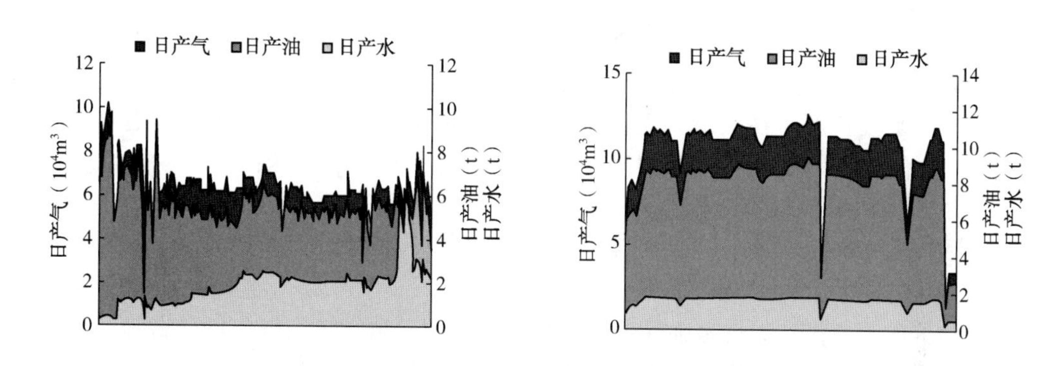

图3.29 DXHW143、DXHW144井压后生产曲线

表3.44 DXHW143、DXHW144井裂缝参数

井号	压裂井段（m）	裸眼段长度（m）	裂缝长度（m）	缝高（m）	加砂（t）
DXHW143	3879～3914	521	76	85	40.5
	3990～4039		76	85	40.5
	4178～4234		70	82	35.5
	4268～4325		70	82	35.5
DXHW144	3816～3687	662.7	不加砂		
	3866～3816		90	84.5	60.4
	4020～3981		67.2	83.5	53.0
	4132～4080		85	87.3	54.3
	4260～4209		95	90.3	51.6

(3) 压裂级数对产气量的影响。

图3.30是克拉美丽气田水平井的压裂级数与试气产量相关性对比，从试气产量与压裂级数来看有一定相关性，基本满足压裂级数越多，产气量越大的正比关系。

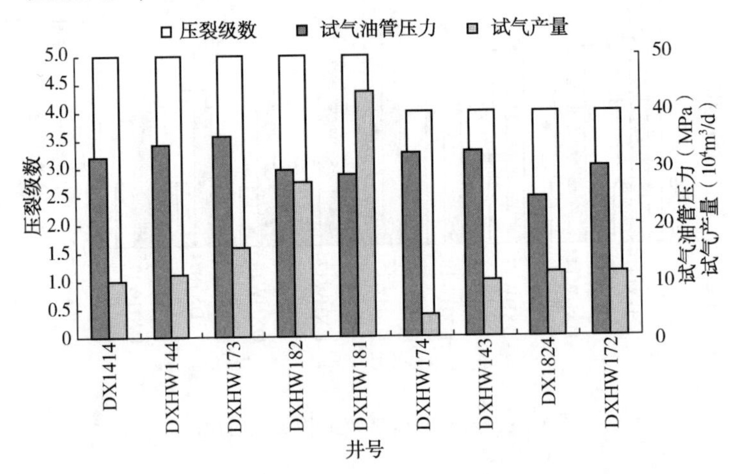

图3.30　水平井压裂级数与压裂效果相关性对比图

通过以上分析，对于克拉美丽气田石炭系气藏后期水平井的压裂改造，需要进一步的优化水平井水平段长度、在裂缝高度不沟通水层的情况下，适当增大压裂改造规模，以“缩小段距、增大段数”作为主体压裂改造思路，以达到更好的改造效果。

3.7　储气库储层保护和完井配套技术

针对储气库大规模、大气量强注强采生产运行模式，结合呼图壁气田气藏地质特性及开采现状，在储气库建设过程形成了一套适用于储气库长期、平稳、安全、高效运行的储层保护、完井等系列配套技术，能够保障北疆冬季用气，同时兼作西气东输二线天然气的应急和战略储备气库，保证安全有效运行30年。

3.7.1　储气库储层保护技术

3.7.1.1　屏蔽暂堵技术

屏蔽暂堵技术是在钻井完井液中加入一定量级配的粒子，利用粒子侵入油层孔喉造成堵塞，使油层渗透率降低的一项技术。屏蔽暂堵技术在裸露地层表面附近形成内滤饼，在打开油层的几分钟内于油层近井壁处形成一个渗透率几乎为零的伤害带，阻止钻井液对油层的继续伤害，也阻止了固井水泥浆对油层的伤害。完井后由于屏蔽环极薄，很容易被射穿而解除屏蔽环，恢复储层渗透率，也称暂时性的堵塞，达到有效保护储层的目的。

3.7.1.2　双膜协同保护气层技术

双膜协同保护气层技术是针对气藏水锁现象及呼图壁地区井底压差大的情况，在屏蔽暂堵保护油气层技术上使用双膜协同保护储层完井液体系，即在原有完井液体系的基础上通过隔离膜降滤失剂 CMJ-2 和超低渗透井眼稳定剂 JYW-1 的双膜协同保护作用降低钻井液滤失量，提高地层承压能力，从而达到提高储层保护效果的作用。

3.7.1.3 完井投产入井液技术

完井投产入井液对地层的伤害主要是表现在射孔过程中，射孔液滤失而与储层接触对地层造成伤害。通过对清水、有机盐和暂堵型射孔液实验评价比较，确定对黏土膨胀类储层有良好抑制性的无固相有机盐射孔液体系为储气库注采直井射孔液最佳选择。有机盐射孔液岩心渗透率伤害实验结果见表3.45。

表3.45 有机盐射孔液岩心渗透率伤害实验结果

实验日期	2010.6.10		样品编号/岩样号	H2002-7/H2002-7	
油田	—		克氏渗透率(mD)	143.61	
井号	H2002		孔隙体积(%)	5.6	
层位	—		气体伤害(%)	10.9	
实验温度(℃)	30		液体伤害(%)	6.5	
驱替液	驱替速度(mL/min)	驱替倍数(PV)	压差(MPa)	K(mD)	$(K-K_1)/K$(%)
氮气	3200	—	0.390	179.0	
标准盐水	0.2	10	0.107	3.85	
氮气	2570	—	0.392	142.6	20.7
工作液	0.2	5	0.105	3.84	
95℃恒温6h					
氮气	2155	—	0.329	159.4	10.9
标准盐水	0.4	5	0.224	3.60	6.5

无固相有机盐射孔液体系具有黏度小、低滤失、抑菌杀菌、低伤害等特性。其在高温下具有非常稳定的化学性能。即使进入射孔孔道和储层，其对储层的伤害也非常小，储层渗透率恢复可达90%以上。但该体系黏度小，承压能力弱，在低压气藏的气井措施改造中，需配合其他承压能力强的压井液体系进行压井作业。

3.7.2 储气库完井工艺技术

3.7.2.1 完井方式优选

根据储层地质特征、工程需求，研究基于完井方式模糊决策、产能评价、技术经济评价的综合评价方法，优选了储气库注采井合理的完井方式。

经过多种方法论证分析认为：呼图壁气田在常规正常采气生产过程中，基本不出砂。在作为储气库强注强采模式下，在地层压力较低时，当生产压差超过出砂过临界压差时，具有一定的出砂可能性。按照调峰配产规律，气库采气运行时生产压差为0.4~3.3MPa，小于对应的临界出砂压差。推荐储气库注采井直井、监测井及污水回注井均采用套管射孔进行完井。

3.7.2.2 完井管柱设计

根据国内已建储气库的经验和国内现有技术的实际，为保证储气库的正常运行，要求入井工具及管柱遵循安全可靠、经久耐用、技术先进、监控方便、力求简单、兼顾经济的原则。生产管柱设计基本原则：(1)管柱大小应满足应急调峰配产需要；(2)注气时井口压力应低于压缩机出口压力；(3)生产强采时应保证生产管柱不被冲蚀；(4)考虑 CO_2 的影响，生产管柱应满足防腐需求；(5)考虑地层水的影响，生产管柱应满足井底携液要求；(6)生产管柱应考虑油管的抗拉、抗挤和抗内压强度的要求。

按照管柱设计基本原则，管柱结构功能应满足以下技术要求：(1)能够实现一趟管柱射孔、完井联作工艺；(2)气井管柱后期具有不压井作业功能；(3)能满足动态实时监测的需要；(4)具有套管保护功能，需要封隔器与环空保护液；(5)实现井下安全实时控制功能，需要井下安全阀；(6)能够实现长寿命，管柱应具有较高的防腐蚀能力。

呼图壁储气库气井按功能划分主要有注采井、监测井、污水回注井等，按井型划分主要有直井和水平井。管柱结构设计主要考虑气井的不同功能而进行优化设计。

(1) 注采井管柱结构。注采直井管柱结构为：射孔枪串+打孔管+4½in 气密油管+坐落短节+磨铣延长管+7in 永久式封隔器(下深约 3205m)+密封插管+4½in 气密油管+4½in 井下安全阀(带上下流动短节，下深约 100m)+4½in 气密油管+双公油管短节+油管挂(图 3.31)。

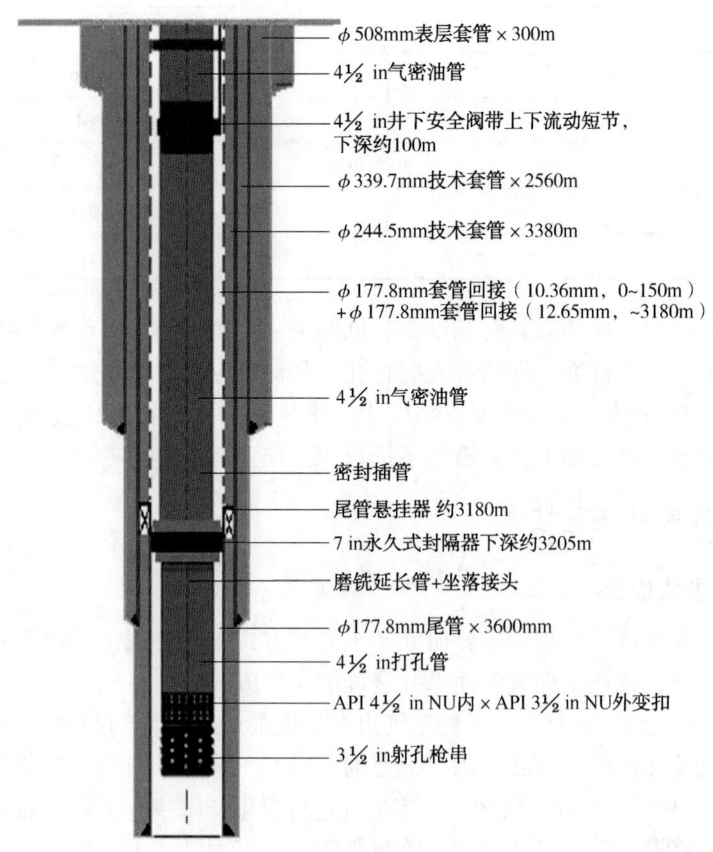

图 3.31 注采直井管柱结构示意图

注采水平井管柱结构为：喇叭口+4 ½in 气密油管 1 根+坐落短节+ 4½in 气密油管 1 根+磨铣延伸筒+7in MHR 永久式封隔器+密封插管总成+4 ½in 气密油管+4½in NE 井下安全阀(带上、下流动、提升短节及液压控制管线)+4½in 气密油管+双公油管短节+油管挂(图 3. 32)。

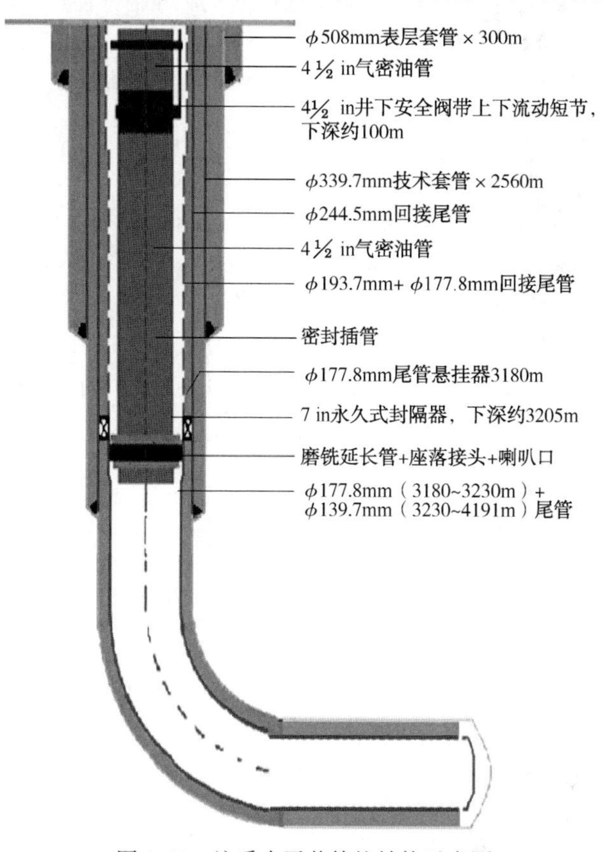

图 3. 32　注采水平井管柱结构示意图

(2) 监测井管柱结构。单层监测井管柱结构为：喇叭口+2⅞in 气密油管 1 根+温压测试托筒(约 3632m)+2⅞in 气密油管+坐落短节+2⅞in 气密油管 1 根+7in 可取式封隔器(约 3565m)+2⅞in 气密油管 1 根+校深短节+2⅞in 气密油管+2⅞in NE 井下安全阀(约 100m)(带上、下流动、提升短节及液压控制管线)+2⅞in 气密油管+双公油管短节+油管挂(图 3. 33)。

两层监测井管柱结构自下而上为：喇叭口+2⅞in 气密油管 1 根+温压测试托筒(约 3640m)+2⅞in 气密油管+坐落短节+2⅞in 气密油管 1 根+7in 可取式封隔器(约 3621m)+2⅞in 气密油管+温压测试托筒(约 3590m)+2⅞in 气密油管+7in 可取式封隔器(约 3530m)+2⅞in 气密油管 1 根+校深短节+2⅞in 气密油管+2⅞in NE 井下安全阀(约 100m)(带上、下流动、提升短节及液压控制管线)+2⅞in 气密油管+双公油管短节+油管挂(图 3. 34)。

管柱特点：(1)射孔井射孔工艺与注采工艺管柱联作，保护油气层避免二次伤害；(2)注采井管柱插管设计，可以更换封隔器(永久式封隔器)上部的管柱；(3)监测井管柱能方便、可靠地实现动态实时监测；(4)油套环空加注环空保护液，可实现套管保护、保证注采井使用寿命；(5)管柱中设计井下安全阀，与地面控制系统相连，具有很高的安全性能；(6)优选了管柱材质，具有较高的防腐蚀能力。

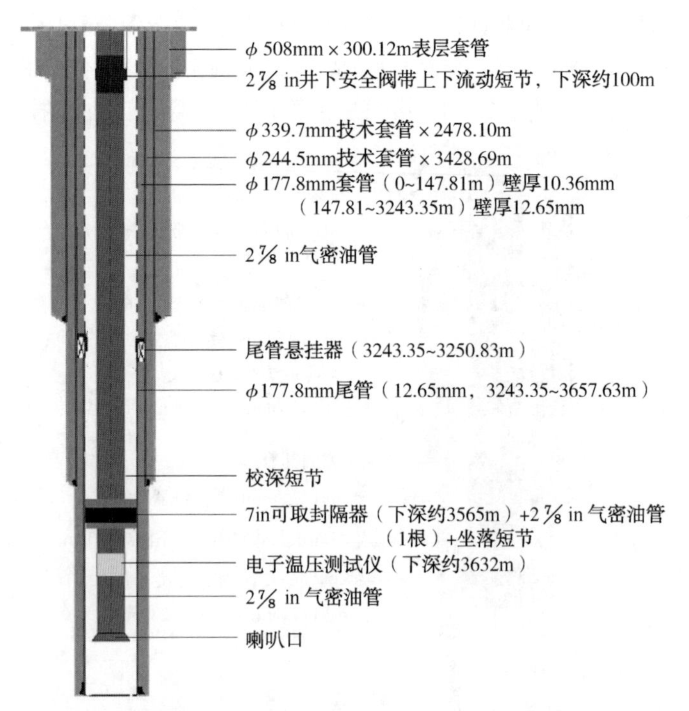

图 3.33　单层监测井管柱结构示意图

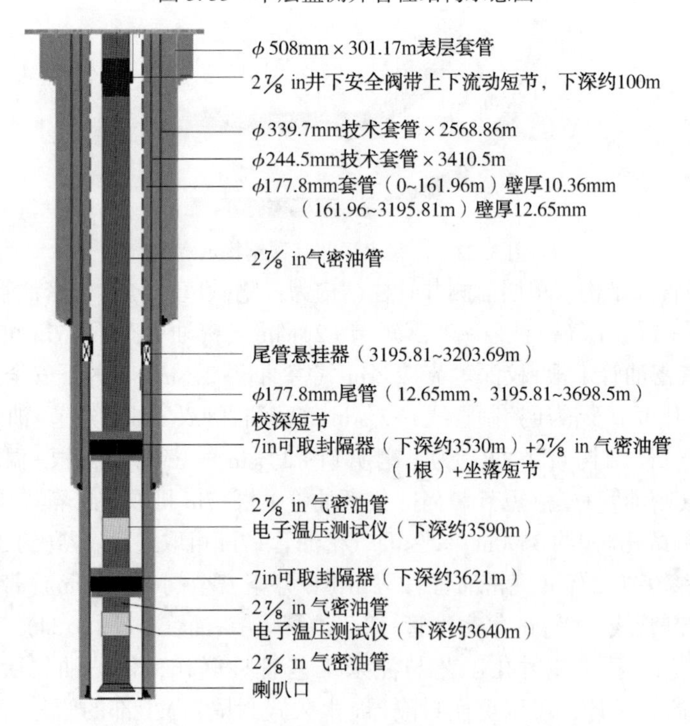

图 3.34　两层监测井管柱结构示意图

3.7.2.3　完井井口装置

根据标准 API Spec 6A《井口和采油树设备》(第 21 版)及 Q/SY 01561—2019《气藏型储

气库钻完井技术规范》相关要求，结合呼图壁改建储气库注采基本技术参数，井口装置的各种材质及密封形式应根据使用工况，满足耐 CO_2 腐蚀、耐高低温、耐高压、耐冲蚀工况，并可保证酸压施工，长期安全可靠工作。

(1) 压力等级。

根据 AQ 2012—2007《石油天然气安全规程》以及目前 API 采气井口额定工作压力系列最新标准规范，井口压力等级以最高孔隙压力为上限，呼图壁储气库注采井的最高孔隙压力为 34MPa。另外，根据模拟计算，直井与水平井注采过程中井口最高压力为 27.4MPa，因而，选择工作压力为 5000 psi(34.45MPa)的采气井口装置可满足生产需要。

(2) 产品规范等级。

根据 GB/T 22513—2013《石油天然气工业 钻井和采油设备 井口装置和采油树》附录 A.4 中产品规范等级选择方法，并考虑呼图壁储气库长期交变压力运行条件要求，选用 PSL-3G 级别。

(3) 产品质量性能等级。

考虑该储气库的使用寿命，注采生产情况，呼图壁地区的自然条件与居民居住分布情况等因素，选择 PR2 级。

(4) 材料等级。

呼图壁储气库主要工作介质为西二线来气，来气中 H_2S 微量，CO_2 含量较高(抽检 1.89%，最高为 2%)，储气库在运行过程中所存在的严重腐蚀工况主要由 CO_2 产生的较高的分压引起，因此井口材料的优选应优先考虑 CO_2 腐蚀因素。参考 GB/T 22513—2013《石油天然气工业 钻井和采油设备 井口装置和采油树》和国外井口装置生产公司的材料选择方法，呼图壁储气库在无水生产情况 EE 级材料可满足要求。

(5) 井口装置结构设计。

根据 GB/T 22513—2013《石油天然气工业 钻井和采油设备 井口装置和采油树》，井口装置包括两个主要部分：采气树和井口装置。井口装置中包括油管头和套管头，结构形式有卡瓦式和芯轴式，由于受井身结构影响，多数选择卡瓦式，呼图壁储气库也不例外。采气树则按结构主要分为两种：Y 形整体采气树和分体式采气树。Y 形整体采气树采用整体锻造成型，将变径法兰、主阀、小四通和生产翼阀连为一体。

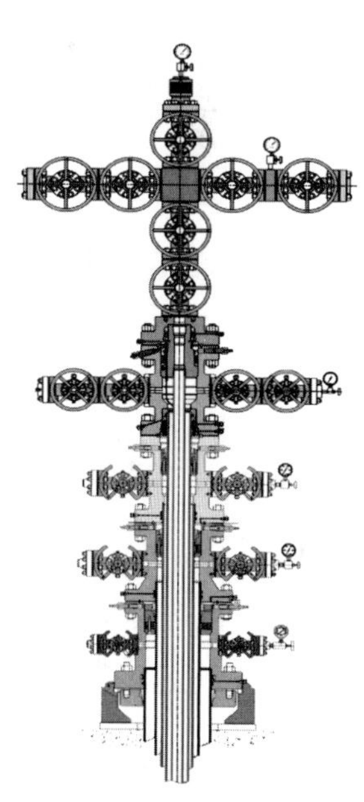

图 3.35　注采井、监测井井口结构示意图

井口特点：①气体流道拐弯平缓，减小冲蚀影响，增加生产平稳性；②结构紧凑，整体高度较低，便于操作；③采气树内部无螺栓、钢圈连接，减少了采气树的配件和漏失点；④采气树采用锻造工艺，加大了产品的安全性；⑤减少了配件数量，便于整体安装与拆卸。⑥采气树上部件损坏(如阀门)无法进行现场更换或维修，必须整体拆下。

分体式采气树为闸阀与小四通螺栓连接结构。其优缺点与 Y 形整体采气树恰好相反。根据呼图壁储气库生产需要及经济成本，推荐采用分体式采气树。结构如图 3.35 所示。

该井口结构包括：一级套管头、二级套管头、三级套管头、油管头、采气树。可一侧连接注采管线，另一侧放喷，通径大；满足注采需要，主通径与生产侧可进行远程关闭，方便操作，价格适中。井口详细配置见表 3.46。

表 3.46　采气树单套配置参数表

序号	零件名称	规格	每套数量	备注
1	主阀、顶阀、两侧翼阀	4$\frac{1}{16}$in 手动平板闸阀	7	
2	四通	4$\frac{1}{16}$in	1	
3	配对法兰	4$\frac{1}{16}$in	2	
4	仪表法兰	4$\frac{1}{16}$in	1	
5	考克(针阀、压力表)	$\frac{1}{2}$in NPT 或$\frac{9}{16}$inAUTOCLAVE	6	含油管头和套管头
6	顶部连接采气树帽	4$\frac{1}{16}$in	1	含装考克的丝堵

3.7.2.4　安全控制系统

(1) 系统组成。

呼图壁储气库每口单井设 1 套独立的井口安全控制系统，由单井控制柜、压力感应器、单井易熔塞、液压系统等组成，能完成紧急情况下的井下安全阀紧急关断。

(2) 系统功能。

井口安全控制系统包括信号系统、执行系统、控制系统三部分。

① 信号系统：分为液压信号和电信号两种。系统输入输出信号详情见表 3.47。

表 3.47　输入输出信号

信号类别	信号名称		信号类型	执行功能
输入信号	1	低压关断	液压信号	井口压力低于设定点时，关闭井下安全阀
	2	易熔塞关断	液压信号	单井发生火灾易熔塞熔断时，关闭井下安全阀
	3	手动关断	液压信号	关井按钮按下后，关闭井下安全阀
	4	远程关断	电信号	收到集注总站控制室的关断指令后，实现单井井下安全阀远程关断
	5	手工复位	液压信号	可实现手工打开井下安全阀
输出信号	1	控制系统液压系统压力	液压信号	独立显示井下安全阀控制系统压力值
	2	阀位显示	电信号	显示井下安全阀开关状态，可就地显示，也可实现远传
	3	信号上传及通信	电信号	将井下安全阀保压压力值上传至集注总站控制室，并可实现远程通信

② 执行系统：井下安全阀执行系统为高压控制系统，压力系统设计为 70.3MPa (10000psi)。可实现应急关断(易熔塞关断、注采气管线低压关断)、远程关断、人工手动本地关断功能。

③ 控制系统：单井控制柜能分别实现高压系统的自动、手动补压功能。设有压力感

应器及易熔塞(熔毁温度 100℃)。设有单井远程关断功能，接受集注总站控制室的关断指令，对单井井下安全阀进行远程关闭。

3.7.2.5　完井工艺

（1）设计原则。

① 储层压力系数较低(仅为 0.48)，在整个完井投产过程中，必须制订和严格执行储层保护措施；

② 在产层打开的全过程中，应采用优选的压井液、射孔液等完井液，所有入井液应具有低滤失、低伤害、高配伍性能；

③ 尽可能避免压井作业，同时采取物理降滤技术，减少不必要的伤害；

④ 优化施工设计，紧凑作业工序，缩短施工周期，减少作业中的储层浸泡和滤失时间；

⑤ 对钻井污染取保守值，尽可能使用大孔眼、深穿透弹型，以充分解除钻井污染带的影响，确保储气库气井大排量注采能力。

（2）配套完井工艺。

①一趟管柱完井工艺技术。该工艺可实现一趟管柱完井、射孔、投产目的。一趟管柱完井结构自下而上为：射孔枪串(投棒点火器+液压点火器)+打孔管+气密封油管+坐落短节+气密油管+磨铣延伸筒+永久式封隔器+密封插管总成+气密油管+校深短节+气密油管+井下安全阀(带上、下流动、提升短节及液压控制管线)+气密油管+双公油管短节+油管挂。

一趟管柱完井工艺作业过程为[102]：(1)进行通井、刮壁、洗井等井筒准备工作，在提出作业油管前，按计算量替入部分射孔液；(2)按照完井管柱结构中的设计深度依次下入射孔枪串至井下安全阀系列井下设备和工具，作业过程对油管进行气密封检测；(3)待整个管柱入井并完成管柱校深及配相应短节后，开始坐油管挂和安装采气树；(4)按计算量由套管反替入射孔液和环空保护液，坐封封隔器并试压合格；(5)利用连续油管举出油管内液体到设计深度给井筒内造负压。最后投棒点火。若点火成功，负压造成气井自喷，可转入试气程序。若投棒点火后射孔枪未正常起爆，可用清水回灌油管，对井筒加压进行液压点火，保证射孔成功。一趟管柱完井工艺作业程序和管柱结构如图 3.36 所示。

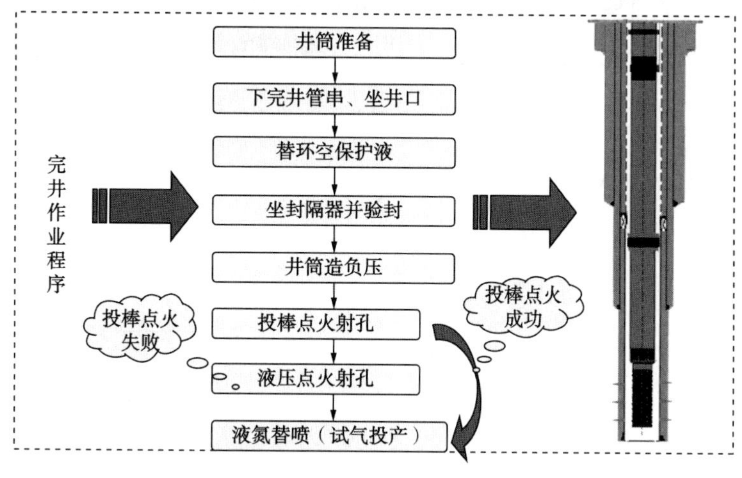

图 3.36　一趟管柱完井工艺作业程序和管柱结构图

② 两趟管柱完井工艺技术。针对呼图壁储气库监测井井下监测仪器的安全下入，设计采用了两趟管柱完井工艺技术。该工艺技术考虑了快速完成完井作业和作业过程中的风险，尽最大可能地实现了储层保护。

第一趟射孔管柱结构自下而上为：导向头+射孔枪串+液压点火器+打孔管+作业油管+校深短节+作业油管到井口。

第二趟完井管柱结构自下而上为：喇叭口+气密油管+温压测试托筒+气密油管+坐落短节+气密油管+可取式封隔器(双层监测井：+气密油管+温压测试托筒+气密油管+可取式封隔器)+气密油管+校深短节+气密油管+井下安全阀(带上下流动、提升短节及液压控制管线)+气密油管+双公油管短节+油管挂。

两趟管柱完井工艺作业过程为：(1)对要实施的井进行通井、刮壁、洗井等井筒准备工作，在提出作业油管前，按计算量替入射孔液，并造负压；(2)按射孔管柱结构设计下入射孔枪串，校深完成后开始投棒点火射孔，若投棒点火后射孔枪未正常起爆，可用清水回灌油管，对井筒加压进行液压点火，保证射孔成功，并转入试气程序；(3)试气作业结束后，替入暂堵型压井液，压井合格，拆采气树，坐防喷器，试压合格后提射孔管柱，第一趟管柱作业结束；(4)按照完井管柱结构中的设计深度依次下入封隔器至井下安全阀系列井下设备和工具，作业过程须对油管进行气密封检测，待整个管柱入井并完成管柱校深及配相应短节后，开始坐油管挂和安装采气树；(5)按计算量由套管反替入环空保护液，坐封封隔器并试压合格，从而完成第二趟管柱作业。两趟管柱完井工艺作业程序和管柱结构如图3.37所示。

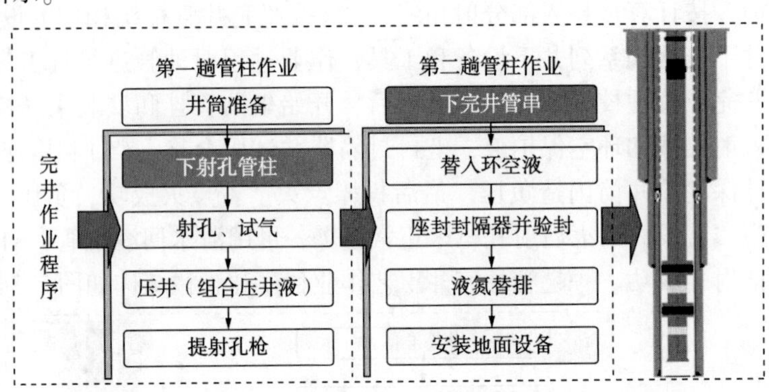

图3.37 两趟管柱完井工艺作业程序和管柱结构图

参 考 文 献

[1] 廖锐全，曾庆恒，杨玲．采气工程[M]．北京：石油工业出版社，2012.

[2] 万仁溥．现代完井工程[M]．北京：石油工业出版社，1996.

[3] 张慧．水平井完井方式与参数优选[D]．青岛：中国石油大学(华东)，2008.

[4] 梁叶兵．诺斯比达油田完井技术优化研究[D]．大庆：东北石油大学，2015.

[5] 岳江河，林少宏，吴成浩，等．低压稠油出砂油田完井参数的优化设计[J]．中国海上油气．工程，2001，13(5)：5-24，25-29.

[6] 胡泽根．探井射孔负压设计方法研究[D]．成都：西南石油大学，2009.

[7] 宋时权，李晶晶，许志伟，等．射孔参数优化设计[J]．油气井测试，2008，17(5)：65-67，78.

[8] 邹良志．油气井射孔工艺设计分析与选择[J]．国外测井技术，2013(3)：4，63-67.

[9] 刘波．抽油机井系统效率影响因素分析及对策研究[D]．荆州：长江大学，2013.

[10] 王金友．大庆油田分层测压工艺及资料应用[J]．石油钻采工艺，2003，25(1)：63-66，86.

[11] 贾兆军，李金发，陈新民．桥式偏心分层注水技术在平方王油田的试验[J]．石油机械，2006，34(3)：66-68.

[12] 牛为民，徐劭，吕明军．测调集成式细分注水井分层流量测试技术[J]．大庆石油地质与开发，2000，19(3)：38-39，54.

[13] 温晓红，邵龙义，田立志，等．分层注水技术在中亚 RN 非均质碳酸盐岩油田的应用[J]．石油钻采工艺，2014(2)：113-115.

[14] 傅光斌，金万臣．定向注水井分层注水及测试配套技术研究与应用[J]．西部探矿工程，2013，25(10)：64-65，68.

[15] 陈博，杨靖，卢丽娟．胡尖山油田内衬油管应用与效果评价[J]．石油化工应用，2014，33(7)：57-61.

[16] 崔新栋．注水井环套空间保护技术在现河采油厂的应用[J]．中国科技信息，2006(2)：109.

[17] 程静波．大情字井地区注水过程中油气层保护技术研究[D]．大庆：大庆石油学院，2010.

[18] SY/T 5329—2012　碎屑岩油藏注水水质推荐指标及分析方法[S].

[19] 鞠志忠．宋芳屯油田祝三试验区注入水水质标准实验研究[D]．成都：西南石油学院，2004.

[20] SY/T 5329—1994　碎屑岩油藏注水水质标准及分析方法[S].

[21] 宫清顺，寿建峰，姜忠朋，等．准噶尔盆地乌尔禾油田三叠系百口泉组储层敏感性评价[J]．石油与天然气地质，2012，33(2)：307-313.

[22] 蒋云鹏．Dorissa 油田储层非均质性及剩余油分布研究[D]．青岛：中国石油大学(华东)，2007.

[23] 吴晓利．苏里格东区压裂工艺优化研究[D]．西安：西安石油大学，2010.

[24] 黄高传，袁峰，张瑞瑞，等．八区下乌尔禾组油藏加密扩边井压裂工艺技术研究[J]．新疆石油科技，2006(4)：10-12.

[25] 张平，王娟．难采储量压裂技术研究与应用[J]．石油钻采工艺，2000，22(3)：57-60，85.

[26] 传平．克拉玛依油田砾岩油藏压裂技术及应用研究[D]．荆州：长江大学，2013.

[27] 李根生，盛茂，田守嶒，等．水平井水力喷射分段酸压技术[J]．石油勘探与开发，2012，39(1)：100-104.

[28] 王永辉，卢拥军，李永平，等．非常规储层压裂改造技术进展及应用[J]．石油学报，2012，33(S1)：149-158.

[29] 赖南君．就地类泡沫压裂液体系研究[D]．成都：西南石油大学，2006.

[30] 段志英．国外高密度压裂液技术新进展[J]．国外油田工程，2010，26(6)：32-33，37.

[31] 崔会杰，李建平，王立中．清洁压裂液室内研究[J]．钻井液与完井液，2005，22(3)：41-43，83-84.
[32] 蔡卓林，王佳，林铁军，等．新型类泡沫压裂液体系的研究及应用[J]．钻采工艺，2013，36(3)：11，97-100.
[33] 彭轩，刘蜀知，刘福健．针对高凝油油藏的自生热压裂技术[J]．特种油气藏，2003，10(2)：80-81，97-105.
[34] 涂漫．低渗高凝油藏注水工艺适应性研究[D]．荆州：长江大学，2012.
[35] 陈大钧．油气田应用化学[M]．北京：石油工业出版社，2006.
[36] 高玺莹．油田剩余压裂液处理工艺研究[D]．大庆：大庆石油学院，2010.
[37] 武志学，郭萍，候光东，等．氮气泡沫压裂液技术在大宁—吉县地区煤层气井的应用[J]．内蒙古石油化工，2012(12)：119-121.
[38] 吴旭光．W10块油藏剩余油分布与水力压裂技术研究与应用[D]．成都：西南石油大学，2006.
[39] 张琪．采油工程原理与设计[M]．东营：中国石油大学出版社，2000.
[40] 刘让杰，张建涛，银本才，等．水力压裂支撑剂现状及展望[J]．钻采工艺，2003，26(4)：8，42-45.
[41] 陈金先．压裂充填防砂技术在渤海油田的应用研究[D]．大庆：东北石油大学，2010.
[42] 罗文波．低渗透油藏压裂优化研究[D]．荆州：长江大学，2012.
[43] 张永成，刘易非，张小军，等．树脂包衣砂在中原油田压裂施工中的应用[J]．西部探矿工程，2010，22(1)：40-42.
[44] 伊坤．萨中油田萨零组重复压裂研究[D]．大庆：东北石油大学，2013.
[45] 郑明军，曹先锋，何进海．支撑剂裂缝长期导流能力测量仪的研制[J]．石油机械，2010，38(3)：41-43，46，91.
[46] 王国兴．克拉玛依九区石炭系储层稠油油层改造技术研究[D]．成都：西南石油学院，2003.
[47] 王文东．克拉玛依油田克下组油藏酸化技术研究[D]．成都：西南石油大学，2009.
[48] 王红朝．西峰长8注水初期储层保护技术研究[D]．西安：西安石油大学，2012.
[49] 杨前雄，单文文，熊伟，等．碳酸盐岩储层深层酸压技术综述[J]．天然气技术，2007(5)：46-49，94-95.
[50] 季川疆，袁飞．前置液酸压技术在石炭系油藏改造中的应用[J]．新疆石油天然气，2005，1(2)：1，69-73.
[51] 宋清新．利912新区酸压技术研究[D]．青岛：中国石油大学(华东)，2007.
[52] 高文远．油井清防蜡剂研究[D]．大庆：大庆石油学院，2009.
[53] 殷良．萨北油田结蜡机理及熔蜡实验研究[D]．大庆：东北石油大学，2011.
[54] 张雨．静安堡油田高凝油清防蜡剂的筛选[D]．大庆：大庆石油学院，2009.
[55] 李明．油田起升抽油杆刮蜡装置的结构设计及特性研究[D]．大庆：东北石油大学，2010.
[56] 付晶，赵奉江．热洗清蜡技术在盘40新区的应用[J]．清洗世界，2013，29(5)：1-5，9.
[57] 刘竞成．油井井筒结蜡机理及清防蜡技术研究[D]．重庆：重庆大学，2012.
[58] 程宗强，乔炜娟．化学清防蜡剂在江汉油田的应用和展望[J]．油气井测试，2006，15(3)：72-74，78.
[59] 孙铁梁．初探微生物控制油井结蜡技术在青海油田的应用[J]．科技资讯，2008(34)：14-15.
[60] 聂翠平，张家明，李文彬．油井清防蜡技术及其应用分析[J]．内蒙古石油化工，2008，34(18)：67-68.
[61] 徐梅，石彦，王国先，等．空化声磁耦合防蜡器在准东油田的试验应用[J]．新疆石油科技，2009

(3)：27-29.

[62] 韦良霞，肖英玉，曹怀山，等．纯化油田油井腐蚀、结垢原因分析及治理措施[J]．石油与天然气化工，2004，33(2)：127-128，133.

[63] 郭彪，侯吉瑞，赵凤兰．分层压裂工艺应用现状[J]．吐哈油气，2009(3)：263-265.

[64] 王晓泉，陈作，姚飞．水力压裂技术现状及发展展望[J]．钻采工艺，1998(2)：30-34，86.

[65] 王艳芬，刘炜，成一，等．深井压裂液技术的研究及在西湖1井的应用[J]．石油地质与工程，2011，25(4)：98-100.

[66] 王栋，王俊英，王稳桃，等．ZYEB胶囊破胶剂的研制[J]．油田化学，2003，20(3)：220-223.

[67] 张健强，袁飞，王斌，等．交联酸携砂压裂技术在火山岩储层的应用[J]．新疆石油科技，2008(4)：23-24，31.

[68] 刘应根，徐景润，张健强．准噶尔盆地火山岩储层改造技术研究与实践[J]．新疆石油科技，2008(3)：25-27，46.

[69] 李泽斌．稠油井防砂方式优选[D]．荆州：长江大学，2013.

[70] 张立民，汤井会．浅层油藏水平井采油配套技术[J]．石油工程建设，2005，31(S1)：6，63-66.

[71] 荀忠义．江苏油田Z43断块防砂技术研究与应用[D]．青岛：中国石油大学(华东)，2007.

[72] 刘大红，宋秀英，刘艳红，等．割缝筛管防砂设计及应用[J]．石油机械，2004，32(8)：13-16，83-84.

[73] 刘进军，谌国庆，尹辉，等．压裂中树脂砂防砂技术的应用[J]．新疆石油天然气，2008，4(2)：3，46-48.

[74] 熊春明，唐孝芬．国内外堵水调剖技术最新进展及发展趋势[J]．石油勘探与开发，2007，34(1)：83-88.

[75] 何磊．交联聚合物调驱技术现场应用研究[J]．胜利油田职工大学学报，2007，21(1)：59-60.

[76] 由庆．海上聚合物驱油田深部液流转向技术研究[D]．青岛：中国石油大学(华东)，2009.

[77] 李东文，汪玉琴，白雷，等．深部调驱技术在砾岩油藏的应用效果[J]．新疆石油地质，2012(2)：208-210.

[78] 王鸿勋，张士诚．水力压裂设计数值计算方法[M]．北京：石油工业出版社，1998.

[79] 邹鲁新．红浅一井区侏罗系稠油油藏油藏精细描述研究[D]．成都：西南石油学院，2005.

[80] 路宗羽，刘颖彪，周基贤，等．水平井火驱辅助重力泄油钻井工艺技术[J]．石油机械，2013，41(7)：38-41.

[81] 吴军，李广军，丁万成，等．克拉玛依浅层稠油藏出砂规律及防砂技术[J]．钻采工艺，2004，27(4)：4，62-64，75.

[82] 王卓飞，吴军，魏新春，等．有机硅高温固砂技术研究及在稠油开采中的应用[J]．石油钻采工艺，2002，24(6)：49-52，80.

[83] 苟延波．浅层稠油水平井地面工艺及配套技术[J]．油气田地面工程，2011，30(12)：26-27.

[84] 邵国林．泡沫流体冲砂洗井工艺在孤东油田的推广应用[J]．石油天然气学报，2008(1)：355-356.

[85] 王卓飞，魏新春，江莉，等．浅层稠油热采水平井测试技术研究及应用[J]．石油地质与工程，2008(6)：112-113.

[86] 杨军，朱峰，杨宇尧．风城油田SAGD生产井管柱结构适应性分析[J]．油气田地面工程，2014(10)：45-46.

[87] 沈泽俊，张卫平，钱杰，等．智能完井技术与装备的研究和现场试验[J]．石油机械，2012(10)：67-71.

[88] 韩吉声，芦志伟，李士建，等．光纤测温技术在SAGD应用效果分析[J]．新疆石油科技，2010

(2)：14-18.
[89] 范德豹．负压射孔完井技术与产能的关系评价[D]．大庆：大庆石油学院，2007.
[90] 许彬，熊友明，张自印，等．负压射孔参数优化设计[J]．重庆科技学院学报(自然科学版)，2010，12(3)：67-69.
[91] 李雪彬，许江文，胡广军，等．射孔压裂联作工艺在克拉玛依油田低渗试油层的应用[J]．油气井测试，2010，19(3)：52-53，77.
[92] 李志龙．不压井换阀采气井口的开发与应用[J]．石油机械，2008，36(12)：51-53，66，86.
[93] 李艳丰，盛勇，谢意湘，等．冷冻暂堵技术在灌 31 井的应用[J]．钻采工艺，2009，32(1)：11-13，112.
[94] 熊友明，潘迎德，童敏．砂岩地层完井方式的选择[J]．石油钻探技术，1996(1)：51-55，63.
[95] 孙国明．徐深 1 区块气井增产措施优选和关键技术研究[D]．大庆：大庆石油学院，2008.
[96] Turner R G. Analysis and Prediction of Mini-mum Flow Rate for the Continuous Removal of Liquids from Gas Well[J]. SPE 2198，1969：1475-1482.
[97] Coleman S B. A New Look at Predicting Gas Well Load Up[J]. JPT，1991，19(3)：329-333.
[98] Li Min，Sun Lei，Li Shilun. New View on Continuous Removal Liquids from Gas Wells[J]. SPE 70016，2001：1-6.
[99] 邹德永，王瑞和．气井油管中水合物的形成及预测[J]．石油钻采工艺，2001，23(6)：46-49，83.
[100] 佘朝毅．井下节流机理研究及现场应用[D]．成都：西南石油学院，2004.
[101] 吴勇，刘从平，余瑜，等．气井化学解冰剂的研究和应用[J]．新疆石油科技，2001(2)：33-34，76.
[102] 薛承文，张国红，罗天雨，等．呼图壁储气库一趟管柱完井工艺研究与应用[J]．新疆石油天然气，2014，10(3)：5，30-33.